单片机与嵌入式系统

关永峰　于红旗　主编

聂洪山　刘海军　李贵林　参编

库锡树　刘菊荣　主审

电子工业出版社

Publishing House of Electronics Industry

北京·BEIJING

内 容 简 介

本书将单片机的基础性与嵌入式系统的先进性有机结合在一起,首先将 MCS-51 单片机作为学习微处理器的入门实例,使学生能够较快理解微处理器的基本构成结构和工作原理,然后在此基础上介绍具有一定学习难度的 ARM 微处理器、接口技术及软件开发技术。同时还结合 Protues 仿真软件介绍了各种应用开发实例,使理论教学与实践教学紧密结合,具有较高的实用和参考价值。

本书为配合教育部"卓越工程师教育培养计划"和军队院校教育改革而编写,全书共分 9 章,包括嵌入式系统概述、嵌入式系统硬件基础、单片机结构与 C 语言开发技术、单片机工作原理、单片机最小系统综合应用、ARM 嵌入式微处理器、嵌入式系统接口技术、嵌入式操作系统和嵌入式系统·BSP、移植及驱动开发等内容。

本书可作为高等院校电类和非电类专业本科生的教材,亦可作为相关职业技术学校的教材,还可作为从事电子技术的工程技术人员的参考用书。

图书在版编目(CIP)数据

单片机与嵌入式系统/关永峰,于红旗主编 . 一北京:电子工业出版社,2012.11

ISBN 978-7-121-18744-5

Ⅰ.①单… Ⅱ.①关… ②于… Ⅲ.①单片微型计算机-系统设计-高等学校-教材 Ⅳ.①TP368.1

中国版本图书馆 CIP 数据核字(2012)第 246263 号

策划编辑:陈晓莉
责任编辑:陈晓莉
印　　刷:北京市李史山胶印厂
装　　订:北京市李史山胶印厂
出版发行:电子工业出版社
　　　　北京市海淀区万寿路 173 信箱　邮编 100036
开　　本:787×1092　1/16　印张:15.5　字数:420 千字
印　　次:2012 年 11 月第 1 次印刷
定　　价:35.00 元

凡所购买电子工业出版社图书有缺损问题,请向购买书店调换。若书店售缺,请与本社发行部联系,联系及邮购电话:(010)88254888。

质量投诉请发邮件至 zlts@phei.com.cn,盗版侵权举报请发邮件至 dbqq@phei.com.cn。

服务热线:(010)88258888。

前　言

从 20 世纪 70 年代第一款单片机诞生开始,嵌入式技术经过近 40 年的发展历程,已经在消费电子、工业控制、信息家电、交通管理、仪器仪表、武器装备等各个领域得到广泛应用,亦已成为当今 IT 应用领域中最热门、最有发展前途的行业之一。嵌入式技术的发展和应用促使我国嵌入式系统市场快速增长,使得企业对嵌入式系统人才的需求不断加大,同时对嵌入式系统人才质量的要求也在提高。嵌入式系统技术是跨学科、跨行业的技术,嵌入式系统人才应是有较强实践经验的复合型工程技术人员,在今后的很长一段时间内,嵌入式系统工程师的发展前景都将十分广阔,培养合格的嵌入式系统工程师已经成为嵌入式系统人才教育的核心目标。

本书共分 9 章,主要内容和篇章结构安排如下:

第 1 章　嵌入式系统概述。首先介绍了嵌入式系统的定义,接着给出了嵌入式系统一般架构。然后介绍了嵌入式系统的应用领域,并通过我们身边的典型嵌入式设备来举例说明嵌入式系统的架构。最后分析了嵌入式系统的历史及发展趋势。

第 2 章　嵌入式系统硬件基础。首先介绍了嵌入式系统硬件的基本概念,包括复杂指令集与精简指令集的定义与区别,以及冯·诺依曼体系结构的特点及其局限性。然后详细介绍了嵌入式系统硬件的基本组成,包括中央处理器、存储器、输入设备、输出设备以及总线的特点、类别及现状。

第 3 章　单片机结构与 C 语言开发技术。介绍了 MCS-51 单片机的基本组成,包括单片机的内部结构、引脚结构和功能、存储器结构、时钟复位电路等内容,是单片机系统应用的硬件基础。同时还讲述了开发单片机的 C 语言基础,介绍了开发单片机过程中所使用的 C 语言与传统 C 语言的异同点,重点介绍了在使用 C51 过程中数据存储空间的分配、特殊功能寄存器的定义等内容。

第 4 章　单片机工作原理。详细介绍了 MCS-51 单片机的内部资源及其工作原理,其中包括定时器的构成、工作原理及应用,中断系统构成、工作原理及其应用,外部存储器的扩展与应用,键盘及显示接口电路及应用。

第 5 章　单片机最小系统综合应用。以国防科学技术大学电子科学与技术实验中心所设计的单片机最小系统为例,详细介绍了单片机最小系统的硬件组成和对应的软件驱动,包括 89S52 核心单片机、时钟复位译码电路结构、键盘显示电路结构和工作原理、外部数据存储器的扩展和工作原理、单片机小系统与 FPGA 小系统的接口设计以及驱动程序。

第 6 章　ARM 嵌入式微处理器。对 ARM 处理器的基本概念、应用领域、处理器的分类、应用选型等方面做了简单介绍,重点讲述了 ARM 微处理器的体系结构以及 ARM 处理器的工作流程。最后以 LPC214X 系列 ARM 为例,简要介绍了其软硬件设计开发流程,以及程序的固化。

第 7 章　嵌入式系统接口技术。介绍了串行通信的基本概念,对 RS-232、SPI、I2C、USB、CAN 等常见的嵌入式系统接口进行了简要介绍,并给出了 RS-232、SPI、I2C 接口在 ARM 或 8051 系统中应用的简单例子。

第 8 章　嵌入式操作系统。首先介绍了计算机操作系统的基本概念、发展历史、分类及功能,在此基础上,对嵌入式系统中最常用的实时操作系统进行了简要介绍。最后,以 RTX 为例,给出了如何在单片机中实现嵌入式实时操作系统的使用方法。

第 9 章　嵌入式系统 BSP、移植及驱动开发。首先介绍了嵌入式系统板级支持包,即 BSP,它是嵌入式系统开发的关键环节。然后介绍了嵌入式系统的一个重要概念——移植,嵌入式系统的设计必须要考虑可移植性。最后介绍了嵌入式系统的驱动程序开发。

本书是为配合教育部"卓越工程师教育培养计划"及军队院校教育改革,结合国防科学技术大学多年教育和科研项目的成果而编写的。关永峰组织了全书的编写工作并编写了第 3～5 章,于红旗编写了第 6～8 章,聂洪山编写了第 1、9 章,刘海军编写了第 2 章,李贵林参与编写了第 3～5 章的部分内容。库锡树、刘菊荣对全书进行了认真的校对与审查,习勇、孙兆林、徐欣为本书的编写提供了宝贵的建议。

由于编者水平有限,难免有疏漏的地方,恳请读者批评指正。

编　者
2012 年 9 月

目　录

第1章 嵌入式系统概述

1.1 嵌入式系统的定义

1.1.1 嵌入式系统定义

根据 IEEE(电气和电子工程师协会)的定义,嵌入式系统是"控制、监视或者辅助装置、机器和设备运行的装置"(devices used to control, monitor, or assist the operation of equipment, machinery or plants)。从中既可以看出嵌入式系统是软件和硬件的综合体,还可以涵盖机械等附属装置。

目前国内一个普遍被认同的定义是:以应用为中心、以计算机技术为基础、软/硬件可裁剪、适应应用系统对功能、可靠性、成本、体积、功耗严格要求的专用计算机系统。

可见,嵌入式系统是指将计算机软/硬件嵌入到某个特定的设备,以实现特定的功能。它一般由嵌入式微处理器、外围硬件设备、嵌入式操作系统以及用户的应用程序等4个部分组成,用于实现对其他设备的控制、监视或管理等功能。"嵌入性"、"专用性"与"计算机系统"是嵌入式系统的三个基本要素。

1.1.2 嵌入式系统的特征

这些年来掀起了嵌入式系统应用热潮的原因主要有几个方面:一是芯片技术的发展,使得单个芯片具有更强的处理能力,而且使集成多种接口已经成为可能,众多芯片生产厂商已经将注意力集中在这方面。二是应用的需要,由于对产品可靠性、成本、更新换代要求的提高,使得嵌入式系统逐渐从纯硬件实现和使用通用计算机实现的应用中脱颖而出,成为近年来令人关注的焦点。

嵌入式系统的特点由定义中的3个基本要素衍生出来。不同的嵌入式系统其特点会有所差异。从上面的定义,我们可以看出嵌入式系统的几个重要特征:

(1)系统内核小。由于嵌入式系统一般是应用于小型电子装置的,硬件资源相对有限,所以内核较之传统的操作系统要小得多。比如 Enea 公司的 OSE 分布式系统,内核只有 5KB,而 Windows 的内核很大,简直没有可比性。

(2)专用性强。嵌入式系统的专用性很强,其中的软件系统和硬件的结合非常紧密,一般要针对硬件进行系统的移植,即使在同一品牌、同一系列的产品中也需要根据系统硬件的变化不断进行修改。同时针对不同的任务,往往需要对系统进行较大更改,程序的编译下载要和系统相结合,这种修改和通用软件的"升级"是两个完全不同的概念。

(3)系统精简。嵌入式系统一般没有系统软件和应用软件的明显区分,不要求其功能设计及实现上过于复杂,这样一方面利于控制系统成本,同时也利于实现系统安全。

(4)嵌入式系统开发需要专门的开发工具和环境。由于其本身不具备自举开发能力,即使设计完成以后用户通常也是不能对其中的程序功能进行修改的,必须有一套开发工具和环境才能进行开发,这些工具和环境一般基于通用计算机的软/硬件设备以及逻辑分析仪、混合信号示波器等。开发时往往有主机和目标机的概念,主机用于程序的开发,目标机作为最后的执行机,开发时需要交替结合进行。

与"嵌入性"的相关特点:由于是嵌入到对象系统中,必须满足对象系统的环境要求,如物理环境(小型)、运行环境(可靠)、成本(价廉)等要求。

与"专用性"的相关特点:软/硬件的裁剪性;满足对象要求的最小软/硬件配置等。

与"计算机系统"的相关特点:嵌入式系统必须是能满足对象系统控制要求的计算机系统。与上两个特点相呼应,这样的计算机必须配置有与对象系统相适应的接口电路。

另外,在理解嵌入式系统定义时,不要与嵌入式设备相混淆。嵌入式设备是指内部有嵌入式系统的产品、设备,例如,内含单片机的家用电器、仪器仪表、工控单元、机器人、手机、PDA 等。

1.1.3　嵌入式系统与通用计算机系统的区别

嵌入式系统与通用计算机系统有着完全不同的技术要求和技术发展方向。通用计算机系统的技术要求是高速、海量的数值计算,其技术发展方向是总线速度的无限提升、存储容量的无限扩大;而嵌入式计算机系统的技术要求则是智能化控制,技术发展方向是与对象系统密切相关的嵌入性能、控制能力与控制的可靠性不断提高。

嵌入式系统和通用计算机的主要区别见表 1-1。

表 1-1　嵌入式系统和通用计算机的主要区别

	通用计算机	嵌入式系统
形式与类型	实实在在的计算机。按其体系结构、运算速度和规模可分为大型机、中型机、小型机和微机	"看不见"的计算机,形式多样,应用领域广泛,按应用进行分类
组成	通用处理器、标准总线和外设,软/硬件相对独立	面向特定应用的微处理器,总线和外设一般集成在处理器内部,软/硬件紧密结合
系统资源	系统资源充足,有丰富的编译器、集成开发环境、调试器等	系统资源紧缺,没有编译器等相关开发工具
开发方式	开发平台和运行平台都是通用计算机	采用交叉编译方式,开发平台一般是通用计算机,运行平台是嵌入式系统
二次开发性	应用程序可重新编程	一般不能重新编程开发
发展目标	编程功能计算机,普遍进入社会	变为专用计算机,实现"普及计算"

1.2　嵌入式系统的基本结构

一个嵌入式设备一般都由嵌入式系统和执行装置组成,嵌入式系统是整个嵌入式设备的控制核心,由硬件层、中间层、操作系统层和应用软件层组成,如图 1-1 所示。执行装置也称被控对象,它可以接受嵌入式计算机系统发出的控制命令,执行所规定的操作或任务。执行装置可以很简单,如手机上的一个微小型的电机,当手机处于震动接收状态时打开;也可以很复杂,如 SONY 智能机器狗,上面集成了多个微小型控制电机和多种传感器,从而可以执行各种复杂的动作和感受多种状态信息。

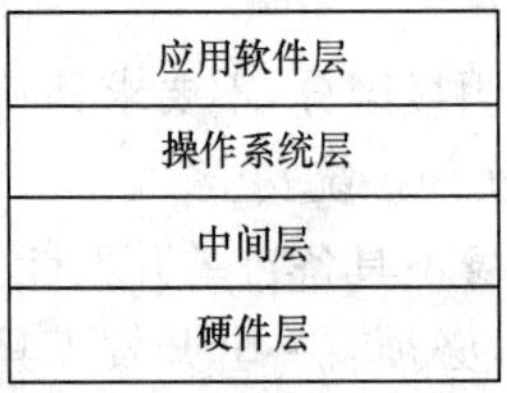

| 应用软件层 |
| 操作系统层 |
| 中间层 |
| 硬件层 |

图 1-1　嵌入式系统的基本结构

嵌入式系统的中间层本质上也是软件，但是由于其特殊性和重要作用，(后面章节)我们将单独介绍，而在嵌入式系统的软件小节(1.2.2)只介绍(嵌入式)操作系统和应用软件。

1.2.1 嵌入式系统的硬件

嵌入式系统硬件结构如图 1-2 所示，系统主要由微处理器(MPU)、外围电路，以及外设组成，MPU 为整个嵌入式系统硬件的核心，决定了整个系统功能和应用领域。外围电路根据微处理器不同而略有不同，主要由电源管理模型、时钟模块、闪存(Flash)、随机存储器(RAM)，以及只读存储器(ROM)组成。这些设备是一个微处理器正常工作所必需的设备。外部设备将根据需要而各不相同，如通用通信接口 USB、RS-232、RJ-45 等，输入/输出设备，如键盘、LCD 等。(一个嵌入式系统的)外部设备将根据(应用)需要定制。

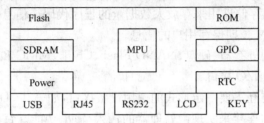

图 1-2　典型嵌入式系统硬件结构

(1) 嵌入式微处理器

嵌入式系统硬件层的核心是嵌入式微处理器，它将通用 CPU 许多由板卡完成的任务集成在芯片内部，从而有利于嵌入式系统在设计时趋于小型化，同时还具有很高的效率和可靠性。

嵌入式微处理器的体系结构可以采用冯·诺依曼体系(结构)或哈佛体系(结构)；指令系统可以选用精简指令系统(Reduced Instruction Set Computer，RISC)和复杂指令系统(Complex Instruction Set Computer，CISC)。RISC 计算机在通道中只包含最有用的指令，确保数据通道快速执行每一条指令，从而提高了执行效率并使 CPU 硬件结构设计变得更为简单。

嵌入式微处理器有多种不同的体系，即使在同一体系中也可能具有不同的时钟频率和数据总线宽度，或集成了不同的外设和接口。据不完全统计，目前全世界嵌入式微处理器已经超过 1000 多种，体系结构有 30 多个系列，其中主流的体系有 ARM、MIPS、PowerPC、x86 和 SH 等。但与全球 PC 市场不同的是，没有一种嵌入式微处理器可以主导市场，仅以 32 位的产品而言，就有 100 种以上的嵌入式微处理器。嵌入式微处理器的选择是根据具体的应用而决定的。

(2) 存储器

嵌入式系统需要存储器来存放和执行代码。嵌入式系统的存储器包含 Cache、主存和辅助存储器。

① Cache：Cache 是一种容量小、速度快的存储器阵列，它位于主存和嵌入式微处理器内核之间，存放的是最近一段时间微处理器使用最多的程序代码和数据。在需要进行数据读取操作时，微处理器尽可能地从 Cache 中读取数据，而不是从主存中读取，这样就大大改善了系统的性能。Cache 的主要目标就是：减小存储器(如主存和辅助存储器)给微处理器内核造成的存储器访问瓶颈，使处理速度更快，实时性更强。

在嵌入式系统中Cache全部集成在嵌入式微处理器内,可分为数据Cache、指令Cache或混合Cache,Cache的大小依不同处理器而定。

② 主存:主存是嵌入式微处理器能直接访问的寄存器,用来存放系统和用户的程序及数据。它可以位于微处理器的内部或外部,其容量为256KB～1GB,根据具体的应用而定,一般片内存储器容量小,速度快,片外存储器容量大。

常用作主存的存储器有:

✦ ROM 类 NOR Flash、EPROM 和 PROM 等。

✦ RAM 类 SRAM、DRAM 和 SDRAM 等。

其中 NOR Flash 凭借其可擦写次数多、存储速度快、存储容量大、价格便宜等优点,在嵌入式领域内得到了广泛应用。

③ 辅助存储器:辅助存储器用来存放大数据量的程序代码或信息,它的容量大,但读取速度与主存相比慢很多,用来长期保存用户的信息。

嵌入式系统中常用的外存有:硬盘、NAND Flash、CF 卡、MMC 和 SD 卡等。

(3) 通用设备接口和I/O接口

嵌入式系统和外界交互需要一定形式的通用设备接口,如 A/D、D/A、I/O 等,外设通过和片外其他设备或传感器的连接来实现微处理器的输入/输出功能。每个外设通常都只有单一的功能,它可以在芯片外也可以内置于芯片中。外设的种类很多,可从一个简单的串行通信设备到非常复杂的无线设备。

目前嵌入式系统中常用的通用设备接口有模/数转换接口、数/模转换接口,I/O 接口有 RS-232 接口(串行通信接口)、Ethernet(以太网接口)、USB(通用串行总线接口)、音频接口、VGA 视频输出接口、I^2C(现场总线)、SPI(串行外围设备接口)和 IrDA(红外线接口)等。

1.2.2 嵌入式系统的软件

嵌入式系统与传统的单片机在软件方面最大的不同就是可以移植操作系统,从而使软件设计层次化,传统的单片机在软件设计时将应用程序与系统、驱动等全部混在一起编译,系统的可扩展性、可维护性不高,上升到操作系统后,这一切就变得简单可行。

嵌入式系统在软件上呈现明显的层次化,从嵌入式操作系统,到上层文件系统、GUI 界面,以及用户层的应用软件。各部分可以清晰地划分开来,如图 1-3 所示。当然,在某些时候这种划分也不完全符合应用要求,此时需要程序设计人员根据特定的需要来设计自己的软件。

应用软件		
文件系统(FS)	图形用户界面(GUI)	系统管理(接口)
嵌入式操作系统		

图 1-3 典型嵌入式系统软件结构

嵌入式操作系统(Embedded Operation System,EOS)是一种用途广泛的系统软件,过去它主要应用在工业控制和国防系统领域。EOS 负责嵌入系统的全部软/硬件资源的分配、任务调度,控制、协调并发活动。它必须体现其所在系统的特征,能够通过装卸某些模块来达到系统所要求的功能。目前，已推出一些应用比较成功的 EOS 产品系列。随着 Internet 技术的发展、信息家电的普及应用及 EOS 的微型化和专业化，EOS 开始从单一的弱功能向高专业化的强功能方向发展。嵌入式操作系统在系统实时高效性、硬件的相关依赖性、软件固化以及应用的专用性等方面具有较为突出的特点。设计者根据自己特定的需要来设计移植自己的操作系统，即添加删除部分组件，添加相应的硬件驱动程序，为上层应用提供系统调用。

文件系统、GUI，以及系统管理（接口）主要应对需要，即如果需要文件系统及图形界面支持才需要设计，主要是为了应用程序员开发应用程序提供更多、更便捷、更丰富的 API 接口。

应用软件层即用户设计的针对特定应用的应用软件，在开发该应用软件时，可以用到底层提供的大量函数。

1.2.3　嵌入式系统的中间层

（嵌入式系统）硬件层与软件层之间为中间层，也称为硬件抽象层（Hardware Abstract Layer，HAL）或板级支持包（Board Support Package，BSP），它将系统上层软件与底层硬件分隔开来，使系统的底层驱动程序与硬件无关，上层软件开发人员无须关心底层硬件的具体情况，根据 BSP 层提供的接口即可进行开发。该层一般包含相关底层硬件的初始化、数据的输入/输出操作和硬件设备的配置功能。BSP 具有以下两个特点。

硬件相关性：因为嵌入式实时系统具有应用相关性，而作为上层软件与硬件平台之间的接口，BSP 需要为操作系统提供操作和控制具体硬件的方法。

操作系统相关性：不同的操作系统具有各自的软件层次结构，因此，不同的操作系统具有特定的硬件接口形式。

实际上，BSP 是一个介于操作系统和底层硬件之间的软件层次，包括了系统中大部分与硬件联系紧密的软件模块。设计一个完整的 BSP 需要完成两部分工作：嵌入式系统的硬件初始化以及 BSP 功能，设计硬件相关的设备驱动。

（1）嵌入式系统硬件初始化

系统初始化过程可以分为三个主要环节，按照自底向上、从硬件到软件的次序依次为：片级初始化、板级初始化和系统级初始化。

① 片级初始化：完成嵌入式微处理器的初始化，包括设置嵌入式微处理器的核心寄存器和控制寄存器、嵌入式微处理器核心工作模式和嵌入式微处理器的局部总线模式等。片级初始化把嵌入式微处理器从上电时的默认状态逐步设置成系统所要求的工作状态。这是一个纯硬件的初始化过程。

② 板级初始化：完成嵌入式微处理器以外的其他硬件设备的初始化。另外，还需设置某些软件的数据结构和参数，为随后的系统级初始化和应用程序的运行建立硬件和软件环境。这是一个同时包含软/硬件两部分在内的初始化过程。

③ 系统初始化：该初始化过程以软件初始化为主，主要进行操作系统的初始化。BSP 将对嵌入式微处理器的控制权转交给嵌入式操作系统，由操作系统完成余下的初始化操作，包含加载和初始化与硬件无关的设备驱动程序，建立系统内存区，加载并初始化其他系统软件模块，如网络系统、文件系统等。最后，操作系统创建应用程序环境，并将控制权交给应用程序。

(2) 硬件相关的设备驱动程序

BSP的另一个主要功能实现是硬件相关的设备驱动程序。硬件相关的设备驱动程序的初始化通常是一个从高到低的过程。尽管BSP中包含硬件相关的设备驱动程序,但是这些设备驱动程序通常不直接由BSP使用,而是在系统初始化过程中由BSP将它们与操作系统中通用的设备驱动程序关联起来,并在随后的应用中由通用的设备驱动程序调用,实现对硬件设备的操作。与硬件相关的驱动程序是BSP设计与开发中另一个非常关键的环节。

1.3　嵌入式系统的应用

1.3.1　嵌入式系统的应用领域

嵌入式系统目前已在国防、国民经济及社会生活各领域普及应用,用于企业、军队、办公室、实验室以及个人家庭等各种场所,嵌入式系统技术具有非常广阔的应用前景,下面列举了一些嵌入式系统的应用领域。

✦ 军用。各种武器控制(火炮控制、导弹控制、智能炸弹制导引爆装置)、坦克、舰艇、轰炸机等陆海空各种军用电子装备,雷达、电子对抗军事通信装备,野战指挥作战用各种专用设备等。

✦ 消费电子。我国各种消费类电子产品,如数字电视机、机顶盒、数码相机、VCD、DVD、音响设备、可视电话、家庭网络设备、洗衣机、电冰箱、智能玩具等,广泛采用微处理器/微控制器及嵌入式软件。随着市场的需求和技术的发展,传统手机逐渐发展成为融合了PDA、电子商务和娱乐等特性的智能手机,我国移动通信市场潜力巨大,发展前景看好。

✦ 工业控制。各种智能测量仪表、数控装置、可编程控制器、控制机、分布式控制系统、现场总线仪表及控制系统、工业机器人、机电一体化机械设备、汽车电子设备等,广泛采用嵌入式系统。基于嵌入式芯片的工业自动化设备将获得长足的发展,目前已经有大量的8位、16位和32位嵌入式微控制器在应用中,网络化是提高生产效率和产品质量、减少人力资源的主要途径,如工业过程控制、数字机床、电力系统、电网安全、电网设备监测、石油化工系统。就传统的工业控制产品而言,低端型采用的往往是8位单片机。但是随着技术的发展,32位、64位的处理器逐渐成为工业控制设备的核心,在未来几年内必将获得长足的发展。

✦ 网络应用。Internet的发展,产生了大量网络基础设施、接入设备、终端设备的市场需求,这些设备中大量使用嵌入式系统。

✦ 交通管理。在车辆导航、流量控制、信息监测与汽车服务方面,嵌入式系统技术已经获得了广泛的应用,内嵌GPS模块、GSM模块的移动定位终端已经在各种运输行业获得了成功的使用。

✦ 信息家电。这将成为嵌入式系统最大的应用领域,冰箱、空调等的网络化、智能化将引领人们的生活步入一个崭新的空间。即使你不在家里,也可以通过电话线、网络进行远程控制。在这些设备中,嵌入式系统将大有用武之地。

✦ 家庭智能管理系统。水、电、煤气表的远程自动抄表,安全防火、防盗系统,其中嵌有的专用控制芯片将代替传统的人工检查,并实现更高、更准确和更安全的性能。目前在服务领域,如远程点菜器等已经体现了嵌入式系统的优势。

✦ 环境工程与自然。水文资料实时监测,防洪体系及水土质量监测,堤坝安全,地震监测网,实时气象信息网,水源和空气污染监测。在很多环境恶劣、地况复杂的地区,嵌入式系统将实现无人监测。

✦ 机器人。嵌入式芯片的发展将使机器人在微型化、高智能方面的优势更加明显，同时会大幅度降低机器人的价格，使其在工业领域和服务领域获得更广泛的应用。

✦ 其他。各类收款机、POS 系统、电子秤、条形码阅读机、商用终端、银行点钞机、IC 卡输入设备、取款机、自动柜员机、自动服务终端、防盗系统、各种银行专业外围设备以及各种医疗电子仪器，无一不用到嵌入式系统。嵌入式系统可以说无处不在，有着广阔的发展前景，也充满了机遇和挑战。

图 1-4 是一些有代表性的嵌入式系统应用案例。

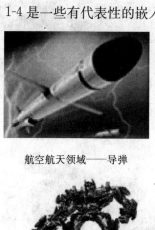
航空航天领域——导弹

航空航天领域——航天飞机

航空航天领域——火箭

机器人领域

控制器领域

医疗设备领域

驱动器领域

接收器领域

精密仪器领域

网络设备领域——路由器

网络设备领域——交换机

网络设备领域——防火墙

办公设备领域——打印机

办公设备领域——复印机

办公设备领域——掌上电脑

自动柜员机

智能电器领域——洗衣机

智能电器领域——冰箱

娱乐领域——手机

娱乐领域——游戏机

娱乐领域——数码相机

娱乐领域——DV

娱乐领域——MP4

娱乐领域——摄像机

图 1-4 嵌入式系统应用案例

1.3.2 嵌入式系统的实例

这里我们从嵌入式系统的角度分析一下人们日常生活中常接触的嵌入式设备。

(1) 手机

手机作为一类使用非常广泛的大众消费类电子产品,与我们的生活紧密相关,目前大多数人的生活已经离不开手机。据调查,中国手机保有量于 2012 年 5 月达到 10 亿部。

图 1-5 iPhone 4 手机

目前市面上大多数手机除了典型的电话功能外,还包含了游戏、MP3、照相、摄影、录音、GPS 导航、上网等更多的功能。特别是使用功能越来越多的智能手机(Smartphone),像个人电脑一样,具有独立的操作系统,可以由用户自行安装软件、游戏等第三方服务商提供的程序,通过此类程序来不断对手机的功能进行扩充,并可以通过移动通信网络来实现无线网络接入,更像一个带有手机功能的 PDA。图 1-5 所示苹果公司的 iPhone 4,就是一款典型的智能手机。

图 1-6 是 iPhone 4 的功能框图,下面我们从嵌入式系统角度看看该手机都包含哪些功能模块。

✦ 处理器——选用 Samsung K4X1G153PC ARM 11 处理器,负责运算和控制工作。

✦ 存储器——包括三部分存储器,一是 ARM 外挂的 NAND Flash 存储器,二是 ARM 内置的 SDRAM 存储器,三是基带芯片外挂的 NAND Flash ＋ SRAM 存储器。

◆ 输入模块——包括触摸屏、受话筒等。

◆ 输出模块——包括 LCD、扬声器等。

◆ 其他模块——包括基带信号处理模块，WLAN、蓝牙、GPS 等通信模块，音频编解码模块，照相机 CCD 模块，功率管理等模块。

◆ 操作系统——iPhone 4 采用苹果公司自己开发的 IOS 4 操作系统。

◆ 应用软件——包括媒体播放器、导航软件、电话本管理软件等。

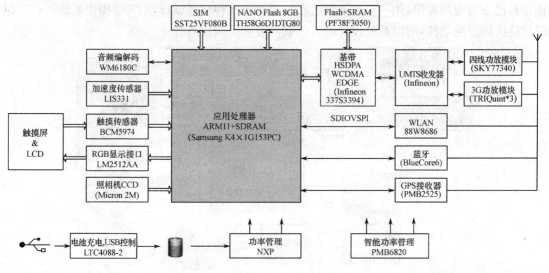

图 1-6　iPhone 4 功能框图

大家都知道，现代计算机采用的是冯·诺依曼计算机体系结构，即包括运算器、控制器、存储器、输入设备、输出设备 5 个组成部分。通过对 iPhone 4 手机的功能模块归类，我们可以发现 iPhone 4 手机（也包括所有智能手机）实际上就是一个小型的计算机加上若干配套功能模块，一起嵌入到手机这个设备里面，实现该手机所有的功能。

同时，这些软/硬件组成的设备只能实现特定的功能，即 iPhone 4 的所有功能，但是它不能实现洗衣机的控制，也不能实现导弹飞行姿态的控制，也就是说这些特定的模块，只是为了实现这些特定的功能，它们是专用的，不具有通用性。

（2）洗衣机

洗衣机是一种应用非常广泛的家用电器，家用洗衣机主要由箱体、洗涤脱水桶（有的洗涤桶和脱水桶分开）、传动和控制系统等组成，有的还装有加热装置。图 1-7 是一款变频滚筒洗衣机。

图 1-8 所示是变频滚筒洗衣机的功能框图，下面我们从嵌入式系统角度看看该洗衣机都包含哪些功能模块

◆ 控制器——包括两个控制器，分别是控制面板的 8 位微控制器和控制变频工作的 16/32 位微控制器。

◆ 存储器——虽然我们在图中没有看到存储器模块，但是实际上两个控制器内部都有 RAM 和 ROM 存储器。

◆ 输入模块——包括按键、传感器等。

图 1-7　变频滚筒洗衣机

- ✦ 输出模块——包括 LCD、LED 等。
- ✦ 其他模块——包括电源模块等。
- ✦ 应用软件——主要是洗衣机洗涤控制软件。

可见,洗衣机控制功能的实现也是通过一个小型的计算机加上若干配套功能模块,一起嵌入到洗衣机这个设备里面,实现洗涤控制这个特定的功能。我们还注意到,与智能手机相比,这款变频滚筒洗衣机没有操作系统,这是因为洗衣机的任务相对固定,不需要像手机那样支持用户自己安装应用程序,用户只管使用洗衣机提供的几种功能就行,不需要操作系统一样可以提供这些固定的功能,所以系统设计的时候就没有采用操作系统。

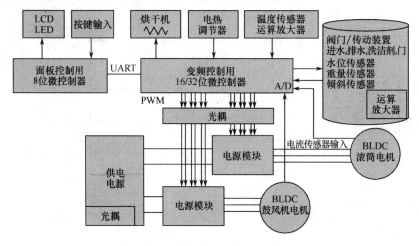

图 1-8　变频滚筒洗衣机功能框图

1.4　嵌入式系统的发展

1.4.1　嵌入式系统的历史

虽然嵌入式系统是近十几年才风靡起来的,但是这个概念并非新近才出现。从 20 世纪 70 年代单片机的出现到今天各式各样的嵌入式微处理器、微控制器的大规模应用,嵌入式系统已经有了近 40 年的发展历史。

作为一个系统,往往是在硬件和软件交替发展的双螺旋的支撑下逐渐趋于稳定和成熟的,嵌入式系统也不例外。

嵌入式系统的出现最初是基于单片机的。20 世纪 70 年代单片机的出现,使得汽车、家用电器、工业控制、通信装置,以及成千上万种产品可以通过内嵌电子装置来获得更佳的使用性能:更易用、更省时、更便宜。这些装置已经初步具备了嵌入式的应用特点,但是这时的应用只是使用 8 位的芯片,执行一些单线程的程序,还谈不上"系统"的概念。

最早的单片机是 Intel 公司的 8048,它出现在 1976 年。Motorola 同时推出了 68HC05,Zilog 公司推出了 Z80 系列,这些早期的单片机均含有 256B 的 RAM、4KB 的 ROM、4 个 8 位并口、一个全双工串行口、两个 16 位定时器。之后在 20 世纪 80 年代初,Intel 又进一步完善了 8048,在它的基础上研制成功了 8051,这在单片机的历史上是值得纪念的一页,迄今为止,51 系列的单片机仍然是最为成功的单片机,在各种产品中有着非常广泛的应用。

从 20 世纪 80 年代早期开始,嵌入式系统的程序员开始用商业级的"操作系统"编写嵌入式应用软件,这使得可以获取更短的开发周期、更低的开发资金和更高的开发效率,"嵌入式系统"真正出现了。确切地说,这个时候的操作系统是一个实时核,这个实时核包含了许多传统操作系统的特征,包括任务管理、任务间通信、同步与相互排斥、中断支持、内存管理等功能。

其中比较著名的有 Ready System 公司的 VRTX,Integrated System Incorporation(ISI)的 PSOS 和 IMG 的 VxWorks,QNX 公司的 QNX 等。这些嵌入式操作系统都具有嵌入式的典型特点:它们均采用占先式的调度,响应的时间很短,任务执行的时间可以确定;系统内核很小,具有可裁剪、可扩充和可移植性,可以移植到各种处理器上;较强的实时和可靠性,适合嵌入式应用。这些嵌入式实时多任务操作系统的出现,使得应用开发人员得以从小范围的开发解放出来,同时也促使嵌入式有了更为广阔的应用空间。

20 世纪 90 年代以后,随着对实时性要求的提高,软件规模不断上升,实时核逐渐发展为实时多任务操作系统(RTOS),并作为一种软件平台逐步成为目前国际嵌入式系统的主流。这时候更多的公司看到了嵌入式系统的广阔发展前景,开始大力发展自己的嵌入式操作系统。除了上面的几家老牌公司以外,还出现了 Palm OS,WinCE,嵌入式 Linux,Lynx,Nucleus,以及国内的 Hopen,Delta OS 等嵌入式操作系统。随着嵌入式技术的发展前景日益广阔,相信会有更多的嵌入式操作系统软件出现。

1.4.2　嵌入式系统的发展现状

资料显示,全球嵌入式系统技术市场 2009 年为 1 016 亿美元,2010 年达到 1 130 亿美元的市场规模,2015 年预计将达到 1 586 亿美元的市场规模。各不同市场中硬件设备占大部分的市场占有率,2010 年达到 1 088 亿美元的规模。今后预计将以 7% 的年平均成长率成长,2015 年将达到 1 524 亿美元的市场规模。

芯片技术、软件技术、通信网络技术等嵌入式系统关键技术的新进展,推动着嵌入式系统升级换代、智能化水平的提高,普及应用向广度、深度的方向发展。

（1）芯片技术

随着半导体工艺技术的发展,全球已有 30 多种系列近千种微处理器(μP)、微控制器(μC)与数字信号处理器(DSP),例如 Intel Pentium、Strong Arm 系列,AMD X86 系列,TI 嵌入式 DSP 的 TMS320 系列等。单片机已从 MCS-51 到 80C51MCU,现已进入片上系统(SoC)阶段。我国"十五"国家 863 计划超大规模集成电路 SoC 专项已启动,近年已研制成国产 CPU 芯片"龙芯","方舟"1、2 号,"诺亚 2000",S648SPARC V8 系列等,为网络通信、信息安全和关键电子信息产品提供核心芯片,正在建立自己的 SoC 设计平台及 IP 核库,形成 0.35～0.18μm 生产技术,建成多条生产线。

（2）嵌入式软件技术

嵌入式系统软件,支撑软件及应用软件近年有迅猛的发展。嵌入式操作系统国外有 VxWorks,WinCE,PalmOS,EPOC,LynxOS,DSPlinux 等。我国开发有女娲 Hopen、桑夏 2000、Delta OS、中软 Linux 2.0、红旗 Linux 及东方 Linux 等,嵌入式数据库国外有 Progress RDBMS,IBM DB2,Infomix Cloudscape 等,我国有人大金仓小金灵,东大阿尔派 Open Base 等;嵌入式 Web 浏览器如 Access Net Front,Lineo Embed ix,微软 Packet IE 等,我国有 Hopen Browser,深圳苗壮 ipanet 等。嵌入式软件开发平台及工具如 Java 2 Micro Fdition (J2ME)用于消费类产品,国内外有大量嵌入式应用软件已广泛用于各类嵌入式系统中。

（3）嵌入式微型因特网互联技术

嵌入式微型因特网互联技术(EMIT,Embedded Microinternetworking Technology)是将

嵌入式电子设备接入 Internet，实现 Internet 互联的技术，EMIT 系统主要由 emMicro 微型 Web 服务器、emGateway 网关 Web 客户机和 Emit 接入函数库等 4 部分组成，Emit 已广泛应用于智能建筑、智能家居、智能社区中。近年来出现嵌入式 internet 概念，指设备通过嵌入式模块而非 PC 直接接入 Internet，以 Internet 为介质实现信息交互过程，国内有关单位也开始研制嵌入式 Internet 有关产品。

（4）计算机与现场总线技术

模板级与系统级嵌入式计算机总线，近年来 PCI，CompactPCI，PICMG、PXI、VME 在工业用计算机中广泛应用，在生产现场各测量控制设备之间实现双向串行多节点数字通信的现场总线，国外 IECTC65 通过的 8 种现场总线国际标准有 Interbus，ProfibusWordfip，IEC61158TS（FF H1），P－Net，ControlNet，FFHSE（FF H2），SwiftNet，此外 CAN，Lon-Work，Modbus，Cebus 亦较流行，国内外有大量模板级与系统级嵌入式计算机产品及现场总线仪表及控制系统。

1.4.3　嵌入式系统的发展趋势

信息时代，数字时代使得嵌入式产品获得了巨大的发展契机，为嵌入式市场展现了美好的前景，同时也对嵌入式生产厂商提出了新的挑战，从中我们可以看出未来嵌入式系统的几大发展趋势：

① 嵌入式开发是一项系统工程，因此要求嵌入式系统厂商不仅要提供嵌入式软/硬件系统本身，同时还需要提供强大的硬件开发工具和软件包支持。

目前很多厂商已经充分考虑到这一点，在主推系统的同时，将开发环境也作为重点推广。比如三星在推广 Arm7，Arm9 芯片的同时还提供开发板和板级支持包（BSP），而 Window CE 在主推系统时也提供 Embedded VC＋＋作为开发工具，还有 Vxworks 的 Tonado 开发环境、DeltaOS 的 Limda 编译环境等都是这一趋势的典型体现。当然，这也是市场竞争的结果。

② 网络化、信息化的要求随着因特网技术的成熟、带宽的提高日益提高，使得以往单一功能的设备如电话、手机、冰箱、微波炉等功能不再单一，结构更加复杂。

这就要求芯片设计厂商在芯片上集成更多的功能，为了满足应用功能的升级，设计师们一方面采用更强大的嵌入式处理器如 32 位、64 位 RISC 芯片或信号处理器 DSP 增强处理能力，同时增加功能接口，如 USB，扩展总线类型，如 CAN BUS，加强对多媒体、图形等的处理，逐步实施片上系统（SoC）的概念。软件方面采用实时多任务编程技术和交叉开发工具技术来控制功能复杂性，简化应用程序设计、保障软件质量和缩短开发周期。

③ 网络互联成为必然趋势。未来的嵌入式设备为了适应要求，必然要求在硬件上提供各种网络通信接口。传统的单片机对于网络支持不足，而新一代的嵌入式处理器已经内嵌网络接口，除了支持 TCP/IP，有的还支持 IEEE 1394、USB、CAN、Bluetooth 或 IrDA 通信接口中的一种或者几种，同时也需要提供相应的通信组网协议软件和物理层驱动软件。软件方面系统内核支持网络模块，甚至可以在设备上嵌入 Web 浏览器，真正实现随时随地用各种设备上网。

④ 精简系统内核、算法，降低功耗和软/硬件成本。未来的嵌入式产品是软/硬件紧密结合的设备，为了减低功耗和成本，需要设计者尽量精简系统内核，只保留和系统功能紧密相关的软/硬件，利用最低的资源实现最适当的功能，这就要求设计者选用最佳的编程模型和不断改进算法，优化编译器性能。因此，既要软件人员有丰富的硬件知识，又需要发展先进嵌入式软件技术，如 Java、Web 和 WAP 等。

⑤ 提供友好的多媒体人机界面。嵌入式设备能与用户亲密接触,最重要的因素就是它能提供非常友好的用户界面。图像界面,灵活的控制方式,使得人们感觉嵌入式设备就像是一个熟悉的老朋友。这方面的要求使得嵌入式软件设计者要在图形界面,多媒体技术上痛下苦功。手写文字输入、语音拨号上网、收发电子邮件以及彩色图形、图像都会使使用者获得自由的感受,提升用户体验。

1.5　本章小结

本章首先介绍了嵌入式系统的定义,接着给出了嵌入式系统一般架构。然后介绍了嵌入式系统的应用领域,并通过我们身边的典型嵌入式设备来举例说明嵌入式系统的架构。最后分析了嵌入式系统的历史及发展趋势。

第 2 章　嵌入式系统硬件基础

2.1　基本概念

2.1.1　复杂指令集和精简指令集

长期以来,计算机性能的提高往往是通过增加硬件的复杂性来获得的。随着集成电路技术特别是 VLSI(超大规模集成电路)技术的迅速发展,为了软件编程方便和提高程序的运行速度,硬件工程师不断增加可实现复杂功能的指令数目和多种灵活的编址方式,使得某些指令可支持高级语言语句归类后的复杂操作,致使硬件越来越复杂,造价也相应提高。

为了实现复杂的操作,微处理器除向程序员提供类似各种寄存器和机器指令功能外,还通过存于只读存储器(ROM)中的微程序来实现其极强的功能,微处理在分析每一条指令之后执行一系列初级指令运算来完成所需的功能,这种设计的形式被称为复杂指令集计算机(Complex Instruction Set Computer,CISC)结构。一般 CISC 所含的指令数目至少 300 条以上,有的甚至超过 500 条。CISC 为 1960 年前后的主流架构,其特点为:随着新指令的不断引入,计算机体系结构变得复杂;20%的指令经常使用,占 80%程序代码量;80%的指令较少使用,占 20%程序代码量;具有大量的指令和寻址方式;指令长度可变;多数程序只需少量指令,程序员的编程工作相对容易,代码短。

精简指令集计算机(Reduced Instruction Set Computer,RISC),1979 年由加州大学伯克利分校提出,目的是使计算机体系结构更合理,提高运算速度,选取使用频繁的简单指令,固定指令长度,减少指令类型和寻址方式,以逻辑控制为主。

RISC 和 CISC 的差异如表 2-1 所示。

(1) 指令系统

RISC 设计者把主要精力放在经常使用的指令上,使其具有简单高效的特点。对于不常用的功能,通常通过指令组合来实现。

CISC 指令系统丰富,有专用指令完成特定功能,处理特殊任务效率较高。

(2) 存储器操作

RISC 对存储器操作指令少,控制简单化。

CISC 存储器操作指令多,操作直接。

表 2-1　RISC 和 CISC 差异对比表

类别	CISC	RISC
指令系统	处理特殊任务效率高;规整性差	处理特殊任务效率低;指令规律齐全
存储器操作	操作指令多,操作直接	操作有限,控制简单
程序	程序设计相对容易	程序设计相对复杂,依靠编译器
中断	指令执行完响应	指令执行过程中响应
CPU	功能强、面积大、功耗高	面积小、功耗低
设计周期	结构复杂,设计周期长	布局紧凑,设计周期短
用户使用	功能强大,专业使用	指令规整,易学易用
应用范围	适合通用机	适合专用机

（3）程序设计

RISC 汇编语言程序一般需要较大的内存空间,实现特殊功能时程序复杂,不易设计。

CISC 汇编语言程序编程相对简单,科学计算及复杂操作的程序设计相对容易,效率较高。

（4）中断

RISC 在一条指令执行的适当地方可以响应中断;

CISC 在一条指令执行结束后响应中断。

（5）CPU

RISC 包含较少的单元电路,面积小,功耗低;

CISC 包含丰富的电路单元,功能强、面积大、功耗大。

（6）设计周期

RISC 结构简单,布局紧凑,设计周期短,易于采用最新技术;

CISC 结构复杂,设计周期长。

（7）易用性

RISC 结构简单,指令规整,性能容易把握,易学易用;

CISC 结构复杂,功能强大,实现特殊功能容易。

（8）应用范围

RISC 指令系统与特定的应用领域有关,更适于嵌入式系统应用;

CISC 更适合于通用计算机。

从硬件角度来看,CISC 处理的是不等长指令集,它必须对不等长指令进行分割,因此在执行单一指令的时候需要进行较多的处理工作。而 RISC 执行的是等长精简指令集,CPU 在执行指令的时候速度较快且性能稳定。因此,在并行处理方面,RISC 明显优于 CISC,RISC 可同时执行多条指令,它可将一条指令分割成若干个进程或线程,交由多个处理器同时执行。由于 RISC 执行的是精简指令集,所以其制造工艺简单且成本低廉。

从软件角度来看,CISC 运行的是我们所熟识的 DOS、Windows 操作系统,而且它拥有大量的应用程序。目前全世界有 65% 以上的软件厂商都是为基于 CISC 体系结构的 PC 及其兼容机服务的,像赫赫有名的 Microsoft 就是其中的一家。而 RISC 在此方面则显得有些势单力薄。虽然在 RISC 上也可以运行 DOS、Windows,但是需要一个翻译过程,并且运行速度要慢许多。

2.1.2　冯•诺依曼体系结构

冯•诺依曼体系结构是现代计算机的基础,现在大多计算机仍是冯•诺依曼结构。因此,冯•诺依曼也被人们称为“计算机之父”。根据冯•诺依曼体系结构构成的计算机,必须具有如下功能:把需要的程序和数据送至计算机中;必须具有长期记忆程序、数据、中间结果及最终运算结果的能力;能够完成各种算术、逻辑运算和数据传送等数据加工处理的能力;能够根据需要控制程序走向,并能根据指令控制机器的各部件协调操作;能够按照要求将处理结果输出给用户。为了完成上述的功能,计算机必须具备五大基本组成部件,包括:输入数据和程序的输入设备、记忆程序和数据的存储器、完成数据加工处理和程序控制的中央处理器、输出处理结果的输出设备。冯•诺依曼结构的计算机内部机构如图 2-1 所示。

冯•诺依曼结构的计算机存储空间需要存储全部的数据和程序指令,内部使用单一的地址总线和数据总线,其存储结构如图 2-2 所示。由于指令和数据都是二进制码,指令和操作数

冯·诺依曼

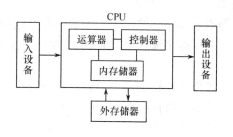
冯·诺依曼体系结构

图 2-1 冯·诺依曼体系结构

的地址又密切相关,因此,当初选择这种结构是自然的。但是,这种指令和数据共享同一总线的结构,使得信息流的传输成为限制计算机性能的瓶颈,影响了数据处理速度的提高。

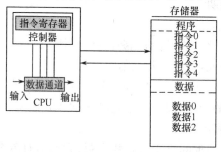

图 2-2 冯·诺依曼体系存储结构

然而由于传统冯·诺依曼计算机体系结构天然所具有的局限性,从根本上限制了计算机的发展。

① 采用存储程序方式,指令和数据不加区别混合存储在同一个存储器中,数据和程序在内存中是没有区别的,它们都是内存中的数据。当指针指向哪里,CPU 就加载哪段内存中的数据,如果是不正确的指令格式,CPU 就会发生错误中断。在现在 CPU 的保护模式中,每个内存段有其描述符,这个描述符记录着这个内存段的访问权限(可读,可写,可执行)。这就变相的指定了哪些内存中存储的是指令,哪些是数据。指令和数据都可以送到运算器进行运算,即由指令组成的程序是可以修改的。

② 存储器是按地址访问线性编址的一维结构,每个单元的位数都是固定的。

③ 指令由操作码和地址组成。操作码指明本指令的操作类型,地址码指明操作数和地址。操作数本身无数据类型的标志,其数据类型由操作码确定。

④ 通过执行指令直接发出控制信号控制计算机的操作。指令在存储器中按其执行顺序存放,由指令计数器指明要执行的指令所在的单元地址。指令计数器只有一个,一般按顺序递增,但执行顺序可按运算结果或当时的外界条件而改变。

⑤ 以运算器为中心,I/O 设备与存储器间的数据传送都要经过运算器。

⑥ 数据以二进制表示。

2.2 基本硬件组件

嵌入式系统的硬件以嵌入式微处理器为核心,主要由中央处理器、存储器、输入/输出设备和总线组成。中央处理器是嵌入式系统的核心,它负责控制整个系统的执行。包括微处理器、微控制器、DSP 处理器、SoC(System on Chip)等；存储器按存储信息的方式可分为只读存储器（Read Only Memory，ROM）和随机存储器（Random Access Memory，RAM）；输入设备一般包括小型按键、触摸屏等；输出设备则主要有 LED、LCD 等；总线包括内部总线（如 I²C、SCI 等）、系统总线（如 ISA、PCI 等）和和外部总线（如 RS-232-C、USB 等）。嵌入式系统硬件组成如图 2-3 所示。

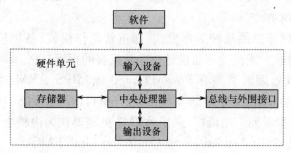

图 2-3　嵌入式系统硬件组成

2.2.1　中央处理器

嵌入式系统的核心是中央处理器（Central Processing Unit，CPU）。它主要由控制器、运算器等组成，通常为采用大规模集成电路工艺制成的芯片，又称微处理器芯片。嵌入式处理器就像系统的控制神经中枢，通过数据线、地址线和控制信号线等神经网线与各种神经末梢，如 RS－232 接口、USB 接口、LCD 接口等相连。新一代嵌入式设备还需要具备 IEEE 1394，USB，CAN，Bluetooth 或 IrDA 通信接口，同时也需要提供相应的通信组网协议软件和物理层驱动软件。为了支持应用软件的特定编程模式，如 Web 或无线 Web 编程模式，还需要相应的浏览器，如 HTML，XML 等。

目前世界上具有嵌入式功能特点的处理器已经超过 1000 种，流行体系结构包括 MCU，MPU 等 30 多个系列。鉴于嵌入式系统广阔的发展前景，很多半导体制造商都大规模生产嵌入式处理器，并且公司自主设计处理器也已成为未来嵌入式领域的一大趋势，其中从单片机、DSP 到 FPGA 有着各式各样的品种，速度越来越快，性能越来越强，价格也越来越低。目前嵌入式处理器的寻址空间可以从 64kB 到 16MB，处理速度最快可以达到 2000 MIPS，封装从 8 个引脚到 144 个引脚不等。

根据现状，嵌入式处理器可以分为以下几类。

（1）嵌入式微处理器（Embedded Micro Processor Unit，EMPU）

由通用计算机中的 CPU 演变而来的，与标准微处理器基本相同，但在工作温度、抗电磁干扰、可靠性等方面都做了增强。与工业控制计算机相比，它具有体积小、重量轻、成本低、可靠性高等优点；但在电路板上必须包括 ROM、RAM、Flash、总线接口、各种外设等器件，从而降低了系统的可靠性，技术保密性也较差。在应用中，将微处理器装配在专门设计的电路板上，然后在电路板上配上必要的扩展外围电路，如存储器的扩展电路、I/O 的扩展电路和一些专用的接口电路等，这样就可基本完成嵌入式系统的一些功能。嵌入式微处理器与通用计算机处理器不同的是，在实际嵌入式应用中，只保留和嵌入式应用紧密相关的功能硬件，去除其他的冗余功能部分，这样就以最低的功耗和资源实现嵌入式应用的特殊要求。

嵌入式微处理器的特点：

① 内部具有精确的晶振电路，对实时多任务具有很强的支持能力。

② 嵌入式系统的软件结构已模块化,具有功能很强的存储区保护功能。

③ 采用可扩展的处理器结构,留有很多扩展接口。

④ 提供丰富的调试功能。在嵌入式系统开发中,基本的开发模型就是宿主机对目标机的开发。一方面要求宿主机上有相应的开发工具,另一方面要求目标机上的微处理器应提供必要的调试接口以方便用户开发。调试方式主要有硬件仿真调试、软件调试、模拟调试等。常见的调试接口有 JTAG,BDM 方式等。

⑤ 许多嵌入式处理器提供几种工作模式,如正常工作模式、备用模式、省电模式(power down)等。功耗已成为嵌入式微处理器设计中非常重要的指标。

目前主要的嵌入式处理器类型有 PowerPC、68000、MIPS、ARM/ Strong ARM 系列等。其中,基于 ARM 技术的 32 位微处理器,市场的占有率目前已达到 80%。在所有 ARM 处理器系列中,ARM7 处理器系列应用最广,采用 ARM7 处理器作为内核生产芯片的公司最多。

(2) 嵌入式微控制器(Embedded Micro Controller Unit,EMCU)

一般又称为单片机,即将整个计算机系统集成到一块芯片中的控制器。一般以某一种微处理器内核为核心,芯片内部集成 ROM/EPROM、RAM、Flash、总线、总线逻辑、定时/计数器、Watch Dog、I/O、串行口、脉宽调制输出、A/D、D/A 等各种必要功能模块和外设。为适应不同需要,一般一个系列的单片机具有很多的衍生产品,但是每种衍生产品的处理器内核是相同的,不同的是存储器和外设的配置及封装。

与嵌入式微处理器相比,微控制器的最大特点是单片化,体积大大减小,从而使功耗和成本下降、可靠性提高。微控制器的片上外设资源一般比较丰富,适合于控制方面的应用,因此称为微控制器。

嵌入式微控制器目前的品种和数量最多,比较有代表性的通用系列包括 8051、P51XA、MCS-251、MCS-96/196/296、C166/167、MC68HC05/11/12/16、68300 等。另外还有许多半通用系列如:支持 USB 接口的 MCU 8XC930/931、C540、C541;支持 I^2C、CAN-Bus、LCD 及众多专用 MCU 和兼容系列。目前 MCU 占嵌入式系统约 70% 的市场份额。特别值得注意的是近年来提供 X86 微处理器的著名厂商 AMD 公司,将 Am186CC/CH/CU 等嵌入式处理器称为 Micro Controller, Motorola 公司把以 PowerPC 为基础的 PPC505 和 PPC555 亦列入单片机行列。TI 公司亦将其 TMS320C2XXX 系列 DSP 作为 MCU 进行推广。

(3) 嵌入式 DSP 处理器(Embedded Digital Signal Processor,EDSP)

DSP 处理器是专门用于信号处理方面的处理器,其在系统结构和指令算法方面进行了特殊设计,具有很高的编译效率和指令执行速度,在数字滤波、FFT、谱分析等领域获得了大规模的应用。DSP 应用正从通用单片机中以普通指令实现 DSP 功能,过渡到采用嵌入式 DSP 处理器。嵌入式 DSP 处理器有两个发展来源:一是 DSP 处理器经过单片化,EMC 改造,增加片上外设成为嵌入式 DSP 处理器,如 TI 公司的 TMS320C2000/C5000 等;二是在通用单片机或 SoC 中增加 DSP 协处理器,如 Intel 公司的 MCS-296 等。

DSP 的理论算法在 20 世纪 70 年代就已经出现,但是由于专门的 DSP 处理器还未出现,所以这种理论算法只能通过 MPU 等分立元件实现。MPU 较低的处理速度无法满足 DSP 的算法要求,其应用领域也仅局限于一些尖端的高科技领域。随着大规模集成电路技术发展,1982 年世界上诞生了首枚 DSP 芯片。其运算速度比 MPU 快了几十倍,在语音合成和编码解码器中得到了广泛应用。至 20 世纪 80 年代中期,随着 CMOS 技术的进步与发展,第二代基于 CMOS 工艺的 DSP 芯片应运而生,其存储容量和运算速度都得到成倍提高,成为语音处理、图像硬件处理技术的基础。到 80 年代后期，DSP 的运算速度进一步提高，应用领域也从上述范围扩大至通信和计算机方面。90 年代后，DSP 发展到了第五代产品，集成度更高，使用范围也更加广阔。

DSP 处理器的特点：内部采用哈佛结构；专用硬件乘法器；广泛采用流水线操作；提供特殊的 DSP 指令（例如：倒序）等。DSP 又分为两类：定点 DSP，只能完成定点数的算术操作，通常 16 位的 DSP 用于定点操作，特点为精度低、耗电低、成本低，适合于低端应用；浮点 DSP，只能处理浮点数，32 位的 DSP 通常用于浮点运算，特点为性能高、价格高，通常用于高端应用的场合，包括视频处理、图像识别等。

现在，嵌入式 DSP 处理器已得到快速的发展和应用，特别在嵌入式系统的智能化系统中，例如，各种带智能的消费类产品、生物信息识别终端、带加解密算法的键盘、ADSL 接入、实时语音压缩系统、虚拟现实显示等。这类智能化算法一般运算量较大，特别是向量运算、指针线性寻址等较多，而这些正是 DSP 处理器的优势所在。嵌入式 DSP 处理器比较有代表性的产品是 Texas Instruments 的 TMS320 系列和 Motorola 的 DSP56000 系列。TMS320 系列处理器包括用于控制的 C2000 系列，移动通信的 C5000 系列，以及性能更高的 C6000 和 C8000 系列。DSP56000 目前已经发展成为 DSP56000、DSP56100、DSP56200 和 DSP56300 等几个不同系列的处理器。另外 PHILIPS 公司也推出了基于可重置嵌入式 DSP 结构低成本、低功耗技术上制造的 R. E. A. L DSP 处理器，特点是具备双 Harvard 结构和双乘/累加单元，应用目标是大批量消费类产品。

(4) 嵌入式片上系统(Embedded System on Chip, ESoC)

将功能做在一个芯片上，包含 ARM RISC、DSP 或是其他的微处理器，以及各种接口单元，如通用串行端口(USB)、TCP/IP 通信单元、GPRS 通信接口、GSM 通信接口、IEEE 1394、蓝牙模块接口等。随着 EDA 的推广和 VLSI 设计的普及，以及半导体工艺的迅速发展，在一个硅片上实现一个更为复杂的系统的时代已来临，这就是 System on Chip(SoC)。各种通用处理器内核将作为 SoC 设计公司的标准库，与许多其他嵌入式系统外设一样，成为 VLSI 设计中的一种标准器件，利用标准的 VHDL 等语言描述，存储在器件库中。用户只需定义出整个应用系统，仿真通过后就可以将设计图交给半导体工厂制作样品。这样，除个别无法集成的器件以外，整个嵌入式系统的大部分均可集成到一块或几块芯片中去。应用系统电路板将变得更加简洁，对于减少体积和功耗，提高可靠性非常有利。

SoC 作为追求产品系统最大包容的集成器件，是目前嵌入式应用领域的热门课题之一。SoC 最大的特点是成功实现了软/硬件无缝结合，直接在处理器片内嵌入操作系统的代码模块。而且 SoC 具有极高的综合性，在一个硅片内部运用 VHDL 等硬件描述语言，实现一个复杂的系统。用户不需要再像传统的系统设计一样，绘制庞大复杂的电路板，一点点的连接焊制，只需要使用精确的语言，综合时序设计直接在器件库中调用各种通用处理器的标准，通过仿真之后就可以直接交付芯片厂商进行生产。由于绝大部分系统构件都在系统内部，整个系统就特别简洁，不仅减小了系统的体积和功耗，而且提高了系统的可靠性，提高了设计生产效率。

SoC 可以分为通用和专用两类，通用系列包括 Infineon(Siemens) 的 TriCore，Motorola 的 M-Core，某些 ARM 系列器件，Echelon 和 Motorola 联合研制的 Neuron 芯片等。专用 SoC 一般用于某个或某类系统中，不为一般用户所知。一个有代表性的产品是 PHILIPS 的 Smart XA，它将 XA 单片机内核和支持超过 2048 位复杂 RSA 算法的 CCU 单元制作在一块硅片上，形成一个可加载 Java 或 C 语言的专用的 SoC，用于公众互联网，如 Internet 安全网。

嵌入式系统实现的最高形式是单一芯片系统，而 SoC 的核心技术是 IP 核（即知识产权核

Intellectual Property Kernels)构件。IP 核分为硬件核、软件核和固件核。硬件核主要指 8/16/32/64 位 MPU 核或 DSP 核。硬件核提供商以数据软件库的形式,将其久经验证的处理器逻辑和芯片版图数据供 EDA 工具调用,在芯片上直接配置 MPU/DSP 功能单元。软件核是指软件提供商将 SoC 所需的 RTOS 内核软件或其他功能软件,如通信协议软件、FAX 功能软件等构成标准 API 方式和 IP 核形式的构件。此构件供 IDE 和 EDA 工具调用制成 Flash 或 ROM 可执行代码单元,加速 SoC 嵌入式系统定制和开发。目前,一些嵌入式软件供应商纷纷把成熟的 RTOS 内核和功能扩展件以软件 IP 核构件形式出售,Microtec 的 VRTXoc for ARM 就是典型例子。

2.2.2 存储器

存储器用于提供执行程序和存储数据所需的空间,按照存储方式分为 RAM 和 ROM 两种,均为半导体集成电路。具有集成密度大、体积小、访问速度快、性能可靠、使用寿命长的优点,适合于嵌入式应用领域。半导体存储器的存储类别如图 2-4 所示。

2.2.2.1 只读存储器(ROM)

ROM 利用可规划式接线的短路或断路来实现数据存储,具体接线的规划方式由 ROM 的类型决定。ROM 可由内部嵌入的算法完成对芯片的操作,因而在各种嵌入式系统中得到了广泛的应用,通常用于存放程序代码、常量表,以及一些在系统掉电后需要保存的用户数据等。其特点为数据可以读取,但不能任意更改,掉电情况下数据不会丢失。主要分 EPROM, E^2PROM 和 Flash 三种。

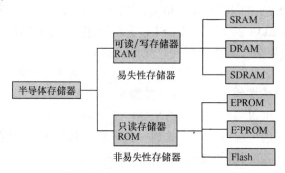

图 2-4 半导体存储器的存储类别

(1) EPROM(Erasable Program Read-Only Memory)

EPROM 为一种只读存储器,电可编程,紫外线擦除,适合少量生产或是产品开发调试实验。优点:因存储位元为单管,故集成度高,功耗小,耐久性好(常温下保持时间为 100 年;125℃时为 10 年)。缺点:不能在线擦除和编程;不能对单个存储单元擦除,只能以片为单位擦除;芯片封装麻烦,需留透明石英窗口,以便紫外线擦除;编程后,还须用不透明物体覆盖石英窗口,以免芯片存储的信息由于光照局部被擦除。图 2-5 为 EPROM 27C256 及对应的紫外线擦除器。

(2) E^2PROM(Electrically Erasable Programmable Read-Only Memory)

E^2PROM 内部结构与 EPROM 类似,具有浮动栅极,不同之处在于:源极、漏极、浮动栅极、P 型基底接上不同的电压进行写入、擦除和读出。电可编程、可擦除,省去了 EPROM 擦除需照射紫外线的烦琐程序,针对每个存储单元进行擦除操作,擦除次数达到一万次以上。优点:可在线擦除和编程,可单地址擦除和编程;因不需留擦除用的石英窗口,芯片封装容易;缺点:集成度变低,同容量的 E^2PROM 比 SIMOS EPROM 大 10 倍;编程和擦除功耗都较大。

(3) Flash

Flash 是 E^2PROM 的延伸产品,可在线进行电写入、电擦除,并且掉电后信息不丢失。具有功耗低、容量大、擦写快、可整片或分扇区系统编程、擦除等特点。

Flash 存储器 1983 年由 Intel 公司首先推

图 2-5　EPROM27C256 及紫外线擦除器

出,1988 年实现商品化。Flash 存储技术是在 EPROM 和 E^2PROM 的基础上发展起来的,为非易失性存储器,也采用浮动栅极原理,但其浮动栅极与通道间的距离较短,数据写入速度快(因为浮动栅极与通道间的距离比较短),故得名"闪存"。集成度从最初的每片 64KB 发展到现在的每片 64GB 产品。从基本工作原理上看,闪存属于 ROM 型存储器,但由于它又可以随时改写其中的信息,所以从功能上看,它又相当于随机存储器(RAM),从这个意义上说,传统的 ROM 与 RAM 的界限和区别在闪存上已不明显。闪存的主要特点:可按字节、区块或页面快速进行擦除和编程操作,也可按整片进行擦除和编程,页面访问速度可达几十至 200ns;片内有命令寄存器和状态寄存器,因而具有内部编程控制逻辑,进行擦除和编程写入时,可由内部逻辑控制操作;采用命令方式可以使闪存进入各种不同的工作方式,例如整片擦除、按页擦除、整片编程、分页编程、字节编程、进入备用方式、读识别码等;可进行在线擦除与编程,擦除和编程写入均无需把芯片取下;某些产品可自行产生编程电压(V_{PP}),因而只用 V_{CC} 供电,在通常的工作状态下即可实现编程操作;可实现很高的信息存储密度。

Flash 媒质存储器的构成主要采用两种技术:NOR 结构和 NAND 结构。

① NOR 型闪存:NOR 型 Flash 的结构采用并行方式工作,可以随机读取任意单元的内容,适合于程序代码的并行读/写、存储。该类存储器常用于制作计算机的 BIOS 存储器和微控制器的内部存储器。读速度高,而擦、写速度低,成本较高,每个内存单元(cell)的面积比较大,因此存储容量较小。

② NAND 型闪存:通过 I/O 指令的方式进行读取,成本较低,NAND 型 Flash 按页和块组织存储单元,访问存储单元需要发送命令,不能直接读/写。在进行大量读取文件时,NAND 型的速度比 NOR 型的速度快很多,常用来存放 OS、文件系统和部分应用程序。每个内存单元面积较小,因此存储容量较大,价格低,有取代磁盘的趋势。NAND 结构形式内部存储单元是采用串行工作方式进行工作的,按顺序读/写存储单元的内容,非常适合于大容量的数据或文件的串行读/写,一般容量可达上百兆字节。常用来制作扩充记忆卡,如 CF(Compact Flash Card)存储卡、SD (Secure Digital Card)卡、MS(Memory Stick)卡、SMC(Smart-Media Card)卡等。

2.2.2.2　随机存储器(RAM)

RAM 每个内存单元存储一个位(bit)的数据,可读可写,读取和写入快速一样,上电数据保存,掉电数据丢失,一般作为内存使用。主要分为 SRAM、DRAM、SDRAM 等。

(1) SRAM(Static Random Access Memory)

SRAM,静态随机存取存储器,为易失性存储器。内部结构由正反器电路组成,每一位存储单元电路需要 6 个晶体管,数据存取速度较快,比较容易同处理器制造在同一个芯片中,数据不需实时刷新,但成本较高。主要用于数据存储。优点:存取速度快;非破坏性读出;只要供电,信息则长久保持,不需刷新。缺点:功耗较大,尤其是双极型存储位元电路;所用元器件多,集成度低。常用的 SRAM 芯片主要有 6116、6264、62256、628128 等。

(2) DRAM(Dynamic Random Access Memory)

DRAM,动态随机存取存储器,为易失性存储器。存储单元由一个电容和一个晶体管组成,解码线使晶体管导通后,通过 rd/wr 线读取电容电压,或者对电容充放电,电容漏电,$15.625\mu s$ 充电一次,容量较大,约是 SRAM 的 4 倍,成本低,但由于电容的充放电原因,数据需要进行实时刷新操作。DRAM 与 SRAM 之间的主要差别在于数据存储的寿命不同。只要不断电,SRAM 就能保持其数据,但 DRAM 只有极短的数据寿命,通常为 4ms 左右,因此,DRAM 控制器需要周期性地刷新所存储的数据。由于比特成本低,DRAM 通常用作程序存储器。其缺点是速度慢,但计算机系统可以使用高速 SRAM 作为高速缓冲存储器来弥补 DRAM 的速度缺陷。

(3) SDRAM(Synchronous Dynamic Random Access Memory)

SDRAM,同步动态随机存取存储器,不具有掉电保持数据的特点,但其存取速度高于 Flash 存储器,且具有读/写的属性,因此 SDRAM 在系统中主要用作程序的运行空间、数据及堆栈区。当系统启动时,CPU 首先从复位地址 0x0h 处读取代码,在完成系统初始化后,程序代码一般调入 SDRAM 中运行,以提高系统的运行速度。

2.2.3 输入设备

输入设备是指向计算机输入信息的设备,为重要的人机接口,负责将输入的信息(包括数据和指令)转换成计算机能识别的二进制代码,送入存储器保存。在嵌入式系统中,输入设备主要包括小型键盘、触摸屏等。

2.2.3.1 小型键盘

小型键盘为嵌入式系统的一种常用输入设备,例如:收款机系统的小型键盘是由几个简单的数字键和功能键组成,结构为矩阵形式,16 个按键接至 4 条行输出 X0～X3 和 4 条列输入 Y0～Y3 上,这种结构可以节省 I/O 端口资源。工作原理为:键盘控制器首先扫描按键输入(逐行输出,逐列检测),然后进行译码并消抖,最后将按键值存放在寄存器中;嵌入式处理器对引脚的中断方式进行检测,然后使 CS 引脚使能,并从 DIO 引脚依次读取数据。键盘工作原理示意图如图 2-6 所示。

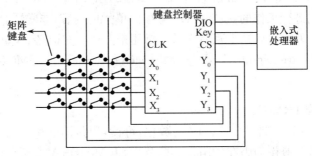

图 2-6　键盘工作原理示意图

2.2.3.2 触摸屏

在液晶屏上叠加一片触摸屏,用触控笔或手指头直接点选按键或输入文字,轻薄、短小、便于携带、使用方便。注:触摸屏与 LCD 的分辨率和坐标系一般不同,因此触摸屏的位置需要在程序中进行转换,变为 LCD 坐标系中的位置。主要分为以下 4 类:电容式、表面声波式、电阻式和 XGT 式。其中,电容式为最早出现的触摸屏;电阻式的市场份额最大,约为 72%;XGT 式为最新技术,市场份额约 20%。

(1) 电容式

电容式触摸屏的工作原理(如图 2-7 所示)为:触摸时,人体电场、用户和触摸屏表面形成一耦合电容,电容是高频电流直接导体,因此手指从接触点吸走很小的电流,流经 4 个角落电极的电流与手指到 4 个角的距离成正比。特点:对大多数的环境污染物有抵抗力;人体成为回路的一部分,因而漂移现象比较严重;人体戴手套时不起作用;需经常校正;不适用于金属机柜;外界存在电感和磁感的时候,触摸屏失灵。

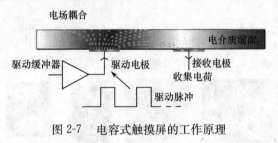

图 2-7　电容式触摸屏的工作原理

(2) 表面声波式

表面声波式触摸屏的工作原理(如图 2-8 所示)为:物体触摸到表面时阻碍声波的传输,换能器侦测到这个变化,反映给计算机,进而进行鼠标的模拟。特点:高清晰度,透光性好;高度耐久,抗刮伤性良好;一次校正不漂移;灰尘、油污使声波不能正常反射,因此需要经常维护,只适合于办公室、机关单位及环境比较清洁的场所。

(3) 电阻式

电阻式触摸屏的工作原理(如图 2-9 所示):两层导电薄膜,上层可伸缩,触碰后上下电极导通,通过电位差计算 (X,Y) 值。特点:高解析度,高速传输反应;表面硬度处理,减少擦伤、刮伤及防化学处理;具有光面及雾面处理;一次校正,稳定性高,永不漂移。

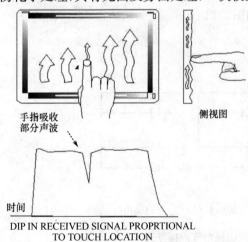

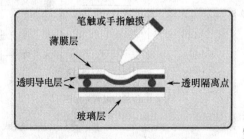

图 2-8　表面声波式触摸屏的工作原理　　　图 2-9　电阻式触摸屏的工作原理

（4）XGT 式

XGT 式触摸屏的工作原理为：采用纯玻璃面板将电压连到玻璃基板的 4 个角落，产生一个电场，通过特殊的有线触控笔去触控输入，其他实体碰触不会有反应，电场的变化对应碰触位置。特点：结合了电阻式和表面声波式触摸屏的优点——防水、防火、防尘、防刮、抗菌；寿命大约是前类产品的 100 倍左右；透光率较透明导电薄膜提高了 15% 左右；可应用于高温、低温以及恶劣环境下，被视为当前最具潜力的触摸屏技术。

2.2.4 输出设备

输出设备是指输出计算机处理结果的设备。在大多数情况下，需要将这些结果转换成便于人们识别的形式。在嵌入式系统中，输出设备主要包括 LED、LCD 等。

2.2.4.1 LED

LED(Light Emitting Diode)主要作为电源指示灯、电平指示、工作状态显示或微光源之用，主要分为发光二极管（基本单元）、数码管、符号管、米字管、点阵显示屏等，如图 2-10 所示。

图 2-10 LED

（1）发光二极管

发光二极管工作原理的核心是 PN 结的正向导通、反向截止，且具有发光特性。特点：耗电少、成本低、配置简单灵活、安装方便、耐振动、寿命长。按发光颜色可分为红色、橙色、绿色、蓝光、多色等；按出光面特征（形状）分为圆灯、方灯、矩形、面发光管、侧向管、表面安装用微型管等；按透明性及是否掺散射剂分为有色透明、无色透明、有色散射和无色散射。

（2）数码管

数码管一般为七段条状发光二极管组成的"日"字型，实现数字 0～9、部分字母和小数点的显示，分为共阳极或共阴极电气连接方式，如图 2-11 所示。

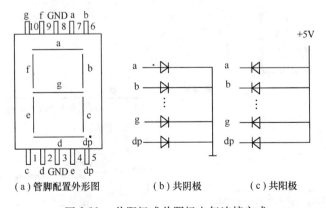

（a）管脚配置外形图　　（b）共阴极　　（c）共阳极

图 2-11 共阳极或共阴极电气连接方式

数码管的工作原理：以共阴极为例，当发光二极管阳极加上高电平时点亮，共阴极和共阳极的段选码如表 2-2 所示。驱动方式分为两类：静态驱动，每个数码管用一个并口驱动；动态驱动,共一个并口,轮询以节省资源。

表 2-2　共阳极或共阴极段选码表

显示字符	共阴极段选码	显示字符	共阴极段选码
0	3FH	9	6FH
1	06H	A	77H
2	5BH	B	7CH
3	4FH	C	39H
4	66H	D	5EH
5	6DH	E	79H
6	7DH	F	71H
7	07H	DP(小数点)	80H
8	7FH	熄灭	00H

(3) 其他 LED

米字管:显示包括英文字母在内的多种符号;符号管:显示＋、－或±号等;点阵显示屏如图 2-12 所示。

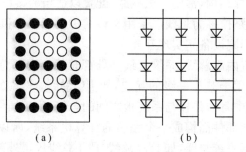

（a）　　　　　　　（b）

图 2-12　点阵显示屏

2.2.4.2　LCD

LCD(Liquid Crystal Display)具有液晶特性,液晶为介于固态与液态之间的物质,同时具备固态晶体的光学特性和液态物质的流动特性,当液晶被送上电压后,液晶的内部结构会产生扭曲,通过液晶的光线因为液晶内部的结构而改变光线的行径,如图 2-13 所示。

图 2-13　LCD

液晶屏主要由背光板、液晶阵列、彩色滤光膜、两块偏光板等组成。其中,背光板提供光源;液晶阵列,每一个图案像素用一个液晶单元表示,对液晶单元施以不同电压以改变对应像素的光线行径;彩色滤光膜,通过液晶阵列的光线经过彩色滤光膜过滤后显示指定的三原色RGB;偏光板:就像栅栏一样,会阻隔掉与栅栏垂直的光波分量,只准与栅栏平行的分量通过。LCD 的工作原理图如图 2-14 所示。

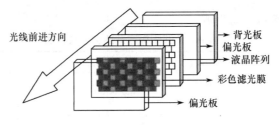

光线前进方向　　　　　　　　　背光板
　　　　　　　　　　　　　　　偏光板
　　　　　　　　　　　　　　　液晶阵列
　　　　　　　　　　　　　　　彩色滤光膜

　　　　　　　　　　　　　　　偏光板

图 2-14　LCD 的工作原理

与 CRT(Cathode Ray Tube)相比,LCD 具有体积小、重量轻、辐射低的特点。主要分为被动式、主动式两类。被动式,控制电压组件分布在面板的四周,反应时间慢,光线输出量较少,动态影像有残影,但成本偏低;主动式,每个液晶单元内植入控制电压的组件,光输出量大,反应时间快,提供鲜艳的色彩与较好的动态影像,制造成本较高。

2.2.5　总线

任何一个微处理器都要与一定数量的部件和外围设备连接,但如果将各部件和每一种外围设备都分别用一组线路与 CPU 直接连接,那么连线将会错综复杂,甚至难以实现。为了简化硬件电路设计、简化系统结构,常用一组线路,配置以适当的接口电路,与各部件和外围设备连接,这组共用的连接线路被称为总线。采用总线结构便于部件和设备的扩充,尤其制定了统一的总线标准则容易使不同设备间实现互连。

计算机中总线一般有内部总线、系统总线和外部总线。内部总线是计算机内部各外围芯片与处理器之间的总线,用于芯片一级的互连,如 I^2C 总线、SCI 总线等;系统总线,又称内总线或板级总线,是计算机中各插件板与系统板之间的总线,用于插件板一级的互连。因为该总线用于连接计算机各功能部件而构成一个完整的计算机系统,所以称为系统总线。人们平常所说的计算机总线就是指系统总线,如 ISA 总线、PCI 总线等。外部总线则是计算机和外部设备之间的总线,计算机作为一种设备,通过该总线和其他设备进行信息与数据交换,它用于设备一级的互连。

另外,从广义上说,计算机通信方式可以分为并行通信和串行通信,相应的通信总线被称为并行总线和串行总线。并行通信速度快、实时性好,但由于占用的口线多,不适于小型化产品;而串行通信速率虽低,但在数据通信吞吐量不是很大的微处理电路中则显得更加简易、方便、灵活。串行通信一般可分为异步模式和同步模式。

随着微电子技术和计算机技术的发展,总线技术也在不断地发展和完善,而使计算机总线技术种类繁多,各具特色。下面仅对计算机各类总线中目前比较流行的总线技术分别加以介绍。

2.2.5.1　内部总线

(1) I^2C 总线

I^2C(Inter-Integrated Circuit)总线是由 PHILIPS 公司开发的两线式串行总线,用于连接微控制器及其外围设备,是近年来微电子通信控制领域广泛采用的一种新型总线标准。它是同步通信的一种特殊形式,具有接口线少,控制方式简单,器件封装形式小,通信速率较高等优点。在主从通信中,可以有多个 I^2C 总线器件同时接到 I^2C 总线上,通过地址来识别通信对象。

(2) SPI 总线

串行外围设备接口(Serial Peripheral Interface,SPI)总线技术是 Motorola 公司推出的一

种同步串行接口总线,由一个主设备和一个或多个从设备组成,主设备启动一个与从设备的同步通信,从而完成数据的交换。SPI 接口由 SDI(串行数据输入),SDO(串行数据输出),SCK(串行移位时钟),CS(从使能信号)4 种信号构成,CS 决定了唯一的与主设备通信的从设备。SPI 总线是一种三线同步总线,因其硬件功能很强,所以,与 SPI 有关的软件就相当简单,使CPU 有更多的时间处理其他事务。该总线大量用在与 E^2PROM、ADC、FRAM 和显示驱动器之类的慢速外设器件通信。

(3) SCI 总线

串行通信接口(Serial Communication Interface,SCI)由 Motorola 公司推出,是一种通用异步通信接口(UART),与 MCS-51 的异步通信功能基本相同。

2.2.5.2 系统总线

(1) ISA 总线

ISA(Industrial Standard Architecture)总线是 IBM 公司 1984 年为推出 PC/AT 计算机而制定的总线标准,为一个 16 位兼 8 位的总线标准,支持 16 位的 I/O 设备,数据传输率大约是 16MB/s,称为 AT 标准总线,也叫 AT 总线。它是对 XT 总线的扩展,以适应 8/16 位数据总线要求。在 80286 至 80486 时代应用非常广泛,以至于现在奔腾机中还保留有 ISA 总线插槽。通过 ISA 总线接口可以为系统扩充存储器,也可以扩充 I/O 设备。

(2) EISA 总线

EISA(Extended Industry Standard Architecture)总线是 1988 年由 Compaq 等 9 家公司为配合 32 位 CPU 联合推出的总线标准,它吸收了 IBM 微通道总线的精华,并且兼容 ISA 总线,但现今已被淘汰。EISA 在 ISA 总线的基础上使用双层插座,在原来 ISA 总线的 98 条信号线上又增加了 98 条信号线。在实用中,EISA 总线完全兼容 ISA 总线信号。为支持 ISA卡,它使用 8MHz 的时钟速率,但总线提供的 DMA(直接存储器访问)速度可达 33Mb/s。EISA总线的输入/输出总线和微处理总线是分离的,因此 I/O 总线可保持低时钟速率以支持ISA 卡,而微处理器总线则可以高速率运行。尽管 EISA 总线保持与 ISA 兼容的 8MHz 时钟速率,但支持一种突发式数据传送方法,可以以 3 倍于 ISA 总线的速率传送数据。一般大型网络服务器的设计大多选用 EISA 总线。

(3) VESA 总线

VESA(Video Electronics Standard Association)总线是 1992 年由 60 家附件卡制造商联合推出的一种局部总线,简称为 VL(VESA local bus)总线。它的推出为计算机系统总线体系结构的革新奠定了基础。该总线系统考虑到 CPU 与主存和 Cache 的直接相连,通常把这部分总线称为 CPU 总线或主总线,其他设备通过 VL 总线与 CPU 总线相连,所以 VL 总线被称为局部总线。它定义了 32 位数据线,且可通过扩展槽扩展到 64 位,使用 33MHz 时钟频率,最大传输率达 132MB/s,可与 CPU 同步工作,是一种高速、高效的局部总线,可支持 386SX、386DX、486SX、486DX 及奔腾微处理器。

(4) PCI 总线

PCI(Peripheral Component Interconnect)总线是当前最流行的总线之一,它是由 Intel 公司 1991 年推出的一种不依附于某个具体处理器的局部总线。它定义了 32 位数据总线,且可扩展为 64 位。PCI 总线主板插槽的体积比原 ISA 总线插槽还小,其功能较 VESA、ISA 有极大的改善,支持突发读/写操作,最高工作频率为 33MHz,峰值速度在 32 位时为 132MB/s,64位时为 264MB/s,可同时支持多组外围设备。具有真正的即插即用(PnP)功能,大大提高了系统的数据采集率。PCI 局部总线不能兼容现有的 ISA、EISA、MCA(micro channel architecture)总线,但它不受制于处理器。

(5) Compact PCI

Compact PCI 总线由多家厂商于 1994 年提出的一种基于标准 PCI 总线的小巧而坚固的高性能总线技术,是 PCI 总线的增强和扩展,在电气、逻辑和软件方面与 PCI 兼容。Compact PCI 的意思是"坚实的 PCI",是当今第一个采用无源总线底板结构的 PCI 系统,是 PCI 总线的电气和软件标准加欧式卡的工业组装标准,是当今最新的一种工业计算机标准。Compact PCI 是在原来 PCI 总线基础上改造而来,它利用 PCI 的优点,提供满足工业环境应用要求的高性能核心系统,同时还考虑充分利用传统的总线产品,如 ISA、STD、VME 或 PC/104 来扩充系统的 I/O 和其他功能。

(6) PCI-E 总线

采用了目前业内流行的点对点串行连接,比起 PCI 以及更早期的计算机总线的共享并行架构,每个设备都有自己的专用连接,不需要向整个总线请求带宽,而且可以把数据传输率提高到一个很高的频率,达到 PCI 所不能提供的高带宽。在工作原理上,PCI Express 与并行体系的 PCI 没有任何相似之处,它采用串行方式传输数据,而依靠高频率来获得高性能。因此,PCI Express 也一度被人称为"串行 PCI"。

(7) PXI 总线

PXI 总线是 1997 年美国国家仪器公司(NI)发布的一种高性能低价位的开放性、模块化仪器总线。PXI 是 PCI 在仪器领域的扩展(PCI eXtensions for Instrumentation),是用于自动测试系统机箱底板总线的规范,在机械结构方面与 Compact PCI 总线的要求基本相同,不同的是 PXI 总线规范对机箱和印制电路板的温度、湿度、振动、冲击、电磁兼容性和通风散热等提出了要求。在电气方面,PXI 总线完全与 Compact PCI 总线兼容。所不同的是,PXI 总线为适合于测控仪器、设备或系统的要求,增加了系统参考时钟、触发器总线、星形触发器和局部总线等内容。PXI 系统具有多达 8 个插槽(1 个系统槽和 7 个仪器模块槽),而绝大多数台式 PCI 系统仅有 3 个和 4 个 PCI 插槽。除了这点差别之外,PXI 总线与台式 PCI 规范具有完全相同的 PCI 性能。利用 PCI-PCI 桥技术扩展多台 PXI 系统,可以使扩展槽的数量在理论上最多能达到 256 个。PXI 将 Windows NT 和 Windows 95 定义为其标准软件框架,并要求所有的仪器模块都必须带有按 VISA 规范编写的 WIN32 设备驱动程序,使 PXI 成为一种系统级规范,保证系统的易于集成与使用,从而进一步降低用户的开发费用,所以在数据采集、工业自动化系统、计算机机械观测系统和图像处理等方面获得了广泛应用。

2.2.5.3 外部总线

(1) RS-232-C 总线

RS-232-C 总线为串行总线。RS-232-C 是美国电子工业协会(Electronic Industry Association,EIA)制定的一种串行物理接口标准。RS 是英文"推荐标准"的缩写,232 为标识号,C 表示修改次数。RS-232-C 总线标准设有 25 条信号线,包括一个主通道和一个辅助通道,在多数情况下主要使用主通道,对于一般双工通信,仅需几条信号线就可实现,如一条发送线、一条接收线及一条地线。RS-232-C 标准规定的数据传输速率(每秒波特 50、75、100、150、300、600、1200、2400、4800、9600、19200 等。RS-232-C 标准规定,驱动器允许有 2500pF 的电容负载,通信距离将受此电容限制。例如,采用 150pF/m 的通信电缆时,最大通信距离为 15m;若每米电缆的电容量减小,通信距离可以增加。传输距离短的另一原因是 RS-232 属单端信号传送,存在共地噪声和不能抑制共模干扰等问题,因此一般用于 20m 以内的通信。

(2) RS-422-A 总线

RS-422-A 串行总线也是一种常用的接口总线,支持一点对多点的通信。它在传输速率、传送距离及抗干扰性能等方面均优于 RS-232-C,采用差动(差分)收发的工作方式,利用双端线来传送信号,最高数据传输率为 10Mb/s,此时的传输距离为 120m,可连接 32 个收发器。如适当降低传输率,可增加其通信距离。例如在 10kb/s 时距离可达 1200m。

(3) RS-485 总线

RS-485 是一种典型的串行总线,支持一点对多点的通信,采用双绞线连接,可连接 32 个收发器,其他特性与 RS-422-A 总线接近,在测控系统中得到较为普遍的应用,但不能满足高速测试系统的应用要求。在要求通信距离为几十米到上千米时,广泛采用 RS-485 串行总线标准。RS-485 采用平衡发送和差分接收,因此具有抑制共模干扰的能力。加上总线收发器具有高灵敏度,能检测低至 200mV 的电压,故传输信号能在千米以外得到恢复。RS-485 采用半双工工作方式,任何时候只能有一点处于发送状态,因此,发送电路须由使能信号加以控制。RS-485 用于多点互连时非常方便,可以省掉许多信号线。应用 RS-485 可以联网构成分布式系统,其允许最多并联 32 台驱动器和 32 台接收器。

(4) USB 总线

USB(Universal Serial Bus,通用串行总线)是由 Intel、Compaq、Digital、IBM、Microsoft、等多家公司在 1995 年提出的一种高性能串行总线规范。它基于通用连接技术,实现外设的简单快速连接,达到方便用户、降低成本、扩展 PC 连接外设范围的目的。这种串行总线具有传输速率高、即插即用、热切换(带电插拔)和可利用总线传送电源等特点,能连接 127 个装置。其电缆只有一对信号线和一对电源线,适用于传递文件数据和音响信号,可以为外设提供电源,而不像普通的使用串、并口的设备需要单独的供电系统。快速是 USB 技术的突出特点之一,USB 的最高传输率可达 12Mb/s,比串口快 100 倍,比并口快近 10 倍,而且 USB 还能支持多媒体,但是不能通过 USB 进行计算机的互连。

(5) IEEE 1394

IEEE 1394 串行总线(又叫火线-FireWire),由苹果公司于 20 世纪 80 年代提出,1995 年被 IEEE 接受,当时最高传输速率 400Mb/s,传输距离 72m。与 USB 有很大的相似性。采用树形或菊花链结构,以级连方式在一个接口上最多可连接 63 个不同种类的设备。传输速率高,最高可达 3.2Gb/s;实时性好,总线提供电源,系统中各设备之间的关系是平等的,连接方便,允许热插拔和即插即用。作为一种应用前景非常广阔的串行总线,和 USB 总线工作于不同的频率范围,可相互配合使用,适用于动画等视频信号的传输,可用于连接计算机的高速外部设备,也可用于连接数字电视、DVD 等消费类电子设备以及作为测试仪器的数据传输总线。不过,目前支持 IEEE 1394 设备还不很多。

(6) IEEE-488 总线

IEEE-488 接口总线又称 GPIB(General Purpose Interface Bus)总线,为并行总线接口标准,是 HP 公司在 20 世纪 70 年代推出的台式仪器接口总线,因此又叫 HPIB(HP Interface Bus)。IEEE-488 总线用来连接系统,如微计算机、数字电压表、数码显示器等设备。它按照位并行、字节串行双向异步方式传输信号,连接方式为总线方式,仪器设备直接并联于总线上而不需中介单元,但总线上最多可连接 15 台设备。由于 GPIB 系统在 PC 出现的初期问世,所以有一定的局限性。如其数据线只有 8 根,传输速率最高 1Mb/s,传输距离 20m(加驱动器可达

500m)等。尽管如此,目前仍是仪器、仪表及测控系统与计算机互连的主流并行总线。以 PCI 为基础的 PXI 系统,也都具有 GPIB 接口。所以,在相当长的时间内,GPIB 系统仍将在实际应用中,特别是中、低速范围内的计算机外设总线应用中占有一定的市场。

(7) SCSI 总线

SCSI 总线的原型是美国 Shugart 公司推出的用于计算机与硬盘驱动器之间传输数据的 SASI(Shugart Associates System Interface)总线,1986 年成为美国国家标准 ANSI X3.131, 改名为 SCSI 总线(Small Computer System Interface)。其数据线为 9 位,速度可达 5Mb/s,传输距离 6m(加驱动器可达 25m),经改进又陆续推出 SCSI-2 Fast and Wide 和 SCSI-3(又称 Ultra SCSI)总线,原 SCSI 总线改称 SCSI-1 总线。该总线的传输速率很高,现已普遍用作计算机的高速外设总线,如连接高速硬盘驱动器。许多高速数据采集系统也用它与计算机互连。目前仍处在发展之中。

(8) MXI 总线

MXI 总线(Multi-system eXtension Interface bus,多系统扩展接口总线)是一种高性能非标准的通用多用户并行总线,具有很好的应用前景。它是 NI(National Instruments)公司于 1989 年推出的 32 位高速并行互连总线,最高速度可达 23Mb/s,传输距离 20m。MXI 总线通过电缆与多个器件连接,采用硬件映象通信设计,不需要高级软件,一根 MXI 电缆上可连接 8 个 MXI 器件。其电缆本身是相通的,MXI 器件通过简单地读/写相应的地址空间就可直接访问其他所有器件的资源而无需任何软件协议。目前,VXI 总线的测控机箱大都用这种总线与计算机互连,它将成为 VXI 总线机箱与计算机互连的事实上的标准总线。

2.3 本 章 小 结

本章首先介绍了嵌入式系统硬件的基本概念,包括复杂指令集与精简指令集的定义与区别,以及冯·诺依曼体系结构的特点及其局限性。然后详细介绍了嵌入式系统硬件的基本组成,包括中央处理器、存储器、输入设备、输出设备以及总线的特点、类别及现状。

第3章 单片机结构与C语言开发技术

3.1 MCS-51单片机的结构

3.1.1 MCS-51系列单片机简介

随着大规模集成电路技术的迅猛发展,近年来芯片的集成度越来越高,各种高性能、低价格的微型计算机相继问世。目前微处理器、存储器、并/串行接口、定时器/计数器、模/数转换器、脉宽调制器以及高级语言的编译程序等已能被集成在一块芯片上,且在一块芯片上所集成的器件将越来越多。于是,一块大规模集成电路芯片就有了一台计算机的全部功能,这样的集成芯片称为单片微型计算机(简称单片机)。由于它们常用于控制装置,因此也称为微控制器。

由于单片机体积小、重量轻、抗干扰能力强、对环境要求不高、价格低廉、指令功能强、运行速度快、可靠性高、灵活性好、开发也较为容易,所以国内近些年来已将其广泛应用于工业测控、机电设备、仪器仪表、军事装置、家用电器等方面的自动化、智能化。

单片机从CPU的字长考虑,有1位、4位、8位、16位以至32位机。1位机主要用于开关量控制,如数控机床等;而4位机常用于各种家用电器上;8位机用途最广,几乎遍及各个领域,是目前单片机应用的主流;在需要高速数据处理的领域则用16位机乃至32位机。

目前,通用型单片机的种类很多,而且适合不同应用场合的新产品不断出现,但最具代表性和广泛应用的单片机为美国Intel公司的MCS-51系列的8位字长和MCS-96系列的16位字长单片机。就目前我国的应用情况看,尤以8位高档MCS-51系列单片机的应用最为普遍,并把它作为实时检测及控制等领域应用中的优选机种。

表3-1中列出了Intel公司的MCS-51系列单片机的芯片型号及其主要的技术性能指标。

表3-1 Intel公司MCS-51系列单片机分类表

子系列	片内ROM形式			片内ROM容量	片内RAM容量	寻址范围	I/O特性			中断源
	无	ROM	EPROM				计数器	并行口	串行口	
51子系列	8031	8051	8751	4KB	128B	2×64KB	2×16	4×8	1	5
	80C31	80C51	87C51	4KB	128B	2×64KB	2×16	4×8	1	5
52子系列	8032	8052	8752	8KB	256B	2×64KB	3×16	4×8	1	6
	80C32	80C52	87C52	8KB	256B	2×64KB	3×16	4×8	1	6

从表3-1可看出,MCS-51系列单片机可分成51子系列(如8031、8051、8751等)和52子系列(如8032、8052、8752等)两大类,并以芯片型号的最末位数字作为标志。其中51子系列是基本型,而52子系列则属增强型。

MCS-51系列单片机的主要特性如下:

① 8位字长CPU和指令系统;

② 一个片内时钟振荡器和时钟电路;

③ 64KB外部数据存储器的地址空间;

④ 64KB外部程序存储器的地址空间;

⑤ 32 条双向且分别可寻址的 I/O 口线；

⑥ 128 字节的片内 RAM(52 子系列为 256 字节)；

⑦ 两个 16 位定时器/计数器(52 子系列为三个)；

⑧ 具有两个优先级的 5 个中断源结构(52 子系列有 6 个)；

⑨ 一个全双工串行口；

⑩ 布尔处理器。

MCS-51 系列不同类型的单片机除上述主要特性外,还有不同的附加特性。

3.1.2 MCS-51 单片机的结构及引脚功能

3.1.2.1 MCS-51 单片机的内部结构

MCS-51 单片机的功能模块框图如图 3-1 所示,在一小块芯片上集成了一个微型计算机的各个部分。由图可见,MCS-51 单片机是由 8 位 CPU、只读存储器(EPROM/ROM)、随机存储器(RAM)、并行 I/O 口、串行 I/O 口、定时器/计数器、中断系统、振荡器和时钟电路等部分组成,各部分之间通过内部总线相连。图 3-2 示出了 MCS-51 的内部结构框图。

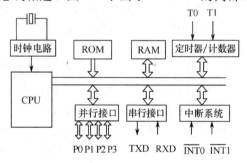

图 3-1　MCS-51 单片机功能模块框图

MCS-51 单片机最核心的部分是中央处理器(CPU),它的功能是产生控制信号,把数据从存储器或输入端口送到 CPU,或者反向传送；还能对输入 CPU 的数据进行算术、逻辑运算,以及能进行位操作处理。MCS-51 单片机的 CPU 也是由运算器和控制器两大部分组成。

运算器用来完成算术、逻辑运算和进行位操作(布尔处理),由算术逻辑单元(ALU)、位处理器、累加器(ACC)、寄存器 B、暂存器 TMP1 和 TMP2 等组成,与一般运算器的作用类似。

控制器是用来统一指挥和控制计算机进行工作的部件,由定时和控制逻辑、内部振荡电路(OSC)、指令寄存器及其译码器、程序计数器(PC)及其增量器、程序地址寄存器、程序状态字(PSW)寄存器、RAM 地址寄存器、数据指针(DPTR)、堆栈指针(SP)等部分组成。

MCS-51 单片机中的 CPU 和通用微处理器(如 Z80 CPU)基本相同,只是增设了"面向控制"的处理功能。例如:位处理、查表、多种跳转、乘除法运算、状态检测、中断处理等,增强了实时性。

3.1.2.2 MCS-51 单片机引脚功能

采用 HMOS 制造工艺制造的 MCS-51 单片机,都采用 40 引脚双列直插式封装。而采用 CHMOS 制造工艺的 80C51/80C31,除采用 40 脚双列直插式封装外,还采用方形的封装方式。图 3-3 为采用双列直插式封装的 MCS-51 系列单片机引脚图。

各引脚功能说明如下:

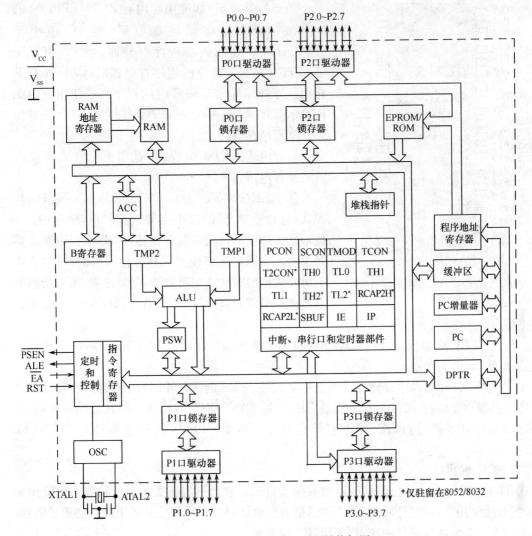

图 3-2　MCS-51 单片机内部结构框图

(1) 电源 V_{CC} 和 V_{SS}

V_{CC}(40)接＋5V；V_{SS}(20)接地。

(2) 外接晶体 XTAL1 和 XTAL2

XTAL1(19)片内反相放大器的输入端，这个放大器构成了片内振荡器。当采用外部振荡器时接低电平。

XTAL2(18)片内反相放大器的输出和内部时钟发生器的输入端。在采用外部振荡器时用于输入外部振荡器信号。

(3) 控制线

① RST/V_{PD}(9)当作为 RST 使用时，为复位输入端。在振荡器工作时，此引脚上出现两个机器周期的高电平将使单片机复位。在 RST 与 V_{CC} 引脚之间连接一个约 $10\mu F$ 电容，RST 与 V_{SS} 脚之间连接一个约 $8.2k\Omega$ 的电阻，以保证可靠的上电复位功能。

作为 V_{PD} 使用时，当 Vcc 处于掉电情况下，此引脚可接上备用电源，只为片内 RAM 供电，保持信息不丢失。

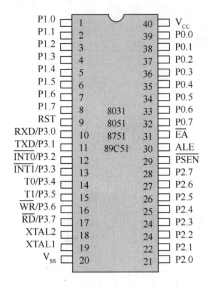

图 3-3　MCS-51 系列单片机引脚

② $\overline{EA}/V_{PP}$（31）如使用片内有 ROM/EPROM 的 8051/8751，$\overline{EA}$ 端必须接高电平，当 PC 值小于 0FFFH，CPU 访问内部程序存储器；当 PC 值大于 0FFFH 且外部有扩充的程序存储器时，CPU 将自动转向执行外部程序存储器内的程序。若使用片内无 ROM/EPROM 的 8031 时，$\overline{EA}$ 必须接地，CPU 全部访问外部程序存储器。

对片内 EPROM 编程时，此引脚（作 V_{PP}）接入 21V 编程电压。

③ ALE/$\overline{PROG}$（30）　当访问外部存储器时，ALE（地址锁存允许）输出用来锁存 P0 口输出的低 8 位地址。即使不访问外部存储器，ALE 端仍以振荡器频率的 1/6 固定速率输出正脉冲信号，此时可用它作为对外输出的时钟或定时脉冲，但要注意，每当访问外部数据存储器时，将跳过一个 ALE 脉冲，以 1/12 的振荡频率输出。

对片内 EPROM 编程时，该引脚（$\overline{PROG}$）用于输入编程脉冲。ALE 端能驱动（吸收或输出电流）8 个 LSTTL 负载。

④ $\overline{PSEN}$（29）外部程序存储器读选通控制信号。以区别读取外部数据存储器。在读取外部程序存储器指令（或常数）时，每个机器周期产生两次 $\overline{PSEN}$ 有效信号。但在此期间内，且访问外部数据存储器时，这两次 $\overline{PSEN}$ 有效信号将不出现。PSEN 同样能驱动 8 个 LSTTL 负载。

（4）输入/输出口

① P0 口（32～39）　8 位漏极开路型双向 I/O 口。在外接存储器时，P0 口作为低 8 位地址/数据总线复用口，通过分时操作，先传送低 8 位地址，利用 ALE 信号的下降沿将地址锁存，然后作为 8 位双向数据总线使用，用来传送 8 位数据。

在对片内 EPROM 编程时，P0 口接收指令代码；而在内部程序验证时，则输出指令代码，并要求外接上拉电阻。P0 口能以吸收电流的方式驱动 8 个 LSTTL 负载。

② P1 口（1～8）　8 位具有内部上拉电阻的准双向 I/O 口。在片内 EPROM 编程及校验时，它接收低 8 位地址。P1 能驱动 3 个 LSTTL 负载。

对 8032/8052，其中 P1.0 和 P1.1 还具有第二功能：P1.0（T2）为定时器/计数器 2 的外部事件脉冲输入端。P1.1（T2EX）为定时器/计数器 2 的捕捉和重新装入触发脉冲输入端。

③ P2 口（21～28）　8 位具有内部上拉电阻的准双向 I/O 口。在外接存储器时，P2 口作为高 8 位地址总线。在对片内 EPROM 编程、校验时，它接收高位地址。P2 口能驱动三个 LSTTL 负载。

④ P3 口（10～17）　8 位带有内部上拉电阻的准双向 I/O 口。每一位又具有如下的特殊功能（或称第二功能）：

P3.0（RXD）：串行输入端口；

P3.1（TXD）：串行输出端口；

P3.2（$\overline{INT0}$）：外部中断 0 输入端；

P3.3($\overline{INT1}$):外部中断 1 输入端;

P3.4(T0):定时器/计数器 0 外部输入端;

P3.5(T1):定时器/计数器 1 外部输入端;

P3.6($\overline{WR}$):外部数据存储器写选通;

P3.7($\overline{RD}$):外部数据存储器读选通;

P3 口能驱动三个 LSTTL 负载。

3.1.3　MCS-51 的存储器结构

MCS-51 系列单片机内集成有一定容量的程序存储器和数据存储器。其存储结构特点之一是将程序存储器和数据存储器分开,并有各自的寻址机构和寻址方式,这种结构的单片微机称为哈佛型结构单片微机。

MCS-51 在物理上有 4 个存储器空间:片内程序存储器和片外程序存储器以及片内数据存储器和片外数据存储器。从逻辑上划分有三个存储器地址空间,片内外统一编址的 64KB 程序存储器地址空间,内部 256B 或 384B(对 52 子系列)数据存储器地址空间和外部 64KB 的数据存储器地址空间。在访问这三个不同的逻辑空间时应选用不同形式的指令。图 3-4 为 MCS-51 系列存储器的分配图。

3.1.3.1　程序存储器地址空间

程序存储器用于存放调试好的应用程序和表格常数。MCS-51 采用 16 位的程序计数器 PC 和 16 位的地址总线,使 64KB 的程序存储器空间连续、统一。

对于内部有 ROM 的单片机(如 8051/8751),在正常运行时应把 $\overline{EA}$ 引脚接高电平,使程序从内部 ROM 开始执行,当 PC 值超过内部 ROM 地址空间(0FFFH)时,会自动转向外部程序存储器的 1000H～FFFFH 地址空间上去执行程序。对内部无 ROM 的单片机(如 8031/8032),$\overline{EA}$ 应始终接低电平,迫使 CPU 从外部程序存储器取指令。不论是执行内部或外部程序存储器的程序,其运行速度是相同的。

64KB 程序存储器中有 7 个入口地址具有特殊功能。

0000H 单元,系统复位后程序计数器(PC)的值为 0000H,它是程序的启动地址,一般在该单元中设置一条绝对转移指令,使之转向用户设计的主程序处执行。因此,0000H～0002H 单元被保留用于初始化。其他 6 个特殊功能的入口地址分别对应 6 种中断源的中断服务程序入口地址,见表 3-2 所列。一般在这些入口地址处安放一条无条件转移指令,使之转到相应的中断服务程序处去执行。

表 3-2　中断入口地址表

中　断　源	入　口　地　址
外部中断 0	0003H
定时器 0 溢出	000BH
外部中断 1	0013H
定时器 1 溢出	001BH
串行口	0023H
定时器 2 溢出或 T2EX 负跳变*	002BH

* 此仅为 8032/8052 所自有

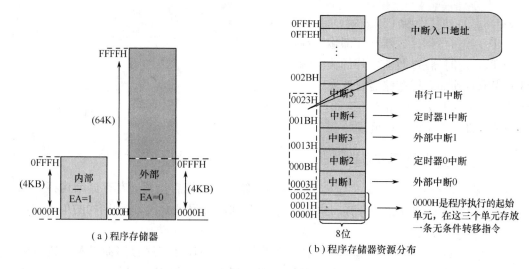

（a）程序存储器

（b）程序存储器资源分布

图 3-4　MCS-51 单片机程序存储器

3.1.3.2　数据存储器地址空间

数据存储器地址空间由内部和外部数据存储器空间组成。内部和外部数据存储器空间存在重叠,通过不同指令来区别。当访问内部 RAM 时,用 MOV 类指令;当访问外部 RAM 时,则用 MOVX 类指令,所以地址重叠不会造成操作混乱,内部数据存储器在物理上又可分成三部分:低 128 字节 RAM、高 128 字节 RAM(仅 8032/0852 才有)和专用寄存器(SFR)。

在 51 子系列中,只有低 128 字节 RAM,占有 00H～7FH 单元和 128 字节 RAM 的专用寄存器区,占有 80H～FFH 单元。

对 52 子系列,低 128 字节 RAM 仍占有 00H～7FH 单元,而高 128 个字节 RAM 所占存储器地址空间与专用寄存器(SFR)区所占空间重合,均为 80H～FFH。究竟访问哪一部分,系统是通过不同的寻址方式来加以区别。当访问高 128 字节 RAM 存储空间时,应采用寄存器间接寻址方式;访问专用寄存器(SFR)区时则只能用直接寻址方式。对于访问低 128 字节 RAM,则无此区别,两种寻址方式都可采用。图 3-5 所示为内部数据存储器地址空间的分配。

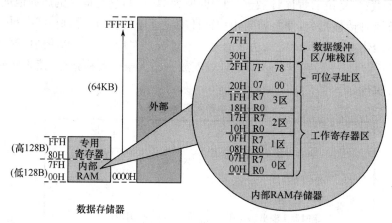

图 3-5　内部数据存储器地址分配

其中,低 128 个字节 RAM 由工作寄存器区、位寻址区和数据缓冲区组成。由图 3-5 可知,00H~1FH 共 32 个单元为通用工作寄存器区,共分为 4 组,每组包含 8 个通用工作寄存器,编号为 R0~R7。在某一时刻,只能选择一个工作寄存器组使用,选择哪个工作寄存器组是通过软件对程序状态字 PSW 的第 3、第 4 位(即 RS0、RS1)设置实现的。CPU 复位后,选中第 0 组工作寄存器。

内部 RAM 中的 20H~2FH 是 16 个单元的位寻址区。对这 16 个单元既可进行字节寻址,又可进行位寻址。这 16 个单元共有 16×8 位=128 位,其位地址为 00H~7FH,它们和 SFR 区中可位寻址的专用寄存器一起,构成了布尔(位)处理器的数据存储器空间。图 3-6 所示为内部 RAM 中的位寻地区,而图 3-7 所示为专用寄存器中的位址区。所谓位寻址是指 CPU 能直接寻址这些位,对其置"1"、清"0"、求反、"1"转移、"0"转移、传送等逻辑操作。

单元地址	MSB ←			位地址			→	LSB
2FH	7F	7E	7D	7C	7B	7A	79	78
2EH	77	76	75	74	73	72	71	70
2DH	6F	6E	6D	6C	6B	6A	69	68
2CH	67	66	65	64	63	62	61	60
2BH	5F	5E	5D	5C	5B	5A	59	58
2AH	57	56	55	54	53	52	51	50
29H	4F	4E	4D	4C	4B	4A	49	48
28H	47	46	45	44	43	42	41	40
27H	3F	3E	3D	3C	3B	3A	49	38
26H	37	36	35	34	33	32	31	30
25H	2F	2E	2D	2C	2B	2A	29	28
24H	27	26	25	24	23	22	21	20
23H	1F	1E	1D	1C	1B	1A	19	18
22H	17	16	15	14	13	12	11	10
21H	0F	0E	0D	0C	0B	0A	09	08
20H	07	06	05	04	03	02	01	00

MSB——Most Significant Bit(最高有效位)
LSB——Least Significant Bit(最低有效位)

图 3-6　内部 RAM 中的位寻址区

内部 RAM 中 30H~7FH 为 80 个单元的数据缓冲区(对 52 子系列,还有高 128 字节的数据缓冲区),这些单元只能按字节寻址。

外部数据存储器地址空间寻址范围为 64KB,采用 R0、R1 或 DPTR 寄存器间址方式访问。当采用 R0、R1 间接寻址时只能访问低 256 字节,采用 DPTR 间接寻址可访问整个 64KB。

3.1.3.3　专用寄存器

在 MCS-51 系列单片机中共有 26 个专用寄存器(Special Functional Register,SFR),它们离散地分布在片内 RAM 的高 128 字节地址 80H~FFH 中,访问这些专用寄存器仅允许使用直接寻址方式。专用寄存器并未占满高 128 字节 RAM 地址空间,但对没有被 SFR 使用的空闲地址的操作是无意义的。

在 MCS-51 中,程序计数器(PC)不占据 RAM 单元,它在物理上是独立的,因此是唯一一个不可寻址的专用寄存器。在除 PC 外的专用寄存器 SFR 中,有 12 个专用寄存器既可字节寻址,又可位寻址,如图 3-7 所示,其余的 SFR 则只能字节寻址。

表 3-3 列出了 26 个专用寄存器的名称及地址分配。下面将对其中一些专用寄存器的功能进行介绍,另外一些专用寄存器将留待后面有关章节介绍。

图 3-7 专用寄存器位地址

直接字节地址	(MSB)							(LSB)	寄存器符号
F0H	F7	F6	F5	F4	F3	F2	F1	F0	B
E0H	E7	E6	E5	E4	E3	E2	E1	EO	ACC
	CY	AC	F0	RS1	RS0	0V		P	
D0H	D7	D6	D5	D4	D3	D2	D1	D0	PSW
	TF2	EXF2	RCLK	TCLK	EXEN2	TR2	C/T̄2	CP/R̄L2	
C8H	CF	CE	CD	CC	CB	CA	C9	C8	T2CON
			PT2	PS	PT1	PX1	PT0	PX0	
B8H	—	—	BD	BC	BB	BA	B9	B8	IP
B0H	B7	B6	B5	B4	B3	B2	B1	B0	P3
	EA		ET2	ES	ET1	EX1	ET0	EX0	
A8H	AF	—	AD	AC	AB	AA	A9	A8	IE
A0H	A7	A6	A5	A4	A3	A2	A1	A0	P2
	SM0	SM1	SM2	REN	TB8	RB8	TI	RI	
98H	9F	9E	9D	9C	9B	9A	99	98	SCON
90H	97	96	95	94	93	92	91	90	P1
	TF1	TR1	TF0	TR0	IE1	IT1	IE0	IT0	
88H	8F	8E	8D	8C	8B	8A	89	88	TCON
80H	87	86	85	84	83	82	81	80	P0

表 3-3 专用寄存器(不含 PC)

SFR	MSB			位地址/位定义				LSB	字节地址
B	F7	F6	F5	F4	F3	F2	F1	F0	F0H
ACC	E7	E6	E5	E4	E3	E2	E1	E0	E0H
PSW	D7	D6	D5	D4	D3	D2	D1	D0	D0H
	CY	AC	F0	RS1	RS0	OV	F1	P	
IP	BF	BE	BD	BC	BB	BA	B9	B8	B8H
	/	/	/	PS	TP1	PX1	PT0	PX0	
P3	B7	B6	B5	B4	B3	B2	B1	B0	B0H
	P3.7	P3.6	P3.5	P3.4	P3.3	P3.2	P3.1	P3.0	
IE	AF	AE	AD	AC	AB	AA	A9	A8	A8H
	EA	/	/	ES	ET1	EX1	ET0	EX0	

38

SFR	MSB			位地址/位定义				LSB	字节地址
P2	A7	A6	A5	A4	A3	A2	A1	A0	A0H
	P2.7	P2.6	P2.5	P2.4	P2.3	P2.2	P2.1	P2.0	
SBUF									(99H)
SCON	9F	9E	9D	9C	9B	9A	99	98	98H
	SM0	SM1	SM2	REN	TB9	RB8	TI	RI	
P1	97	96	95	94	93	92	91	90	90H
	P1.7	P1.6	P1.5	P1.4	1.3	P1.2	P1.1	P1.0	
TH1									(8DH)
TH0									(8CH)
TL1									(8BH)
TL0									(8AH)
TMOD	GATE	C/T	M1	M0	GATE	C/T	M1	M0	(89H)
TCON	8F	8E	8D	8C	8B	8A	89	88	88H
	TF1	TR1	TF0	TR0	IE1	IT1	IT0	IE0	
PCON	SMOD	/	/	/	GF1	GF0	PD	IDL	(87H)
DPH									(83H)
DPL									(82H)
SP									(81)
P0	87	86	85	84	83	82	81	80	80H
	P0.7	P0.6	P0.5	P0.4	P0.3	P0.2	P0.1	P0.0	

（1）累加器（ACC）

在累加器操作指令中，累加器的助记符简记为 A。

MCS-51 中的 8 位算术逻辑部件（ALU）的结构，从总体上说仍是以累加器 A 为核心的结构。累加器 A 在大部分的算术运算中存放某个操作数和运算结果；在很多的逻辑运算、数据传送等操作作为源或目的操作数，这和典型的以累加器 A 为中心的微处理器（如 Z80 CPU）相同。但是，它在内部硬件结构上做了改进，一部分指令在执行时不经过累加器 A，以直接或间接寻址方式使数据在内部的任意地址单元和寄存器之间直接传输。逻辑操作等也可以不经过寄存器 A 而直接进行，进一步提高了操作速度。

（2）寄存器 B

寄存器 B 主要用于与累加器 A 配合执行乘法和除法指令的操作，对其他指令，也可作为暂存寄存器。

（3）程序状态字（PSW）

程序状态字（PSW）是一个 8 位寄存器，用来存放程序状态信息。某些指令的执行结果会自动影响 PSW 的有关状态标志位，有些状态位可用指令来设置。PSW 寄存器各位的定义如下：

PSW 位地址	D7H	D6H	D5H	D4H	D3H	D2H	D1H	D0H
字节地址 D0H	CY	AC	F0	RS1	RS0	OV	—	P

CY(PSW.7)：进位标志，可由硬件或软件置位或复位。在进行加法（或减法）运算时，如果操作结果最高位（位 7）向上有进位（或借位），CY 置 1，否则清 0。此外在进行位操作时，CY 又作为位累加器使用。

AC(PSW.6)：半进位标志。在进行加法（或减法）运算时，如果运算结果低半字节（位 3）向高半字节有进位（或借位），AC 置 1，否则清 0。AC 也可用于 BCD 码调整时的判别位。

F0(PSW.5)：用户标志位。用户可以根据自己的需要对 F0 位赋予一定的含义。F0 可用软件置位或复位，也可以通过软件测试 F0 来控制程序的流向。

RS1、RS0(PSW.4、PSW.3)：工作寄存器组选择控制位。用软件可对 RS1、RS0 作不同的组合，以确定工作寄存器（R0～R7）的组号。这两位与寄存器组的对应关系见表 3-4。

表 3-4　RS1、RS0 与寄存器组的对应关系

RS1	RS0	寄存器组	内部 RAM 地址
0	0	0 组	00H～07H
0	1	1 组	08H～0FH
1	0	2 组	10H～17H
1	1	3 组	18H～1FH

OV(PSW.2)：溢出标志。当进行带符号数补码运算时，如果有溢出，即当运算结果超出 $-128\sim+127$ 的范围时。OV 置 1；无溢出时，OV 清 0。

F1—(PSW.1)：为保留位。8051 未用，8052 作为 F1 用户标志位，同 F0。

P(PSW.0)：奇偶标志。每个指令周期均由硬件来置位或清零，以指出累加器 A 中 1 的个数的奇偶性。若 1 的个数为奇数，则 P 置位，否则清零。在串行通信中常用此标志位来校验数据传输的可靠性。

（4）堆栈指针（SP）

堆栈是一个特殊的存储区，用来暂存数据和地址，它是按照"后进先出"的原则存放数据。这种数据结构方式对于处理中断、调用子程序都非常方便。

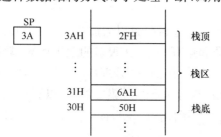

图 3-8　堆栈和堆栈指针

在 8051 单片机中通常指定内部 RAM 08～7FH 中的一部分作为堆栈。如图 3-8 所示，第一个进栈的数据所在的存储单元称为栈底，最后进栈的叫栈顶。每存入（或取出）一个字节数据，SP 就自动加 1（或减 1），SP 始终指向新的栈顶。在图 3-8 中，最先进栈的数据是 30H 单元的 50H，然后逐次进栈，最后进栈的数据是 3AH 单元的 2FH。出栈时则 3AH 单元的 2FH 最先取出，30H 单元的 50H 最后取出。

堆栈指针（SP）为一个 8 位专用寄存器，它指出栈顶在内部 RAM 中的位置。通常栈区可位于片内 RAM 中的任一连续区域，且堆栈深度以不超过内部 RAM 空间为限。由于系统复位后栈指针初始化为 07H，这使得堆栈实际从 08H 单元开始工作。堆栈指针的内容可由软件修改。因 08H～1FH 单元分属于工作寄存器组 1～3，当在程序中用到这些组时，则应将 SP 值改为 1FH 或更大的值，以免发生冲突。

（5）数据指针（DPTR）

数据指针（DPTR）是一个 16 位的专用寄存器，由高位字节 DPH 和低位字节 DPL 组成。它主要用于存放 16 位地址，常用作间址寄存器和基址寄存器，以便对外部数据存储器和程序

存储器进行访问。DPTR 既可以作为一个 16 位寄存器来使用,也可以作为两个独立的 8 位寄存器 DPH 和 DPL 使用。

（6）端口 P0～P3

专用寄存器 P0～P3 分别是 I/O 端口 P0～P3 的锁存器。在 MCS-51 中,可以把 I/O 口当作一般的专用寄存器来使用,没有专门设置的口操作指令,全部采用统一的 MOV 指令,使用方便。还可用直接寻址方式参与其他操作指令。

其他专用寄存器将结合以后有关章节进行论述。

3.1.4 时钟电路与时序

3.1.4.1 时钟电路

MCS-51 单片机内部有一个用于构成振荡器的高增益反相放大器,引脚 XTAL1 和 XTAL2 分别是反相放大器的输入端和输出端,由这个放大器与作为反馈元件的片外晶体或陶瓷谐振器一起构成了一个自激振荡器,如图 3-9 所示。这种方式形成的时钟信号称为内部时钟方式。

利用芯片内部的振荡电路,在 XTAL1 和 XTAL2 两端跨接晶体（或陶瓷）振荡器和两个电容就构成了一个稳定的自激振荡器。晶体振荡频率可在 1.2～12MHz 选择。电容值无严格要求,但其取值对振荡频率输出的稳定性、大小、振荡电路起振速度稍有影响,C1、C2 可在 20～100pF 之间取值。一般当外接晶体时,电容选为 30pF ± 10pF;外接陶瓷振荡器时选 40pF ±10pF。

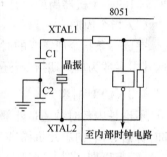

图 3-9 时钟振荡电路

此外,单片机的时钟还可以采用外部方式。所谓外部时钟方式,是指利用外部振荡信号源直接接入 XTAL1 或 XTAL2。由于 HMOS 和 CHMOS 单片机内部时钟进入的引脚不同,CHMOS 型由 XTAL1 进入,HMOS 型由 XTAL2 进入,因此外部振荡信号源接入的方法也不同。图 3-10 为 HMOS 型单片机接法,图 3-11 为 CHMOS 型单片机接法。

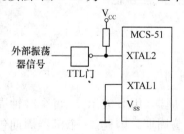

图 3-10 HMOS 型单片机外部时钟接法

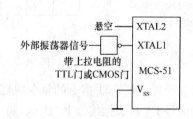

图 3-11 CHMOS 型单片机外部时钟接法

对 HMOS 型单片机,外部振荡信号接至 XTAL2 端,即内部时钟发生器的输入端,而内部反相放大器的输入端 XTAL1 应接地。由于 XTAL2 端的逻辑电平不是 TTL 电平,故应外接一个上拉电阻。

对 CHMOS 型单片机,内部时钟引入端取自反相放大器的输入端,因此在采用外部时钟时,外部时钟信号接至 XTAL1 端,而 XTAL2 端悬空。

外接振荡信号源方式常用于多块芯片同时工作,以便于同步。注意,外接的脉冲信号应是高、低电平持续时间大于 20ns 的方波,且脉冲频率应低于 12MHz。

3.1.4.2 CPU 时序

计算机在执行指令时,一条指令经译码后产生若干个基本的微操作,这些微操作所对应的脉冲信号在时间上的先后次序称为计算机的时序。下面介绍有关 CPU 时序的几个概念。

(1) 振荡周期

指为单片机提供定时信号的振荡源的周期,若为内部产生方式时,为石英晶体的振荡周期。

(2) 时钟周期

也称为状态周期,用 S 表示。时钟周期是计算机中最基本的时间单位,在一个时钟周期内,CPU 完成一个最基本的动作。MCS-51 单片机中一个时钟周期为振荡周期的 2 倍。

(3) 机器周期

为便于管理,常把一个指令的执行过程划分为若干个阶段,每一阶段完成一个基本操作,例如,取指令、存储器读、存储器写等。完成一个基本操作所需要的时间称为机器周期。MCS-51 的一个机器周期含有 6 个时钟周期。

(4) 指令周期

完成一条指令所需要的时间称为指令周期。MCS-51 的指令周期含 1~4 个机器周期不等,其中多数为单周期指令,还有 2 周期和 4 周期指令。4 周期指令只有乘、除两条指令。

3.1.4.3 CPU 时序

不论是内部时钟还是外部时钟,均需经过内部时钟发生器(一个二分频触发器)而成为内部时钟信号,它向单片机提供了一个二节拍时钟信号,在每个时钟的前半周期,节拍 1 信号 P1 有效;后半周期,节拍 2 信号 P2 有效,如图 3-12 所示。

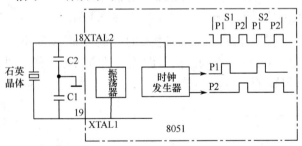

图 3-12　片内振荡器及时钟发生器

如前所述,MCS-51 指令的每个机器周期包含 6 个时钟周期(用 S 表示)。每个时钟周期由节拍信号 P1 和节拍信号 P2 组成,每个节拍持续一个振荡周期。因此,一个机器周期包含 S1P1~S6P2 共 6 个状态的 12 个振荡周期。

图 3-13 列举了几种典型指令的取指和执行时序。在每个机器周期里,地址锁存允许信号 ALE 两次有效。第一次出现在 S1P2 和 S2P1 期间,第二次出现在 S4P2 和 S5P1 期间。

在操作码被锁存到指令寄存器时,单周期指令从 S1P2 开始执行,如果是双字节指令,在同一机器周期的 S4 期间写入第二字节;如果是单字节指令,则在 S4 仍有读操作,但写入的字节(下一个操作码)是无效的,且程序计数器不加 1。在任何情况下,当 S6P2 结束时都会完成操作。图 3-13(a)和(b)分别是单字节单周期和双字节单周期指令的时序。图 3-13(c)为单字节双周期指令的时序,在两个机器周期内发生 4 次读操作码的操作,由于是单字节指令,后三次读操作都是无效的。图 3-1-13(d)给出了访问外部数据存储器指令 MOVX 的时序,它是一条单字节双周期指令,在第一个机器周期的 S5 开始时,送出外部数据存储器地址,在 S6P2 开始读/写数据。读/写期间 ALE 端不输出有效信号。在第二机器周期(即外部数据存储器已被寻址和选通后)也不产生取指操作。

从时序上讲,算术和逻辑操作一般发生在节拍 1 期间,片内寄存器之间的数据传送操作发生在节拍 2 期间。

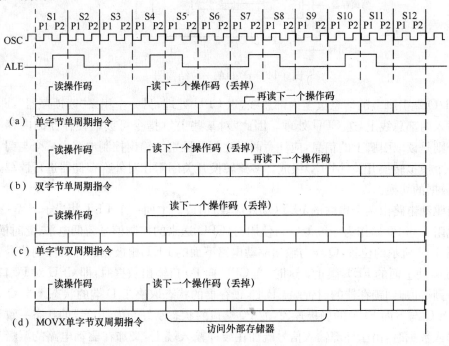

图 3-13　　MCS-51 单片机的取指/执行时序

3.1.5　并行输入/输出端口结构

MCS-51 单片机内有 4 个 8 位并行 I/O 端口,分别记作 P0、P1、P2 和 P3。每个端口都是 8 位准双向口,共占 32 个引脚。每个端口都包含一个锁存器、一个输出驱动器和一个输入缓冲器。

在无片外扩展存储器的系统中,这 4 个端口的每 1 位都可以作为准双向通用 I/O 端口使用。在具有片外扩展存储器的系统中,P2 口作为高 8 位地址线,P0 口作为双向总线,分时送出低 8 位地址和数据的输入/输出。

MCS-51 单片机的 4 个 I/O 口在结构和特性上是基本相同的,但又各具特点。这些端口的电路设计非常巧妙。学习 I/O 端口逻辑电路,不但有利于正确合理地使用端口,而且会对设计单片机外围逻辑电路有所启发。

3.1.5.1　P0 口

图 3-14 画出了 P0 口的某一位结构图,它由一个输出锁存器、两个三态输入缓冲器和输出驱动电路及控制电路组成。

I/O 口的每位锁存器均由 D 触发器组成,用来锁存输入/输出的信息。在 CPU 的"写锁存器"信号驱动下,将内部总线上的数据写入锁存器中。两个三态缓冲器,一个用来"读引脚"信

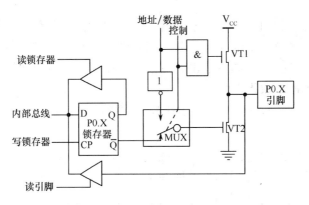

图 3-14　P0 口的一位结构图

息,即将 I/O 端引脚上的信息读至内部总线,送 CPU 处理;另一个用来"读锁存器",即把锁存器内容写入内部总线上,送 CPU 处理。因此,对某些 I/O 指令可读取锁存器的内容,而另外一些指令则是读取引脚上的信息,应注意两者之间的区别。输出控制电路由一个与门、一个反相器和一个模拟转换开关(MUX)组成。多路转换开关用于在对外部存储器进行读/写时要进行地址/数据的切换。

输出驱动电路由两个串联的 FET(场效应管)组成。上面一个 FET 相当于下面一个 FET 的负载电阻。当 P0 口作为一般 I/O 口使用时,CPU 送来的控制信号为低电平,此时模拟开关处于如图 3-14 所示的位置,Q 端与输出驱动电路下面的 FET 栅极接通。因控制信号为低,与门输出为 0,使上面的 FET 截止。这时,当 CPU 向 P0 口输出数据时,即 CPU 对 P0 口进行写操作时,写脉冲加到锁存器的时钟端 CP 上,锁存器的状态取决于 D 端的状态。当 Q 端为高,$\overline{Q}$ 为低,而 $\overline{Q}$ 与下面 FET 的栅极连通,故 P0 端口的状态刚好与内部总线的状态一致。

当输入数据时,由于外部输入信号既加在缓冲输入端上,又加在驱动电路的漏极上,如果这时下面的 FET 是导通的,则引脚上的电位始终被钳位在 0 电平上,输入数据不可能正确地读入。因此,在输入数据时,应先把 P0 口置 1,使两个输出 FET 均关断。使引脚"浮置"成为高阻状态,这样才能正确地输入数据。这就是所谓的准双向口。

在有外部扩展存储器时,P0 口必须作地址/数据总线用,这时就不能在把它作为通用的 I/O 口使用了。当从 P0 口输出地址/数据时,控制信号为高,使 MUX 向上与反相器输出端接通,与此同时与门打开,地址/数据便通过与门及上面的 FET 传送到 P0 口,当从 P0 口输入数据时,则通过下面的缓冲器进入内部总线。

3.5.1.2　P1 口

P1 口也是一个 8 位准双向并行 I/O 口,作通用 I/O 口使用。P1 口的每 1 位结构如图 3-15所示。

在电路结构上,P1 口的输出驱动部分与 P0 口不同,内部有上拉负载电阻与电源相连,与场效应管 FET 共同组成输出驱动电路。当进行写操作时,写锁存器脉冲将内部总线送入 D 端的信息写入锁存器,再由 $\overline{Q}$ 端去驱动 FET,在 P1 引脚上得到输出信息。

当 P1 口用作输入口时,也应先用软件使输出锁存器置 1,使 FET 截止,处于高阻状态,然后再通过缓冲器进行输入操作。

对 8032/8052 型单片机,P1.0 和 P1.1 两位线是多功能的,除作通用 I/O 口外,P1.0 还可作为定时器/计数器 2 的外部输入端,此时 P1.0 引脚用标识符 T2 表示;P1.1 可作为定时器/

计数器 2 的外部控制输入,并用标识符 T2EX 表示。

3.5.1.3 **P2 口**

P2 口的每 1 位结构如图 3-16 所示。

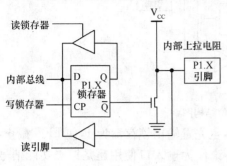

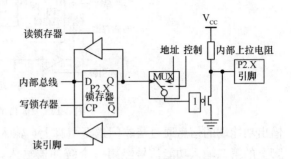

图 3-15   P1 口的 1 位结构图   图 3-16   P2 口的 1 位结构图

P2 口在结构上比 P1 口多了一个输出转换控制部分,多路开关 MUX 的倒向由 CPU 命令控制。同 P1 口一样,P2 口内部也接有固定的上拉电阻。

P2 口既可作为通用 I/O 口使用,又可作为地址总线口,传送地址高 8 位。

当 P2 口用来作通用 I/O 口时,是一个准双向的 I/O 口。此时,CPU 送来的控制信号为低电平,使转换开关(MUX)与锁存器的 Q 端接通。当输出信息时,引脚上的状态即为 Q 端的状态。当输入信息时,也要先用软件使输出锁存器置 1,然后再进行输入操作。

当单片机外部扩展有存储器时,P2 口可用于输出高 8 位地址,这时 CPU 送来的控制信号应为高电平,使 MUX 与地址接通,此时引脚上得到的信息为地址。

在外接程序存储器的系统中,由于访问外部程序存储器的操作连续不断,P2 口将不断输出高八位地址,故这时 P2 口不再作通用 I/O 口使用。

在无外部程序存储器而扩展有外部数据存储器的系统中,P2 口的使用情况有所不同。若外接 RAM 容量为 256B,则可用"MOVX@Ri"类指令由 P0 口送出 8 位地址,而不需要高 8 位地址,这时 P2 口仍可作通用 I/O 口使用。若外部 RAM 容量较大(超过 256B),则使用"MOVX@DPTR"类指令访问外部 RAM。在读/写周期内,P2 口引脚将保持高 8 位地址信息,但从图 3-16 可知,输出地址时,通过 CPU 控制内部转换开关转向地址输出,故输出锁存器的内容不会在输出地址过程中改变,所以访问外部数据存储器周期结束后,多路开关自动切换到锁存器 Q 端,P2 口输出锁存器的内容又会重新出现在引脚上。因此,根据访问外部 RAM 的频繁程度,P2 口仍可利用其中访问间隙作通用 I/O 口用。在外部 RAM 容量不太大时,通过采用软件方法,将所需的高位地址,例如只需要 A8～A10 三位,先由 P2.0～P2.2 三位输出,再用指令"MOVX,A,@Ri"访问外部 RAM,而 P2 口余下的几位线仍可作通用 I/O 口使用。

3.1.5.4 **P3 口**

P3 口是一个多功能端口,其每 1 位结构见图 3-17 所示。

当 P3 口作为通用 I/O 口使用时,第二输出功能端应保持高电平,打开与非门,使锁存器输出 Q 端的状态能顺利通过与非门送至引脚上。输入时,先置输出锁存器为 1,使 FET 截止,再通过三态缓冲器读引脚信息。

当 P3 口作为第二输出功能使用时,应先将输出锁存器置 1,使与非门畅通。输出时,第二

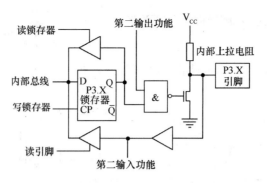

图 3-17　P3 口的 1 位结构图

输出功能端的信息通过与非门送至引脚上。输入时,也先置输出锁存器为 1,使 FET 截止,引脚上的第二输入功能信号经第一个缓冲器输入。不论作为输入口使用还是第二功能信号输入,图 3-17 中的锁存器输出和第二输出功能端都应保持高电平。P3 口各位第二功能的具体定义前面已述,这里不再重复。

3.5.1.5　I/O 口的读—修改—写操作

从图 3-14～图 3-17 可见,每个 I/O 口均有两种读入方法:读锁存器和读引脚,并有相应的指令。读锁存器指令是从锁存器中读取数据,送 CPU 处理,再把处理后的数据重新写入锁存器中,这类指令称为"读—修改—写"指令,在"读—修改—写"指令中,目的操作数必须是一个 I/O 口或 I/O 口的某一位。例如:INC P2,CLR P1.0 及 ANL P1,A 等。

读引脚指令一般都是以 I/O 端口为源操作数的指令,执行读引脚指令时,三态门打开,输入口状态。例如,读 P1 口引脚指令为 MOV A,P1。

对"读—修改—写"指令,直接读锁存器 Q 端而不是读引脚的原因是为了避免错读引脚上电平的可能性。例如,若用一口位去驱动一个晶体管的基极,当向此口位写 1 时,晶体管导通,并把引脚上的电平拉低,这时若从引脚上读取数据,则读的是晶体管的基极电平 0,与口寄存器的状态 1 不一样。而从锁存器 Q 端读取,就能避免这样的错误,得到正确的数据。

3.5.1.6　I/O 口的负载能力

P0 口的每位输出可驱动 8 个 LSTTL 输入,但把它作为通用 I/O 口使用时,输出级是开路电路。故用它驱动 NMOS 输入时需外接上拉电阻;而把它作地址/数据总线用时,则无需外接上拉电阻。

P1～P3 口的输出级均接有内部上拉电阻,它们的每 1 位输出可驱动三个 LSTTL 输入。对 HMOS 型单片机,当 P1 和 P3 口作输入方式时,任何 TTL 或 NMOS 电路都能以正常的方式去驱动这些口。不论是 HMOS 型还是 CHMOS 型的单片机,它们的 P1～P3 口的输出端都可以被集电极开漏电路所驱动,而不必再外加上拉电阻。

3.1.6　单片机的复位

复位是单片机的初始化操作,其作用是使 CPU 和系统中其他部件都处于一个确定的初始状态,并从这个状态开始工作。

MCS-51 的 RST/V$_{PD}$ 引脚是复位输入端,通过一个施密特触发器与复位电路相连。图 3-18 所示为复位电路的结构,图中的施密特触发器用来抑制噪声,它的输出在每个机器周期的 S5P2 由复位电路采样一次。不论是 HMOS 型还是 CHMOS 型,在振荡器运行时,RST 端至少要保持两个机器周期（24 个振荡周期）为高，才完成一次复位。

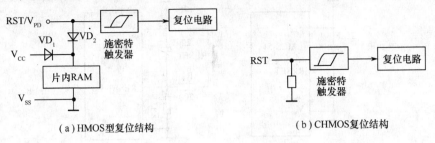

（a）HMOS型复位结构　　　　　　　　（b）CHMOS复位结构

图 3-18　MCS-51 的复位结构

图 3-18(b)所示为 CHMOS 型复位结构，其复位引脚只是单纯为 RST，而不包含 V_{PD}，这是因为 CHMOS 单片机的备用电源也是由 V_{CC} 脚提供的。

在 RST 端变为高电平的第二个机器周期执行内部复位，此后每个周期重复一次，直至 RST 端出现低电平。复位后片内各专用寄存器的状态见表 3-4。

复位期间，ALE 和 PSEN 输出高电平，片内 RAM 的状态不受复位的影响。复位后，PC 的值为 0000H，使单片机从起始地址 0000H 开始执行程序。所以当单片机运行出错或进入死循环时，可按复位键重新启动。

MCS-51 单片机的复位电路有上电复位和按钮复位两种形式，最简单的复位电路如图 3-19所示。

表 3-4　复位后各专用寄存器的状态

寄存器	内　容	寄存器	内容
PC	0000H	T2CON	00H
ACC	00H	TH0	00H
B	00H	TL0	00H
PSW	00H	TH1	00H
SP	07H	TL1	00H
DPTR	0000H	TH2	00H
P0～P3	0FH	T1.2	00H
IP(8051)	×××00000B	RLDH	00H
(8052)	××000000B	RLDL	00H
IE(8051)	0××00000B	SCON	00H
(8052)	0×000000B	SBUF	不定
TMOD	00H	PCON(HMOS)	0×××××××B
TCON	00H	(CHMOS)	0×××0000B

上电复位如图 3-19(a)所示，在 V_{CC} 与 V_{SS} 引脚之间接入 RC 电路。上电瞬间 RST 端的电位与 V_{CC} 相同，随着电容充电电流的减小，RST 端的电位逐渐下降。只要 V_{CC} 的上升时间不超过 1ms，振荡器建立时间不超过 10ms，按图中的时间常数，上电复位电路就能保证在上电开机时完成复位操作。上电复位所需的最短时间是振荡器建立时间加上两个机器周期。在这段时间内 RST 端的电平应维持高于施密特触发器的下阈值。

图 3-19(b)为一种上电与按钮复位电路。在实际应用系统中，有些外围芯片也需要复位，如果这些复位端的复位电平要求与单片机的要求一致，则可以与之相连。

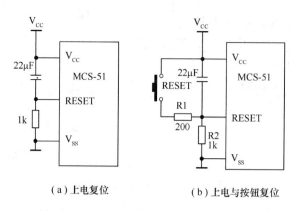

（a）上电复位 （b）上电与按钮复位

图 3-19　复位电路

3.2　单片机 C 语言程序设计基础

3.2.1　C 语言与 MCS-51

用汇编程序设计 MCS-51 系列单片机应用程序时，必须要考虑其存储器结构，尤其必须考虑其片内数据存储器与特殊功能寄存器正确、合理的使用以及按实际地址处理端口数据。

支持 MCS-51 单片机的编程语言：51 汇编、PL/M 宏汇编、C51、BASIC 等。

C 语言是由 Pascal 语言演变而来的一种结构化程序设计语言。主要优点：规模最小（关键字少）、书写自由、可移植性好、表达能力强（丰富的数据类型、结构、运算符）、结构化好（程序基本单位是函数）、可直接控制硬件资源（物理地址访问能力）、目标代码质量高（接近或超过汇编代码）。主要缺点：语法定义不严格（出错检查难）、运算符优先级复杂。

用 C 语言编写 MCS-51 单片机的应用程序，虽然不像用汇编语言那样具体地组织、分配存储器资源和处理端口数据，但数据类型与变量的定义，必须要与单片机的存储结构相关联，否则编译器不能正确地映射定位。

用 C 语言编写单片机应用程序与编写标准的 C 语言程序的不同之处：必须使 C 语言程序中的数据类型和变量与单片机存储结构及内部资源相对应。其他的语法规定、程序结构及程序设计方法都与标准的 C 语言程序设计相同。用 C 语言编写的应用程序必须经单片机的 C 语言编译器（简称 C51），转换生成单片机可执行的代码程序。

支持 MCS-51 系列单片机的 C 语言编译器有很多种。如 American Automation、Auocet、BSO/TASKING、DUNFIELD SHAREWARE、KEIL/Franklin 等。其中 KEIL/Franklin 以它的代码紧凑和使用方便等特点优于其他编译器。本章是针对这种编译器介绍 MCS-51 单片机 C 语言程序设计。

ANSIC 关键字（32 个）：auto、break、case、char、const、continue、defaut、do、double、else、enum、extern、float、for、goto、if、int、long、register、return、short、signed、sizeof、static、sturct、switch、typedef、union、unsigned、void、volatile、while。

C51 扩展关键字（13 个）：bit、sbit、sfr、sfr16、data、bdata、idata、pdata、xdata、code、interrupt、reentrant、using。

标识符：由字符串、数字、下划线组成，用于表示对象名称，对大小写敏感。标识符第一个字符必须是字母（用户程序用）或下划线（编译系统用）。

常见对象：函数、变量、常量、数组、结构、语句等。

3.2.2 C51 数据类型

3.2.2.1 C51 数据类型

C51 与标准 C 的数据类型最大不同之处是位型,见如下列表。

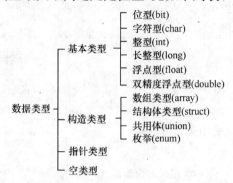

C51 数据类型的取值范围见表 3-5。

表 3-5 C51 数据类型及其取值范围

数据类型	长度(bit)	长度(byte)	值域范围
bit	1	—	0,1
unsignedchar	8	1	0～255
signedchar	8	1	−128～127
unsignedint	16	2	0～65535
signedint	16	2	−32768～32767
unsignedfloat	32	4	0～4294967295
signedfloat	32	4	−2147483648～2147483647
float	32	4	±1.176E−38～±3.40E+38(6 位数字)
dobule	64	8	±1.176E−38～±3.40E+38(10 位数字)
一般指针	24	3	存储空间 0～65535

3.2.2.2 C51 定义

定义方法:两个关键字,即 sfr 和 sbit。

(1)定义特殊功能寄存器用 sfr。

例如:

```
sfr PSW＝0xD0;        /＊定义程序状态字 PSW 的地址为 D0H＊/
sfr TMOD＝0x89;       /＊定义定时器/计数器方式控制寄存器 TMOD 的地址为 89H＊/
sfr P1＝0x90;         /＊定义 P1 口的地址为 90H＊/
```

(2)定义可位寻址的特殊功能寄存器的位用 sbit。

例如:

```
sbit CY＝0xD7;        /＊定义进位标志 CY 的地址为 D7H＊/
sbit AC＝0xD0^6;      /＊定义辅助进位标志 AC 的地址为 D6H＊/
sbit RS0＝0xD0^3;     /＊定义 RS0 的地址为 D3H＊/
```

标准 SFR 在 reg51.h、reg52.h 等头文件中已经被定义,只要用文件包含做出申明即可使用。

例如:

```
#include "reg51.h"
sbit P1_0=P1^0;
sbit P1_2=P1^2;
main()
{
    P1_0=1;
    P1_2=0;
    PSW=0x08;
    ......

}
```

（3）C51 定义位变量。使用关键字 bit。

例如：

```
bit lock；              /*将 lock 定义为位变量*/
bit dirention；         /*将 direction 定义为位变量*/
```

注意：不能定义位变量指针；也不能定义位变量数组。

3.2.3　C51 数据存储类型

3.2.3.1　C51 存储类型与 MCS-51 单片机存储空间的对应关系

在使用 C 语言开发单片机程序时会使用很多的数据，而这些数据根据不同的要求会存储在单片机的不同存储空间中。实际的单片机系统存储空间的划分如图 3-20 所示。

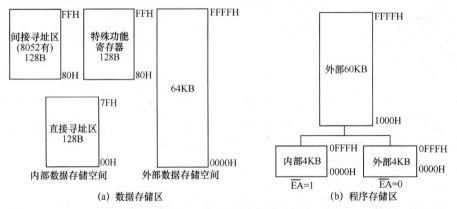

（a）数据存储区　　　　　　　　　　　　　（b）程序存储区

图 3-20　单片机的存储器结构

C51 中通过不同的关键字区分所定义的数据实际占用的存储区域，表 3-6 为 C51 存储类型与 MCS-51 单片机存储空间的对应关系，用户在编程过程中可以根据需要进行指定。

表 3-6　C51 存储类型与 MCS-51 单片机存储空间的对应关系

存储类型	与存储空间的对应关系
data	直接寻址片内数据存储区，访问速度快（128B）
bdata	可位寻址片内数据存储区，允许位与字节混合访问（16B）
idata	间接寻址片内数据存储区，可访问片内全部 RAM 地址空间（256B）
pdata	分页寻址片外数据存储区（256B），由 MOVX@Ri 访问
xdata	寻址片外数据存储区（64KB），有 MOVX@DPTR 访问
code	寻址代码存储区（64KB），有 MOVC@DPTR 访问

（1）程序存储区数据的定义

使用 code 进行声明，最大 64KB，包括内部 ROM 和外部 ROM。

例如：

```
unsigned char code segtab = 0xc0;
```

定义了一个常量 segtab，其值为 0xc0，它的存储位置在 ROM 区，编译器根据编译情况自行决定其是处在外部 ROM 区还是处在内部 ROM 区。

（2）内部 RAM 区

使用 data、idata、bdata 进行声明。

✦ data：内部 RAM 的低 128 字节，地址范围：00H～7FH。

例如：

```
unsigned char data i;
```

✦ idata：整个内部 RAM 区共 256 字节，地址范围：00H～FFH。

例如：

```
unsigned char idata i;
```

✦ bdata：内部 RAM 的可按位访问区，地址范围：20H～2FH。

例如：

```
unsigned char bdata i;
```

（3）外部 RAM 区

使用 xdata、pdata 进行声明，最大访问范围为 64KB。

✦ xdata：可访问整个外部 RAM 区 0000H～FFFFH。

例如：

```
uchar xdata i;
```

✦ pdata：可访问外部 RAM 的连续 256B 范围。

例如：

```
uchar pdata i;
```

在上述例子中，pdata 仅能访问外部连续 256B 的存储空间，而 xdata 能访问外部连续 64KB 的存储空间，xdata 的访问范围涵盖了 pdata，因此在实际编程中建议均采用 xdata 进行变量的定义。

3.2.3.2 直接指定变量的具体物理地址

在单片机实际开发过程中，开发者通常希望准确掌握变量的具体存储空间，而不是由编译器自动为变量分配地址，为此 C51 为用户提供了将变量定位到绝对地址的方法。

（1）使用关键字_at_

格式：[存储区]变量类型 变量名_at_常量

例如：

```
idata char number _at_ 0x40;
```

声明一个 char 类型的变量 number，存放它的位置在内部 RAM 的 40H 处。

例如：

```
xdata int number _at_ 0x0FFF;
```

声明一个 int 类型的变量 number，存放它的位置在外部 RAM 的 0FFFH 处。

（2）使用 XBYTE 宏定义方式

例如：

```
#define number XBYTE[0x0FFF]
```

声明一个 int 类型的变量 number，存放它的位置在外部 RAM 的 0FFFH 处。

这种方式仅适用于定义存储在外部数据存储区的变量定义。

3.2.3.3　51 单片机的存储模式

通常情况下开发单片机程序的编译器可以提供三种不同的存储器模式选择，分别为 SMALL、COMPACT、LARGE，在三种不同的存储器模式下编译器将未明确指定存储区域的变量、参数和局部变量按照下表说明方式进行处理。

表 3-7　单片机的存储模式

存储模式	说　明
SMALL	参数及局部变量放入可直接寻址的片内存储器（最大 128 字节，默认存储类型是 data），因此访问十分方便。另外所有对象，包括栈，都必须嵌入片内 RAM。栈长很关键，因为实际栈长依赖不同函数的嵌套层数
COMPACT	参数及局部变量放入分页片外存储区（最大 256 字节，默认的存储类型是 pdata），通过寄存器 R0 和 R1 间接寻址，栈空间位于内部数据存储区中
LARGE	参数及局部变量直接放入片外数据存储区（最大 64KB，默认存储类型为 xdata），使用数据指针 DPTR 来进行寻址。用此数据指针访问的效率较低，尤其是对两个或多个字节的变量，这种数据类型的访问机制直接影响代码的长度，另一不方便之处在于这种数据指针不能对称操作

例如：

```
unsigned char i;
```

在 SAMLL 模式下，i 被指定到内部存储区的 data 区域。

在 COMPACT、LARGE 模式下，i 被指定到外部存储区域。

用户特别需要注意，如果自己数据的系统并无外部数据存储器的扩展，一定要将模式设置为 SMALL 模式，否则会造成数据的混乱。

3.2.4　C51 运算符、表达式及其规则

（1）算术运算符

＋——加法运算符

－——减法运算符

＊——乘法运算符

/——除法运算符

％——模运算或取余运算符

＋＋——为自增运算符

－－——为自减运算符。

（2）关系运算符

＜——小于

＜＝——小于等于

＞——大于

\>＝——大于等于

＝＝——等于

！＝——不等于

（3）逻辑运算符

&&——逻辑与

||——逻辑或

！——逻辑非

（4）位运算符

&——按位与，相当于 ANL 指令

|——按位或，相当于 ORL 指令

^——按位异或，相当于 XRL 指令

～——按位取反，相当于 CPL 指令

<<——左移，相当于 RL 指令

\>>——右移，相当于 RR 指令

（5）赋值运算符

赋值运算符就是赋值符号"＝"

（6）复合赋值运算符

复合赋值运算符共有 10 种：＋＝，－＝，＊＝，/＝，%＝，&＝，|＝，^＝，≪＝，≫＝。

按优先级顺序结合运算。

例如：

a＋＝b　　　　等价于 a＝(a＋b)

x＊＝a＋b　　　等价于 x＝(x＊(a＋b))

a&＝b　　　　等价于 a＝(a&b)

a≪＝4　　　　等价于 a＝(a≪4)

3.2.5　C51 流程控制语句

3.2.5.1　选择语句

（1）if 语句

if 语句有以下三种形式：

```
if(表达式)
{语句;}

if(表达式)
{语句1;}
else
{语句2;}

if(表达式1)
{语句1;}
else if(表达式2)
{语句2;}
```

```
        else if(表达式 3)
        {语句 3;}
        ……
        else
        {语句 n;}
```

例如:

```
    if (p1! =0)
        {c=20;}
```

例如:

```
    if (p1! =0)
        {c=20;}
        else
        {c=0;}
```

例如:

```
    if (a>=1) {c=10;}
        else if (a>=2) {c=20;}
        else if (a>=3) {c=30;}
        else if (a>=4) {c=40;}
        else {c=0;}
```

(2) switch/case 语句

switch/case 语句的一般形式如下:

```
    switch(表达式)
    {
        case 常量表达式 1:语句 1;break;
        case 常量表达式 2:语句 2; break;
        ……
        case 常量表达式 n:语句 n; break;
        default:语句 n+1;
    }
```

【例 3-1】如图 3.21 所示,单片机 P1 口的 P1.0 和 P1.1 各接一个开关 K1、K2,P1.4、P1.5、P1.6 和 P1.7 各接一只发光二极管,由 K1 和 K2 的不同状态来确定哪个发光二极管被点亮。

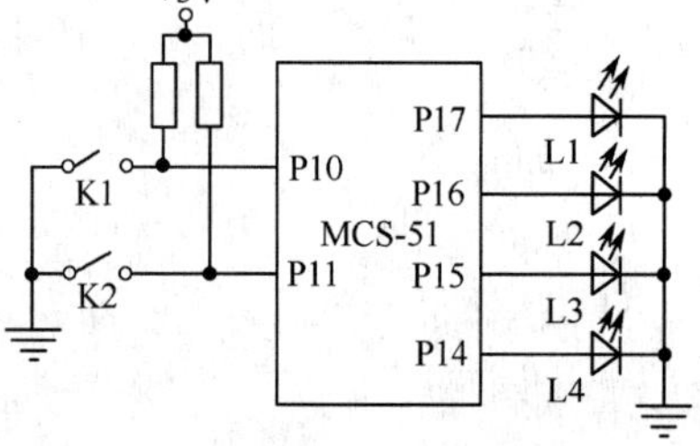

K2	K1	亮的二极管
0	0	L1
0	1	L2
1	0	L3
1	1	L4

图 3-21 按键控制发光管电路

方法一:用 if 语句实现。

```
#include"reg51.h"
void main()
{
    char a;
    a=P1;
    a=a&0x03;                /*屏蔽高6位*/
    if (a==0)   P1=0x83;
    else if (a==1)   P1=0x43;
    else if (a==2)   P1=0x23;
    else   P1=0x13;
}
```

方法二:用 switch/case 语句实现。

```
#include"reg51.h"
void main()
{
    char a;
    a=P1;
    a=a&0x03;                /*屏蔽高6位*/
    switch (a)
    {
        case0:P1=0x83;break;
        case1:P1=0x43;break;
        case2:P1=0x23;break;
        case3:P1=0x13;
    }
}
```

3.2.5.2 循环语句

(1) while 语句

while 语句的一般格式:

while(表达式)语句

(2) do-while 语句

do-while 语句一般格式:

do 语句 while(表达式);

(3) for 语句

for 语句的一般形式:

for(表达式 1;表达式 2;表达式 3)语句

举例:例 3-1 题的程序只能执行一遍,先用循环程序使其无穷循环下去。

(1) 用 while 语句实现

```
#include"reg51.h"
void main()
{
    char a;
    while (1)
    {
        a=P1;
        a=a&0x03;              /*屏蔽高6位*/
        switch (a)
        {
            case0:P1=0x83;break;
            case1:P1=0x43;break;
            case2:P1=0x23;break;
            case3:P1=0x13;
        }
    }
}
```

> While中的条件恒为1，表示死循环。

(2) 用 do-while 语句实现

```
#include"reg51.h"
void main()
{
    char a;
    do
    {
        a=P1;
        a=a&0x03;              /*屏蔽高6位*/
        switch (a)
        {
            case0:P1=0x83;break;
            case1:P1=0x43;break;
            case2:P1=0x23;break;
            case3:P1=0x13;
        }
    } while (1);
}
```

(3) 用 for 语句实现

```
#include"reg51.h"
void main()
{
    char a;
    for(; ;)
```

> for中的条件恒为真，表示死循环。

```
            {
                a=P1;
                a=a&0x03;              /*屏蔽高6位*/
                switch(a)
                {
                    case0:P1=0x83;break;
                    case1:P1=0x43;break;
                    case2:P1=0x23;break;
                    case3:P1=0x13;
                }
            }
        }
```

3.2.6 C51 函数

3.2.6.1 函数的分类与定义

函数是 C 语言程序结构中的基本模块,C 语言源程序由若干函数构成。

（1）模块化程序设计

C 语言总是由主函数 main()开始,main()函数是实现程序结构流程的特殊函数,它是程序的起点。如果源程序规模较大,一般应将其分成若干个子程序模块,每个子程序模块完成一种特定功能,子程序也是用函数来实现的。对于一些需要经常使用的子程序可以按函数来设计,将自己所设计的功能函数作成一个专门的函数库,以供反复调用。C51 编译器中提供了丰富的运行库函数,用户可以根据需要随时调用。模块化的程序设计方法,可以大大提高编程效率。

（2）函数的定义

函数分两种:标准库函数和用户自定义函数。标准函数由编译器提供,不需要用户进行定义,可以直接调用;用户自定义函数由用户编写且能实现特定功能,但必须先进行定义之后才能调用。用户函数定义的一般形式为:

```
函数类型  函数名(形式参数表)
形式参数说明
{
    局部变量定义
    函数体语句
}
```

函数类型:函数返回值的类型。

函数名:自定义函数的名字。

形式参数表:列出在主调用函数与被调用函数之间传递数据的形式参数,形式参数的类型必须要加以说明。ANSI C 标准允许在形式参数表中直接对形式参数的类型进行说明。自定义函数可以是无参函数,但圆括号不能省略。

局部变量定义:对函数内部使用的变量进行定义。

函数体语句:完成该函数的特定功能的语句体。

空函数也是合法的函数,即语句体为空,只有一对花括号{}。实际应用中,在进行模块化

程序设计时,结构中的各模块先用空函数表示,相应的功能以后需要时再编写。例如:

```
        char func1(int x,char y)
        {
            Char u;
            u＝x＋y;
            return(u);
        }                        /＊注意:u 的类型要与返回值的类型一致＊/
        void func2()             /＊定义一个返回值为空类型的空函数＊/
```

3.2.6.2　函数的调用

(1) 函数调用的一般形式

C 语言程序中函数是可以互相调用的,函数调用就是在一个函数体中引用另一个已经定义了的函数,前者称为主调用函数,后者称为被调用函数。一般形式为:

> 函数名(实际参数表)

函数名:被调用函数的名称。

实际参数表:多个实际参数,各参数间用逗号分隔。实际参数的作用是将它的值传递给被调用函数中的形式参数。要求实际参数与形式参数必须在个数、类型、顺序严格保持一致。

函数调用主要有三种形式:

① 函数语句:在主调函数中将函数调用作为一条语句。

例如:

> fun1();　　　　/＊　无参调用,不许返回值,只完成设计功能　＊/

② 函数表达式:在主调函数中将函数调用作为一个运算对象直接出现在表达式中。

例如:

> C＝func1(x,y)＋func2(m,n);　　/＊　函数表达式中只取被调用函数的返回值　＊/

(3) 函数参数:主调函数将函数调用作为另一个函数调用的实际参数。例如:

> y＝func1(func2(m,n),k);　　　　/＊　属于嵌套调用　＊/

(2) 被调用函数说明

函数调用按照"先说明,后调用"的原则进行。

① 库函数的说明:在程序的开始处,用预处理命令＃include 将包含有关函数说明的头文件(扩展名为 .H)包含进来。例:＃include〈stdio.h〉,头文件 stdio.h 中包含有标准库输入输出函数的说明信息。

② 用户由定义函数的说明:被调函数与主调函数在同一个文件中时,一般在主调函数中对被调函数的类型进行说明,一般形式为:

> 类型标识符　被调函数名(形式参数表);

注意:函数的说明与函数的定义是两个不同的概念。函数的定义是对函数功能的确立,是一个完整的函数单位,圆括号后面无分号;函数的说明仅表示函数返回值的类型,圆括号后面有分号。

建议:在程序文件的开始处说明所有被调函数的类型,在主调函数中无须再对被调函数进行说明。否则一定要先在主调函数中说明被调函数的类型,然后再进行函数调用。

C语言程序中只允许函数的嵌套调用,不允许函数的嵌套定义。例如:

```
#include<stdio.h>
int func1(int x,inty);
void main()
{
    int  a,b;
    printf("input a and b: \n");
    scanf("%d %d",&a,&b);
    printf("func1=%d",func1(a,b));
}
int func1(int x,int y)
{
    int c;
    if(x>y)
      c=y;
    return(c);
}
```

3.2.6.3　函数的参数与函数的返回值

在进行函数调用时,主调用函数与被调用函数之间具有数据传递关系。这种数据传递是通过函数的参数实现的。在定义一个函数时,位于函数名后面圆括号中的变量名称为"形式参数",而在调用函数时,函数名后面括号中的表达式称为"实际参数"。

形式参数发生在函数调用之前,不占用内存单元也没有值。只有在发生函数调用时它才被分配内存单元,并获得从调用函数中实际参数传递过来的值。函数调用结束后,它所占用的内存单元也被择放。

实际参数可以是常数,也可以是变量或表达式,但要求它们具有确定的值。函数调用时,主调用函数将实际参数的值传递给被调用函数中的形式参数。显然,形式参数与实际参数的数据类型必须一致。

实际参数的传递方式有以下几种。

(1) 基本类型的实际参数传递(值传递)

当函数的参数是基本类型的变量时,主调函数将实际参数的值传递给被调函数中的形式参数。值传递是一种单向传递。

(2) 数组类型的实际参数传递(地址传递)

当函数的参数是数组类型的变量时,主调函数将实际参数数组的起始地址传递到被调函数中形式参数的临时存储单元。形式参数通过实际参数传来的地址,直接到主调函数中去存取相应的数组元素,形式参数的变化会改变实际参数的值,因此地址传递是一种双向传递。

(3) 指针类型的实际参数传递(地址传递)

当函数的参数是指针类型的变量时,主调函数将实际参数的地址传递给被调函数中形式参数的临时存储单元。执行被调函数时,也是直接到主调函数中去访问实际参数变量,形式参数的变化会改变实际参数的值。

3.2.6.4　函数的递归调用与再入函数

在调用一个函数的过程中又间接或直接地调用该函数本身,称为函数的递归调用。

例:计算阶乘函数 $f(n)=n!$,先计算 $f(n-1)=(n-1)!$,而计算 $f(n-1)$ 时又可先计算 $F(n-2)=(n-2)!$,这就是递归算法。再入函数是可以在函数内直接或间接调用其自身的一种函数,显然再入函数是可以进行进递调用的。再入函数的定义如下:

函数类型　函数名（形式参数表）[reentrant]

再入函数可被包括中断服务函数在内的任何函数调用。与非再入函数参数传递和局部变量的存储分配方法不同,C51 编译器为再入函数生成一个模拟栈,通过这个模拟栈来完成参数传递和存放局部变量。模拟栈所在的存储器空间根据再入函数存储器模式的不同,可为 DATA、PDATA 或 XDATA 空间。当程序中包含有多种存储器模式的再入函数时,C51 编译器为每种模式单独建立一个模拟栈并独立管理各自的栈指针。

再入函数有如下规定:

① 再入函数不能传送 bit 类型的参数,也不能定义一个局部位变量,再入函数不能包括位操作以及 8051 系列单片机的位寻址区;

② 与 PL/M51 兼容的函数不能具有 reentrant 属性,也不能调用再入函数;

③ 在编译时的存储器模式基础上为再入函数在内部或外部存储器中建立一个模拟堆栈区,称为再入栈。再入函数的局部变量及参数被放在再入栈中,从而保证再入函数的递归调用。而非再入函数的局部变量被放在再入栈之外的暂存区内,如果对非再入函数进行递归调用,则上次调用时使用的局部变量及参数将被覆盖;

④ 同一个程序中可以定义和使用不同存储器模式的再入函数,任意模式的再入函数不能调用不同模式的再入函数,但可任意调用非再入函数;

⑤ 实际参数可以传递给间接调用的再入函数。无再入属性的间接调用函数不能包含调用参数,但可以使用定义的全局变量来进行参数传递。

例:利用函数的递归调用计算整数的阶乘。

```c
#include<stdio. h>
fac(int n)reentrant
{
    If(n<1) return(1);
    else    return(n * fac(n-1));
}


main()
{
    int n;
    printf("please input a number: \n");
    scanf("%4d",&n);
    printf("fac(%4d)=%d\n",n,fac(n));
}
```

程序执行结果:

```
pleass input a number
3(回车)
fac(3)=6
```

采用函数的递归调用可以简化程序的结构,但是递归调用要求采用再入函数,以便利用再入栈来保存有关的局部变置数据,需要占据较大的内存空间,递归调用时对函数的处理速度也比较慢。一般情况下应尽量避免采用函数递归调用。

3.2.6.5 中断服务函数与寄存器组定义

C51 编译器支持在 C 语言源程序中直接编写 8051 单片机的中断服务函数程序。定义中断服务函数的一般形式为:

> 函数类型 函数名(形式参数表)[interrupt n][using n]

关键字 interrupt 后面的 n 是中断号,n 的取值范围为 0~31,编译器从 8n+3 处产生中断向量,具体的中断号 n 和中断向量取决于不同的 8051 系列单片机芯片。8051 单片机的常用中断源和中断向量如表 3.8 所示。

表 3-8   C51 中断编号

编号	中断源	中断向量(8n+3)
0	外部中断 0	0003H
1	定时/计数器 0	000BH
2	外部中断 1	0013H
3	定时/计数器 1	001BH
4	串行口中断	0023H

8051 系列单片机内部 RAM 中使用 4 个不同的工作寄存器组,每个寄存器组中包含 8 个工作寄存器(R0~R7)。C51 编译器使用关键字 using 来选择 8051 单片机中不同的工作寄存器组。using 后面的 n 是一个 0~3 的常整数,分别于 4 个不同的工作寄存器组一一对应。在定义中断函数时,using 选项可以缺省,由编译器选择一个寄存器组作绝对寄存器组访问。

注意:关键字 using 和 interrupt 的后面都不允许使用带运算符的表达式。带 using 属性的函数原则上不能返回 bit 类型的值。

using 和 interrupt 不允许用于外部函数。

using 选项对中断函数目标代码的影响如下:

在函数的入口处将当前工作寄存器组保护到堆栈中,指定的工作寄存器内容不会改变,中断函数返回之前将被保护的工作寄存器组从堆栈中恢复。

interrupt 中断函数目标代码的影响如下:

在进入中断函数时,特殊功能寄存器 ACC、B、DPH、DPL、PSW 将被保存入栈,如果不使用寄存组切换,则将中断函数中所用到的全部工作寄存器都入栈,函数返回之前,所有的寄存组内容出栈,中断函数必须由 8051 单片机指令 RETI 结束。

8051 单片机中断函数编写规则:

(1) 中断函数不能进行参数传递。如果中断函数中包含任何参数声明都将导致编译出错。

(2) 中断函数没有返回值。如果企图定义一个返回值将得到不正确的结果,建议将中断函数定义成 void 类型,以明确说明没有返回值。

(3) 不允许直接调用中断函数,否则会产生编译错误。因为中断函数的返回是由 8051 单片机指令 RETI 完成的,该指令影响 8051 单片机的硬件中断系统,在没有实际中断请求的情况下直接调用中断函数,RETI 指令的操作结果会产生一个致命的错误。

（4）如果中断函数中用到浮点运算，必须保存浮点寄存器的状态，当没有其他程序执行浮点运算时可以不保存。C5l 编译器的数学函数库 math. h 中，提供了保存浮点寄存器状态的库函数 fpsavc 和恢复浮点寄存器状态的库函数 fprestore。注：在高版本的 keil C51 编译环境下，不需要在用户程序中保护浮点寄存器的状态。

（5）如果在中断函数中调用了其他函数，则被调用函数所使用的寄存器组必须与中断函数相同。用户必须保证按要求使用相同的寄存器组，否则会产不正确的结果。

（6）C51 编译器从绝对地址 8n＋3 处产生一个中断向量，其中 n 为中断号。该向量包含一个到中断函数入口地址的绝对跳转。编译时，可用编译控制命令 NOINTVECTOR 抑制中断向量的产生，以便用户能够从独立的汇编程序模块中提供中断向量。

3.3 本 章 小 结

本章介绍了 MCS-51 单片机的基本组成，包括单片机的内部结构、引脚结构和功能、存储器结构、时钟复位电路等内容，是单片机系统应用的硬件基础，通过该部分内容的阐述使初学者能够建立对单片机的整体认识。同时，本章还讲述了开发单片机的 C 语言基础，介绍了开发单片机过程中所使用的 C 语言与传统 C 语言的异同点，重点介绍了在使用 C51 过程中数据存储空间的分配、特殊功能寄存器的定义等内容，通过阐述可使读者快速掌握 C51 的开发方法，为后续开发单片机应用程序奠定语言基础。

第4章 单片机工作原理

4.1 定时器/计数器

为了叙述方便,本章以 MCS-51 系列中的 8051 为讲解对象进行讨论。8051 单片机内部有两个 16 位可编程定时器/计数器:简称定时器 0(T0)和定时器 1(T1),他们既可以编程作为定时器使用,也可以编程作为计数器使用。

4.1.1 定时器/计数器的结构和功能

定时器/计数器的结构框图如图 4-1 所示。CPU 通过内部总线与定时器/计数器交换信息。16 位的定时器/计数器分别由两个 8 位专用寄存器组成,即定时器 T0 由 TH0 和 TL0 构成;定时器 T1 由 TH1 和 TL1 构成。此外,其内部还有两个 8 位的专用寄存器 TMOD 和 TCON。TMOD 是定时器的工作方式寄存器,主要用于确定定时器的工作方式;TCON 是控制寄存器,主要用于控制定时器的启动与停止。

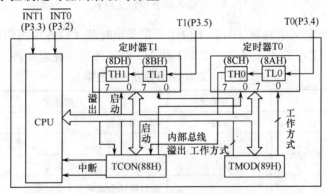

图 4-1 8051 定时器/计数器结构框图

16 位的定时器/计数器实质上是一个加法计数器。

当设置为定时工作方式时,对机器周期计数。这时计数器的加 1 信号由振荡器的 12 分频信号产生,即每经过一个机器周期计数值加 1,直至计满溢出。因为一个机器周期由 12 个振荡脉冲组成,所以计数频率为 $f_{osc}/12$。当晶振 $f_{osc}=12MHz$ 时,计数频率=1MHz,或计数周期为 $1\mu s$。从开始计数到溢出的这段时间就是所谓"定时"时间。在机器周期固定的情况下。定时时间同计数器事先装入的初值有关,初值越大,定时越短。

当设置为计数工作方式时,通过引脚 T0(P3.P4)和 T1(P3.P5)对外部脉冲信号计数。当 T0 或 T1 引脚输入的脉冲信号出现由 1 到 0 的负跳变时,计数器值加 1。CPU 在每个机器周期的 S5P2 期间采样 T0 和 T1 的引脚输入电平,若前一个机器周期采样值为 1,后一个机器周期采样值为 0,则在紧跟着的再下一个周期的 S3P1 期间,新的计数值装入计数器。因此检测一个从 1 到 0 的负跳变需要两个机器周期,即 24 个振荡周期,故最高计数频率为 $f_{osc}/24$。虽然对外部输入信号的占空比无特殊要求,但为了确保某个给定电平在变化前至少被采样一次,要求高电平(或低电平)保持时间至少要一个完整的机器周期。

当通过 CPU 用软件设定了定时器 T0 或 T1 的工作方式后,定时器就会按设定的工作方式独立运行,不再占用 CPU 的操作时间,除非定时器计满溢出,才可能中断 CPU 的当前操作。

除了可以选择定时方式或计数方式外,定时器 T0 或 T1 还有 4 种操作方式可供选择,即每个定时器可构成 4 种电路结构模式。

4.1.2 方式寄存器和控制寄存器

8051 设有两个 8 位专用寄存器 TMOD 和 TCON,用于定义定时器/计数器的操作方式和控制功能。定时器/计数器在工作前,必须由 CPU 将一些命令(或称控制字)写入定时器/计数器,将控制字写入定时器/计数器的过程称为定时器/计数器的初始化。

4.1.2.1 方式选择寄存器 TMOD

TMOD 用于定义 T0 和 T1 的操作方式,其各位的定义格式如图 4-2 所示

图 4-2 TMOD 各位定义格式

图中低 4 位用于定义定时器 T0,高 4 位用于定义定时器 T1,各位的作用如下:

(1) M1 和 M0:工作方式选择位。由 M1 和 M0 的 4 种组合确定 4 种工作方式,见表 4-1。

表 4-1 定时器/计数器方式选择

M1	M0	工作方式	功能说明
0	0	方式 0	13 位计数器
0	1	方式 1	16 位计数器
1	0	方式 2	自动再装入 8 位计数器
1	1	方式 3	定时器 0:分成两个 8 位计数器 定时器 1:停止计数

(2) $C/\overline{T}$:定时器/计数器功能选择位。当 $C/\overline{T}=0$ 时,作为定时器使用;当 $C/\overline{T}=1$ 时,作为计数器使用。

(3) GATE:门控位。用于控制定时器 T0 或 T1 的启动是否受外部引脚 $\overline{INT0}$ 或 $\overline{INT1}$ 的电平影响。当 GATE=0 时,不受外部引脚电平控制。只要用软件使 TR0 或 TR1 置 1 就可启动定时器工作;当 GATE=1 时,只有在 $\overline{INT0}$ 或 $\overline{INT1}$ 引脚为高电平,且将 TR0 或 TR1 置 1 时,才能启动定时器 T0 或 T1 工作。

TMOD 在内部 RAM 中的地址为 89H,它不能位寻址,只能用字节传送指令来设置定时器的工作方式。复位时,TMOD 所有位均清零。

4.1.2.2 控制寄存器 TCON

TCON 作为定时器/计数器的控制寄存器,其功能是控制定时器 T0 或 T1 的运行或停止,并标志定时器的溢出和中断情况。TCON 各位的定义格式如图 4-3 所示。

(1) TF1(TCON.7):定时器 T1 溢出标志。当 T1 溢出时,由硬件自动使 FT1 置 1,并向 CPU 申请中断。当进入中断服务程序时,由硬件自动将 TF1 清 0。TF1 也可以用软件清 0。

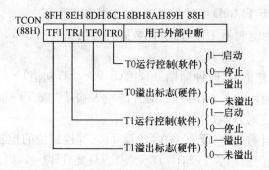

图 4-3 TCON 各位的定义格式

（2）TR1（TCON.6）：定时器 T1 运行控制位。由软件来置 1 或清 0。当 TR1 置 1 时，T1 启动工作；当 TR1 置 0 时. T1 停止工作。

（3）TF0（TCON.5）：定时器 T0 溢出标志。其功能和操作情况同 TF1。

（4）TR0（TCON.4）：定时器 T0 运行控制位。其功能及操作情况同 TR1。

（5）IE1（TCON.3）：外部中断 1（$\overline{INT1}$）请求标志。

（6）IT1（TCON.2）：外部中断 1 触发方式选择位。

（7）IE0（TCON.1）：外部中断 0（$\overline{INT0}$）请求标志。

（8）IT0（TCON.0）：外部中断 0 触发方式选择位。

TCON 中的低 4 位（IF1、IT1、IE0、IT0）与中断有关，其详细功能将在中断一章讨论。

TCON 在内部 RAM 中的字节地址为 88H，它是可以位寻址的。当系统复位时，TCON 的所有位均被清 0。

4.1.3 定时器/计数器的工作方式

定时器/计数器 T0 和 T1 有 4 种工作方式，即方式 0、方式 1、方式 2 和方式 3。这 4 种工作方式的选择是通过软件对 TMOD 中 M1、M0 的设置实现的。在方式 0~2 时，T0 和 T1 的用法完全一致，而在方式 3 时却不相同。下面以定时器 T0 为对象介绍方式 0、方式 1、方式 2 的工作原理，定时器 T1 与其相同。

4.1.3.1 方式 0

方式 0 是一个 13 位的定时器/计数器。图 4-4 为定时器 T0 在方式 0 下的逻辑结构图。

在方式 0 下，由 TL0 的低 5 位（高 3 位来用）和 TH0 的 8 位组成 13 位计数器。当 TL0 的低 5 位溢出时向 TH0 进位，而当 TH0 溢出时则向中断标志位 TF0 进位，由硬件置位 TF0，并申请中断。13 位计数器的启、停是受一些逻辑门控制的，选择定时还是计数则受逻辑软开关

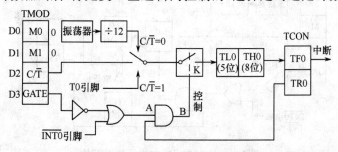

图 4-4 定时器 T0 方式 0 逻辑结构

$C/\overline{T}$ 的控制,这里 $C/\overline{T}$ 为 TMOD 中的控制位(位 2 或位 6)。

当 $C/\overline{T}=0$ 时,T0 为定时器工作方式,计数脉冲是由振荡器经 12 分频产生的,T0 对机器周期计数。其定时时间按下式计算:

$$T=(M-T0\ \text{初值})\times\text{时钟周期}\times 12=(8192-T0\ \text{初值})\times\text{时钟周期}\times 12$$

当 $C/\overline{T}=1$ 时,T0 为计数器工作方式,对外部输入端 T0 或 T1 的输入脉冲计数。当外部信号电平发生 1 到 0 跳变时,计数器加 1。

计数脉冲能否加到计数器上,受到 GATE 及 TR0 等控制位的控制。

当 GATE=0 时,或门输出为 1(与 $\overline{\text{INT0}}$ 无关)。只要 TR0=1,则与门输出为 1,控制开关接通计数器,允许 T0 在原有值上做加法计数,直至溢出。溢出时,13 位计数器置 0,TF0 置 1,并申请中断,T0 仍从 0 开始计数。若 TR0=0,则断开控制开关,停止计数。

当 GATE=1,并且 TR0=1 时,则或门、与门输出仅受 $\overline{\text{INT0}}$ 控制。这时外部信号电平通过 $\overline{\text{INT0}}$ 引脚直接开启或关断计数通道。即当 $\overline{\text{INT0}}$ 从 0 变为 1 则开始计数;若 $\overline{\text{INT0}}$ 从 1 变为 0 则停止计数。应用这种控制方法可以测量在 $\overline{\text{INT0}}$ 端出现的外部信号的脉冲宽度。

4.1.3.2 方式 1

方式 1 是一个 16 位的定时器/计数器。其结构(见图 4-5)和操作几乎与方式 0 完全一样、唯一的差别是,在方式 1 中,TL0 和 TH0 均为 8 位,TL0 和 TH0 一起构成了 16 位计数器。用于定时工作方式时,定时时间为:

$$T=(M-T0\ \text{初值})\times\text{时钟周期}\times 12=(65536-T0\ \text{初值})\times\text{时钟周期}\times 12$$

用于计数工作方式时,最大计数值为 $2^{16}=65536$。

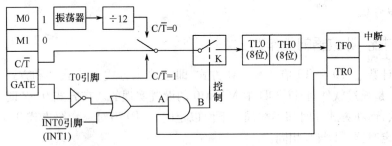

图 4-5 定时器 0 方式 1 逻辑结构

4.1.3.3 方式 2

方式 2 是把 16 位计数寄存器配置成一个可以自动重装载的 8 位计数器(TL0),如图 4-6 所示。

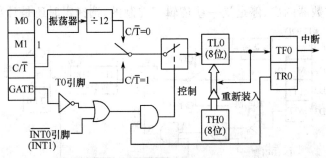

图 4-6 定时器 T0 方式 2 逻辑结构

在方式 0 和方式 1 中，当计满溢出时，寄存器全部为 0，若要进行下一次计数，还需用软件向 TH0 和 TL0 重新装入计数初值。而方式 2 中，16 位计数器被拆成两个，TL0 用作 8 位计数器，TH0 用以存放 8 位初值。在程序初始化时，TL0 和 TH0 由软件赋予相同的初值。计数过程中，若 TL0 计数溢出，一方面将 TF0 置 1，请求中断；另一方面打开三态门，自动将 TH0 中的初值重新装入 TL0 中，继续进行计数，重新装入不改变 TH0 中的值，故可多次循环重装入，直到命令停止计数。

方式 2 用于定时工作方式时，定时时间为：

$$T=(M-T0\ 初值)\times 时钟周期\times 12=(256-T0\ 初值)\times 时钟周期\times 12$$

用于计数工作方式时，最大计数值（TH0 初值＝0）是 $2^8=256$。

方式 2 对定时控制特别有用，并可产生相当精确的定时时间，尤其适合于作串行口波特率发生器（详细内容可参考其他教材）。

4.1.3.4 方式 3

方式 3 只适用于定时器 T0。在方式 3 下，T0 被分成两个相互独立的 8 位计数器 TL0 和 TH0，如图 4-7 所示。

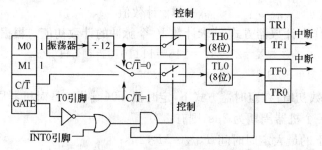

图 4-7 定时器 T0 方式 3 结构

当定时器 T0 工作于方式 3 时，TL0 使用 T0 本身的控制位、引脚和中断源：$C/\overline{T}$、GATE、TR0、TF0 和 T0（P3.4）引脚、$\overline{INT0}$（P3.2）引脚，并可工作于定时器方式或计数器方式。除仅用 8 位寄存器 TL0 外，其功能和操作情况同方式 0 和方式 1 一样。

由上图下半部分可见，TH0 只能工作在定时器状态，对机器周期进行计数，并且占用了定时器 T1 的控制位 TR1 和 TF1，同时占用了 T1 的中断源。TH0 的启动和关闭仅受 TR1 的控制。方式 3 为定时器 T0 增加了一个额外的 8 位定时器。

定时器 T1 没有方式 3 状态，若设置为方式 3，其效果与 TR1＝0 一样，定时器 T1 停止工作。

在定时器 T0 用作方式 3 时，T1 仍可设置为方式 0～2。由于 TR1、TF1 和 T1 的中断源均被定时器 T0 占用，此时只能通过 T1 控制位 $C/\overline{T}$ 来切换定时或计数。当计数溢出时，只能将输出送入串行口或用于不需要中断的场合。若将定时器 T1 作为串行口波特率发生器时，则应将定时器 T0 设置为工作方式 3，此时把 T1 设置为方式 2 作波特率发生器较为方便。

4.1.4 定时器/计数器应用举例

4.1.4.1 定时器/计数器的初始化

由于定时器/计数器的各种功能是由软件确定的，所以在使用它之前应对其进行编程初始化，主要是对 TCON 和 TMOD 编程，计算和装载 T0 和 T1 的计数初值。

（1）初始化步骤

① 确定定时器/计数器的工作方式：编程 TMOD 寄存器。

② 计算 T0 或 T1 中的计数初值,并将其写入 TH0、TL0 或 TH1、TL1。

③ 根据需要控制 CPU 对定时器/计数器的中断源的开放:编程 IE 寄存器。

④ 启动定时器/计数器工作:若要求用软件启动,则编程 TCON 中 TR0 或 TR1 位,将它们置 1;若由外中断引脚电平启动,则需给外引脚($\overline{\text{INT0}}$或$\overline{\text{INT1}}$)加启动电平。

(2) 计数初值的计算

根据上节内容所述,现将定时器/计数器初值的计算归纳如下。

① 计数器的计数初值:在不同的工作方式下,计数器位数不同,因而最大计数值也不一样。现设最大计数值为 M,其中:

方式 0:13 位计数器的最大计数值 $M=2^{13}=8192$;

方式 1:16 位计数器的最大计数值 $M=2^{16}=65536$;

方式 2:8 位计数器的最大计数值 $M=2^8=256$;

方式 3:定时器 T0 分为两个 8 位计数器,所以两个计数器的 M 均为 256。

设计数初值为 X。由于定时器/计数器是做"加 1"计数,并在计满溢出时产生中断,则 X 可由下式求出:

$$X=M-\text{计数值}$$

例如,设 T0 工作在计数器方式 2,求计数 10 个脉冲的计数初值。根据上式得:

$$X=2^8-10=246=11110101=\text{F5H}$$

因此,TH0=TL0=F5H。

② 定时器的计数初值:在定时器方式下,定时器 T0(或 T1)是对机器周期进行计数的,若主频 $f_{\text{osc}}=6\text{MHz}$,一个机器周期为 $2\mu\text{s}$,则有:

每种工作方式下的最大定时时间 $T_{\text{MAX}}=M\times2\mu\text{s}$;

方式 0:13 位定时器 $T_{\text{MAX}}=2^{13}\times2\mu\text{s}=16.384\text{ms}$;

方式 1:16 位定时器 $T_{\text{MAX}}=2^{16}\times2\mu\text{s}=131.072\text{ms}$;

方式 2:8 位定时器 $T_{\text{MAX}}=2^8\times2\mu\text{s}=512\mu\text{s}$。

对不同的时钟频率 f_{osc} 不同的 M 值,求取定时时间的公式如下:

$$T=(M-X)\times\text{时钟周期}\times12$$

例如,在 $f_{\text{osc}}=6\text{MHz}$ 情况下,若使 T1 工作在定时器方式 1,要求定时时间为 1ms,求计数初值 X。根据上式得:

$$1000\mu\text{s}=(2^{16}-X)\times2\mu\text{s} \qquad X=65536-500=65036=\text{FE0CH}$$

所以,TH1=FEH,TL1=0CH。

4.1.4.2 方式 0 和方式 1 的应用

【例 4-1】设单片机的 $f_{\text{osc}}=6\text{MHz}$,用定时器 T0 的方式 0 编程,在 P1.0 脚上输出周期为 1ms 的方波。

解:周期为 1ms 的方波要求定时时间为 $500\mu\text{s}$,每次定时溢出时将 P1.0 的状态取反。根据式

$$T=(M-\text{T0 初值})\times\text{时钟周期}\times12=(8192-\text{T0 初值})\times\text{时钟周期}\times12$$

求得:T0 初值=7942D=1111100000110B=1F06H。

所以,13 位计数器中,TH0 中放高 8 位二进制数:11111000;TL0 中低 5 位放:00110,高 3 位未用,可填 0。

即 TH0=F8H,TL0=06H。

方式 0 时 M1M0＝00，由于将 T0 作为定时器使用，且用软件启动 T0 工作，所以 C/$\overline{\text{T}}$＝0，GATE＝0。T1 不用，其对应的控制位一般取 0。故方式控制字 TMOD＝00H。当单片机系统复位后，TMOD 自动清 0，故此时可省去对 TOMD 的赋值。

采用查询方式（查询 TF0 的状态确定计数器是否溢出）设计的程序如下：

```
#include <reg51. h>
sbit P1_0 = P1^0;
main()
{
    TH0 = 0xF8;          //根据计算设定计数器初值
    TL0 = 0x06;
    TR0 = 1;                //启动定时器
    while(1)
    {
        if(TF0 == 1)    //判断定时溢出标志
        {
            TH0 = 0xF8;     //设定计数器初值
            TL0 = 0x06;
            TF0 = 0;             //清除标志位
            P1_0 = ! P1_0;     //将 P1.0 电平翻转
        }
    }
}
```

【例 4-2】用定时器 0 方式 1 在 P1.0 上产生周期为 2s 的方波。晶振频率为 12MHz。

解：①最大定时时间：

$$65536 \times 1\mu s = 65.536ms$$

该值小于 1 秒，因此在程序设计中需要增加软件计数器辅助计数。

② 选定定时 T＝50ms。

③ 据式 $T = (M - T0\ 初值) \times 时钟周期 \times 12 = (65536 - T0\ 初值) \times 时钟周期 \times 12$

求得 TH0＝3CH   TL0＝B0H

采用查询方式（查询 TF0 的状态确定计数器是否溢出）设计的程序如下：

```
#include <reg51. h>
sbit P1_0 = P1^0;
main()
{
    unsigned char i = 20;
    TMOD = 0x01;       //设定工作模式为 0
    TH0 = 0x3C;           //根据计算设定计数器初值
    TL0 = 0xB0;
    TR0 = 1;                 //启动定时器
while(1)
    {
        if(TF0 == 1)    //判断定时溢出标志
```

```
        {
            TH0 = 0x3C;      //设定计数器初值
            TL0 = 0xB0;
            TF0 = 0;              //清除标志位
            i = i - 1;
            if(i == 0)          //判断是否计满 20 次,即定时 1 秒
            {
                i = 20;
                P1_0 = ! P1_0;      //将 P1.0 电平翻转
            }
        }
    }
}
```

4.1.4.3　方式 2 的应用

【例 4-3】用定时器 T0 方式 2 计数,要求每计满 150 次,使 P1.0 端取反。

解:外部计数信号从 P3.4 脚引入,每次负跳变都使计数器加 1。由程序查询溢出标志 TF0。方式 2 具有初值自动重装入功能,初始化后不必再置初值。

根据公式:

$$T=(M-T0\ 初值)\times 时钟周期\times 12=(256-T0\ 初值)\times 时钟周期\times 12$$

求得:TH0=TL0=6AH。

① 定时器 T0 采用方式 2 计数,M1M0=10B;

② 计数信号从 P3.4 脚引入,因此 T0 应采用计数方式工作,$C/\overline{T}=1$;

综合①、②得 TMOD 为 06H。

程序如下:

```
#include <reg51.h>
sbit P1_0 = P1^0;
main()
{
    TMOD = 0x06;
    TH0 = 0x6A;
    TL0 = 0x6A;
    TR0 = 1;
    while(1)
    {
        if(TF0 == 1)
        {
            P1_0 = ! P1_0;
            TF0 = 0;
        }
    }
}
```

4.2 MCS-51单片机中断系统

中断方式可使CPU不必定时查询接口状态，而由接口在数据发送完毕或接收数据准备好后通知CPU,CPU通过执行一个中断服务程序来完成数据的传送。而当接口没有准备好时,CPU可以继续执行主程序,从而大大提高了CPU的工作效率。

4.2.1 中断的概念

所谓中断,是指CPU在正常运行程序时,由于CPU以外某一事件的发生(例如一个电平的变化、一个脉冲沿的产生、或定时/计数器溢出等),引起了CPU中断正在运行的程序,而转去为预先安排的该事件服务的程序中去执行。这些引起程序中断的事件称为中断源,不同的机器其中断源也是不一样的。中断源要求为其服务的请求称为中断请求(或申请),例如某些接口设备所发出的请求中断服务程序去处理的信号。中断请求信号何时发生不是预先知道的,但它们一旦产生,便会马上通知CPU,这样CPU就无须花费大量的时间去查询这些信号是否存在。当CPU接到中断请求信号后,便立即转去执行相应的中断服务程序。服务程序执行完后,CPU便返回原来所执行程序的中断处(称为断点)继续往下执行。如图4-8所示。

在实际应用中,常常会有多个中断源请求中断服务,因此,CPU响应这些中断就有个先后次序问题,这称为中断的优先级。优先级高的中断,CPU首先响应。在执行中断服务程序时,若产生了优先权较高的中断请求,这时CPU就暂停正在处理的优先权较低的中断,转去响应优先权较高的中断,等具有较高优先权的中断处理完毕后,再返回继续执行原来的中断处理程序。在执行某一中断服务程序时,如果有低级或同级中断申请,CPU均不响应。上述这种处理过程称为中断嵌套。具有中断嵌套功能的中断系统称为多级中断系统,否则称为单级中断系统。8051的5个中断源有两个优先级,可实现二级中断嵌套,二级中断嵌套的中断过程如图4-9所示。

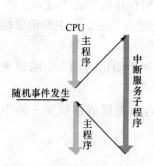

图4-8 中断流程示意图

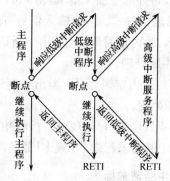

图4-9 二级中断嵌套的中断过程

4.2.2 MCS-51单片机中断系统

MCS-51单片机的51子系列有5个中断源,52子系列有6个中断源。为了叙述简便,下面以51子系列的8051为讲解对象进行讨论,51子系列的其他成员具有相同的中断结构。8051中断系统结构如图4-10所示。

由图可见,8051有5个中断源,它们是两个外部中断源,即$\overline{INT0}$和$\overline{INT1}$输入;两个片内定时器/计数器溢出中断源;一个片内串行口中断源,这5个中断源的优先级分为两级——高级

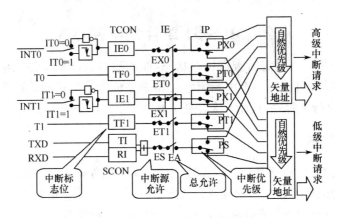

图 4-10　8051 中断系统结构

和低级。其中任何一个中断源的优先级均可由软件设定为高级或低级,能实现两级中断服务程序嵌套。

5 个中断源的中断要求能否得到响应,受中断允许寄存器 IE 中各位的控制;它们的优先级分别由中断优先级寄存器 IP 的各位确定;同一优先级内的各中断源同时申请中断时,还要通过内部的查询逻辑来确定响应的次序;不同的中断源有不同的中断矢量。各个中断源的中断矢量,系统设定见表 3-2 所列。

4.2.2.1　中断源

下面分别介绍 8051 的 5 个中断源。

① $\overline{INT0}$:外部中断 0 请求,由 P3.2 引脚输入。它有两种触发方式,通过 IT0(TCON.0)来决定是电平触发方式还是边沿触发方式。一旦输入信号有效,则向 CPU 申请中断,并且将中断标志 IE0 置 1。

② $\overline{INT1}$:外部中断 1 请求,由 P3.3 引脚输入。通过 IT1(TCON.2)来决定是电平触发方式还是边沿触发方式。一旦输入信号有效,则向 CPU 申请中断,并将中断标志 IE1 置 1。

③ TF0:片内定时器 T0 溢出中断请求。当定时器 T0 产生溢出时,T0 中断请求标志 TF0 置 1,请求中断处理。

④ TF1:片内定时器 T1 溢出中断请求。当定时器 T1 产生溢出时,T1 中断请求标志置 1,请求中断处理。

⑤ TI/RI:片内串行口发送/接收中断请求。当通过串行口发送或接收完一帧串行数据时,串行口中断请求标志 TI 或 RI 置 1,请求中断处理。

4.2.2.2　中断请求标志

中断请求是通过定时器/计数器控制寄存器(TCON)和串行控制寄存器(SCON)的有关位来标识的,只要判别这些位的状态就能确定有无中断请求及中断的来源。

(1) TCON 的中断标志

TCON 是专用寄存器,字节地址为 88H,它锁存了外部 $\overline{INT0}$ 和 $\overline{INT1}$ 的中断请求标志及 T0 和 T1 的溢出中断请求标志,与中断有关的位如下:

TCON	7	6	5	4	3	2	1	0
88H	TF1		TF0		IE1	IT1	IE0	IT0

① IT0:选择外部中断 0($\overline{INT0}$)触发方式控制位。

当 IT0＝0 时,为电平触发方式。在这种方式下,CPU 在每个机器周期的 S5P2 期间采样
$\overline{INT0}$(P3.2)引脚输入电平,若采样为低电平时,认为有中断申请,则置 IE0 标志为 1;若采样
为高电平,认为无中断申请或中断申请已撤销,则将 IE0 标志清 0。注意在电平触发方式下,
CPU 响应中断后不会自动清除 IE0 标志,也不能由软件清除 IE0 标志,所以在中断返回前,一
定要撤销$\overline{INT0}$引脚上的低电平,使 IE0 置 0,否则将再次引起中断。

当 IT0＝1 时,为边沿触发方式。CPU 在每个机器周期的 S5P2 期间采样$\overline{INT0}$引脚输入
电平,如果连续两次采样,一个机器周期中采样为高电平,接着下个机器周期中采样为低电平,
则置 IE0 标志为 1,表示外部中断 0 正在向 CPU 申请中断。当 CPU 响应该中断时,IE0 由硬
件自动清 0。由于每个机器周期采样一次外部中断输入电平,在边沿触发方式中,为保证 CPU
在两个机器周期内检测到由高到低的负跳变,必须保证外部中断源输入的高电平和低电平的
持续时间在 12 个时钟周期以上。

② IE0:外部中断 0($\overline{INT0}$)请求标志位。IE0＝1,外部中断 0 向 CPU 申请中断。

③ IT1:选择外部中断 1($\overline{INT1}$)触发方式控制位。其操作功能与 IT0 类同。

④ IE1:外部中断 1($\overline{INT1}$)请求标志位。IE1＝1 时,外部中断 1 向 CPU 申请中断。

⑤ TF0:片内定时器 T0 溢出中断请求标志。T0 被启动后,从初始值开始进行加 1 计数,
当最高位产生溢出时置 TF0＝1,向 CPU 申请中断,直到 CPU 响应该中断时,才由硬件自动
将 TF0 清 0,也可由软件查询该标志,并用软件清 0。

⑥ TF1:片内定时器 T1 溢出中断请求标志,其操作功能与 TF0 类同。

(2) SCON 的中断标志

SCON 也是专用寄存器,字节地址为 98H,其低 2 位锁存了串行口发送/接收中断请求标
志 TI/RI,与中断有关的位如下:

SCON	7	6	5	4	3	2	1	0
98H							TI	RI

① TI:串行口发送中断标志位。当 CPU 将一个数据写入发送缓冲器 SBUF 时,就启动发
送,每发送完一个串行帧,由硬件置 TI＝1,向 CPU 发中断申请。因 CPU 响应中断时并不清
除 TI,所以必须由软件清除。

② RI:串行口接收中断标志位。当允许串行口接收数据时,每接收完一个串行帧,由硬件
置 RI＝1,向 CPU 发中断申请。CPU 响应中断时也不会自动清除 RI,因此必须由软件清除。

8051 系统复位后,TCON 和 SCON 中各位均被清 0。

4.2.2.3 中断控制

8051 单片机的中断控制主要实现中断的开放或屏蔽及中断优先级的管理功能。中断控
制的设定是通过中断允许寄存器 IE 和中断优先级寄存器 IP 的编程实现。

(1) 中断允许寄存器 IE

专用寄存器 IE 的字节地址为 A8H,通过对 IE 的编程写入,控制 CPU 对中断源的开放或
禁止,以及每一中断源是否允许中断。其格式如下:

IE	7	6	5	4	3	2	1	0
A8H	EA			ES	ET1	EX1	ET0	EX0

① EA:CPU 中断总允许位。EA＝1,CPU 开放中断,这时每个中断源的中断请求被允

许或禁止,取决于各自中断允许位的置 1 或清 0;EA＝0,CPU 屏蔽所有的中断请求,即关中断。

② ES:串行口中断允许位。ES＝1,允许串行口中断;ES＝0,禁止串行口中断。

③ ET1:定时器 T1 溢出中断允许位。ET1＝1,允许 T1 中断;ET1＝0,禁止 T1 中断。

④ EX1:外部中断 1($\overline{INT1}$)中断允许位。EX1＝1,允许外部中断 1 中断;EX1＝0,禁止外部中断 1 中断。

⑤ ET0:定时器 T0 溢出中断允许位。ET0＝1,允许 T0 中断;ET0＝0,禁止 T0 中断。

⑥ EX0:外部中断 0($\overline{INT0}$)中断允许位。EX0＝1,允许外部中断 0 中断;EX0＝0,禁止外部中断 0 中断。

8051 系统复位后,IE 中各位均被清 0,即处于禁止所有中断的状态。若要开放某一中断,可在系统初始化程序中对 IE 寄存器编程。

例如,要以中断方式使用 T1,可以采用字节操作方式实现:

```
IE=0x88;
```

也可以采用位操作方式实现:

```
EA=1;
ET1=1;
```

(2) 中断优先级寄存器 IP

8051 单片机中断系统具有两级中断优先级管理。每一个中断源均可通过对中断优先级寄存器 IP 的设置,选择高优先级中断或低优先级中断,并可实现二级中断嵌套。

中断优先级管理遵循的基本原则是:高优先级中断源可中断正在执行的低优先级中断服务程序,除非在执行低优先级服务程序时,设置了 CPU 关中断或禁止某些高优先级中断源的中断;同级或低优先级中断源不能中断正在执行的中断服务程序。

为了符合上述原则,在中断系统内部设置了两个用户不可访问的优先级状态触发器。其中一个是高优先级状态触发器,置 1 时表示当前服务的中断是高优先级的,以阻止其他中断申请;另一个是低优先级状态触发器,置 1 时表示当前服务的中断是低优先级的,它允许被高优先级的中断申请所中断。

专用寄存器 IP 的字节地址为 B8H,通过对 IP 的编程,可实现将 5 个中断源分别设置为高优先级中断或低优先级中断。其格式如下:

IP	7	6	5	4	3	2	1	0
B8H				PS	PT1	PX1	PT0	PX0

① PS:串行口中断优先级控制位。PS＝1,高优先级;PS＝0,低优先级。

② PT1:片内定时器 T1 中断优先级控制位。PT1＝1,高优先级;PT1＝0,低优先级。

③ PX1:外部中断$\overline{INT1}$中断优先级控制位。PX1＝1,高优先级;PX1＝0,低优先级。

④ PT0:片内定时器 T0 中断优先级控制位。PT0＝1,高优先级;PT0＝0,低优先级。

⑤ PX0:外部中断$\overline{INT0}$中断优先级控制位。PX0＝1,高优先级;PX0＝0,低优先级。

当系统复位时,IP 寄存器被清 0,将 5 个中断源均设置为低优先级中断。

如果同一级的几个中断源同时向 CPU 申请中断,CPU 便通过内部硬件查询逻辑按自然优先级决定响应顺序。各中断源按自然优先级由高到低的排列顺序如表 4-2 所示。

表 4-2 同级中断源硬件优先级顺序

中断源	同级内的优先级
外部中断 0(IE0)	最高级
定时器 T0 溢出中断(TF0)	
外部中断 1(IE1)	↓
定时器 T1 溢出中断(TF1)	
串行口中断(RI＋TI)	最低级

表 4-2 同级中断源硬件优先级顺序

注意:这种"同级内的优先级"结构仅用来解决相同优先级中断的同时请求问题,而不能中断正在执行的相同优先级的中断服务。

4.2.2.4 中断处理过程

中断处理过程分为三个阶段,即中断响应、中断处理和中断返回。

(1) 中断响应

中断响应是指在满足 CPU 的中断响应条件之后。CPU 对中断源中断请求的回答。在这个阶段,CPU 要完成中断服务以前的所有准备工作,包括保护断点及把程序转向中断服务程序的入口地址。

① 中断响应的条件:CPU 响应中断的基本条件如下。

✦ 有中断源发出中断申请;

✦ 中断总允许位$\overline{EA}$＝1,即 CPU 开放中断;

✦ 请求中断的中断源的中断允许位置 1,即该中断源可以向 CPU 发中断申请。

CPU 在每个机器周期的 S5P2 期间,采样中断源,而在下一个机器周期的 S6 期间按优先级顺序查询各中断标志,如查询到某个中断标志为 1,将在下一个机器周期 S1 期间按优先级顺序进行中断处理。但在下列任何一种情况存在时,中断响应会被阻止:

✦ CPU 正在执行同级或高一级的中断服务程序;

✦ 现行机器周期不是正在执行的指令的最后一个机器周期,即现行指令完成前,不响应任何中断请求;

✦ 当前正在执行的是中断返回指令 RETI 或访问专用寄存器 IE 或 IP 的指令。也就是说,在执行 RETI 或是访问 IE、IP 的指令后,至少需要再执行一条其他指令。才会响应中断请求。

中断查询在每个机器周期都要重复执行。如果 CPU 响应中断的基本条件已满足,但由于上述三个封锁条件之一而未做及时响应,待封锁中断的条件撤销后,若中断标志也已消失,则本次被拖延的中断申请就不会再被响应。

② 中断响应过程:如果中断响应的条件满足,且不存在中断封锁的情况,则 CPU 将响应中断,进入中断响应周期。

CPU 在中断响应周期要完成下列操作:

✦ 将相应的优先级状态触发器置 1;

✦ 由硬件清除相应的中断请求标志;

✦ 执行一条由硬件生成的长调用指令 LCALL。该指令将自动把断点地址(PC 值)压入堆栈保护起来,然后将对应的中断入口地址送入程序计数器(PC),使程序转向该中断入口地址,去执行中断服务程序。

各中断源的中断服务程序入口地址见表 4-3。

表 4-3　中断向量表及编号

中断源	入口地址	C 编译器中编号
外部中断 0	0003H	1
定时器 T0 中断	000BH	2
外部中断 1	0013H	3
定时器 T1 中断	001BH	4
串行口中断	0023H	5

由于各中断服务程序入口地址仅间隔 8 个字节,因此通常在这些入口地址处存放一条无条件转移指令,控制程序转到用户安排好的中断服务程序起始地址去执行。

在使用 C 语言开发过程中,编译器为每个中断设定了一个编号,在编译过程中会根据中断编号为中断服务程序设定入口地址,用户可以不必理会入口地址和转移指令等问题。C 语言编译器中指定的中断编号如表 4-3 所示。中断服务函数编写格式如下:

```
函数名      interrupt      编号
void intT0()    interrupt      1
{


}
```

(2) 中断服务与返回

中断服务程序从入口地址开始执行,一直到返回指令"RETI"为止,这个过程称为中断服务。

在中断服务中首先要做的事情是保护现场,即在执行中断处理程序之前,先将主程序中已用到并存有数据的累加器、PSW 寄存器及其他一些寄存器的内容压入堆栈保护起来,以免当在中断服务程序中用到上述寄存器时,破坏了它们原来的内容。保护好现场后,再执行中断服务程序;在返回主程序以前,再恢复现场。

这里强调指出在编写中断服务程序时应注意的几点:

① 因各入口地址之间只相隔 8 个字节,一般的中断服务程序是存放不下的,所以通常在中断入口地址单元处存放一条无条件转移指令,这样就可使中断服务程序灵活地安排在 64KB 程序存储器的任何空间。

② 若要在执行当前中断程序时禁止更高优先级中断,可先用软件关闭 CPU 中断,或禁止某中断源中断,在中断返回前再开放中断。

③ 在保护现场和恢复现场时,为了不使现场数据受到破坏或造成混乱,通常规定 CPU 不响应新的中断请求。因此在编写中断服务程序时,应注意在保护现场之前要关中断。在保护现场之后根据需要开中断,以便允许更高级的中断请求中断它。在恢复现场之前也应关中断,恢复现场后再开中断。

中断服务程序的最后一条是返回指令 RETI,RETI 指令的执行标志着中断服务程序的结束,该指令将清除响应中断时被置位的优先级状态触发器,然后自动将断点地址从栈顶弹出,装入程序计数器(PC),使程序返回到被中断的程序断点处,继续向下执行。

(3) 中断请求的撤除

CPU 响应中断请求后,在中断返回(RETI)前,该中断请求信号必须撤除,否则会引起另外一次中断。

但以上几种中断被响应时,中断请求标志并非都能被清除,这一点应引起注意,采用边沿触发的外部中断标志 IE0 或 IE1 和定时器中断标志 TF0 或 TF1,CPU 响应中断后,能用硬件自动清除,无需采取其他措施。但在电平触发时,IE0 或 IE1 受外部引脚中断信号($\overline{INT0}$ 或 $\overline{INT1}$)直接控制,CPU 无法控制 IE0 或 IE1,需要另外考虑撤除中断请求信号的措施,如通过外加硬件电路,并配合软件来解决;串行口中断请求标志 TI 和 RI 也不能用硬件自动清除,需要在中断服务程序中,用软件来清除相应的中断请求标志。

（4）中断响应时间

中断响应时间是指从中断请求产生到 CPU 转向中断服务程序入口处所花费的时间。我们知道,CPU 不是在任何情况下对中断请求都予以响应,且不同的情况对中断响应的时间也是不一样的。下面以外部中断为例,说明中断响应的时间。

外部中断 $\overline{INT0}$ 和 INT1 的电平在每个机器周期的 S5P2 期间,经反相后锁存到 IE0 和 IE1 标志位,CPU 在下一个机器周期才会查询到新置入的 IE0 和 IE1。如果这时满足中断响应条件,CPU 响应中断（即执行一条由硬件生成的 LCALL 指令）,转入中断服务程序入口。由于执行 LCALL 指令要花费两个机器周期,因此,从外部中断请求有效到开始执行中断服务程序的第一条指令,中间要隔三个完整的机器周期,这是最短的响应时间。

若中断响应条件得不到满足,则需要更长的中断响应时间。可分为以下三种情况:

① 若现行查询周期不是现行指令最后一个机器周期,那么增加的等待时间不会超过三个周期,因为一条指令的最长时间为 4 个周期（MUL 和 DIV 指令）。

② 若当前指令为 RETI 或访问 IE 或 IP 指令,执行该类指令占一个机器周期。其后需再执行一条指令（最多占 4 个机器周期）,才能响应中断请求,则增加的等待时间不会超过 5 个周期。

在上述两种情况下,中断响应时间在 3～8 个机器周期之间。

③ 若当前正在处理同级或更高级中断,则额外等待时间取决于所执行的中断服务程序的长短。

4.2.3 外中断源的扩展

MCS-51 列单片机设置了两个外部中断源输入端口。当所设计的应用系统需要两个以上外中断源时,就要进行外中断源的扩展。

4.2.3.1 利用定时器/计数器扩充外中断源

这种方法是利用定时器/计数器的外部事件计数输入端作为边沿触发器的外部中断输入端。我们知道,定时器/计数器 0 和 1 有两个溢出中断标志和两个外部计数引脚 T0(P3.4)、T1(P3.5),如果将定时器/计数器设置为计数方式,并将计数器初值设为满量程值,即全 1 状态,则当在 T0 或 T1 端出现一个由 1 至 0 的负跳变时,计数器加 1 产生溢出中断,此时的溢出中断标志 TF0 或 TF1 就作为外部中断请求标志,其对应的中断入口地址是 000BH 或 001BH。通过这种方法,就可以将 T0 和 T1 端作为附加的外部中断输入端。

例如,将定时器 T1 设置为方式 2 外部计数方式,TH1、TL1 的初值均为 FFH,允许 T1 中断,且 CPU 开放中断。有关的初始化程序如下:

```
TMOD＝0x60;      //置 T1 为方式 2
TL1＝0xFF;       //初始化为满量程值
```

```
TH1=0xFF;
EA=1;          //开中断
ET1=1;         //T1 允许中断
TR1=1;         //启动 T1,允许中断
```

当连接在 T1(P3.5)引脚的外部中断请求输入端出现一个负跳变信号时,TL1 计数加 1,产生溢出,置 TF1 为 1,向 CPU 申请中断。同时 TH1 的内容 FFH 又装入 TL1。T1 引脚每输入一个负跳变,TF1 都会置 1,并向 CPU 申请中断。

4.2.3.2　用中断和查询结合法扩充外中断源

当外部中断源比较多时,利用一个外部中断输入线 $\overline{INT0}$(或 $\overline{INT1}$),采用集电极开路的非门构成或非电路,就可以实现多个外部中断源的扩展,如图 4-11 所示。

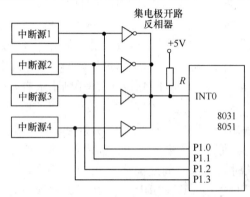

图 4-11　多外部中断源扩展

图中同一个外部中断输入引脚 $\overline{INT0}$ 上接有 4 个中断源。这 4 个中断源均经"OC"门以"线或"的方法向 $\overline{INT0}$ 请求中断。无论哪个中断源提出中断请求,都会使 $\overline{INT0}$ 引脚变低,究竟是哪个外部中断源引起的中断,可以通过查询 P1.0～P1.3 的逻辑电平获知,这 4 个中断源的优先级由软件排队决定。设中断优先级按中断源 1 至中断源 4 由高到低顺序排列,所以软件查询次序从 P1.0 开始。

$\overline{INT0}$ 中断服务程序段如下:

```
void int_INT0()    interrupt    0
{
    unsigned char temp;
    temp = P1 & 0x0F;  //消除高 4 位影响
    switch(temp)
    {
        0x01:serv1();break;
        0x02:serv2();break;
        0x04:serv3();break;
        0x08:serv4();break;
    }
}
```

其中,serv1、serv2、serv3、serv4 为用户根据系统设计情况编写的服务函数。

4.2.4 中断系统的应用

从上面的讨论可以看到,中断控制就是对 4 个与中断有关的专用寄存器 TCON、SCON、IE 和 IP 进行管理和控制。只要这些寄存器的相应位按照希望的要求进行了设置,CPU 就会按照我们的意愿对中断源进行管理和控制。中断管理与控制一般是在主程序中进行,并且按照下列顺序进行:

① 外部中断请求的触发方式;

② 各中断源优先级别的设定;

③ 某中断源中断请求的允许和禁止;

④ CPU 总中断的开放与关闭。

下面通过几个例子说明中断的控制和应用。

【例 4-4】用定时器 0 方式 1 在 P1.0 上产生周期为 2s 的方波,晶振频率为 12MHz。

解:① 最大定时时间: $65536 \times 1\mu s = 65.536ms$

该值小于 1 秒,因此在程序设计中需要增加软件计数器辅助计数。

② 选定定时:$T = 50ms$。

③ 根据公式:

$$T = (M - T0\ 初值) \times 时钟周期 \times 12 = (65536 - T0\ 初值) \times 时钟周期 \times 12$$

求得 TH0=3CH,TL0=B0H。程序如下:

```
# include <reg51. h>
sbit P1_0 = P1^0;
unsigned char i = 20;
main()
{
      TMOD = 0x01;
      TH0 = 0x3C;
      TL0 = 0xB0;
      TR0 = 1;
      IE = 0x82;
      while(1){}
}
void   intT0()   interrupt 1 //T0 定时中断处理函数
{
      TH0 = 0x3C;   //定时器中断时间间隔 50ms
      TL0 = 0xB0;
      i = i-1;
      if(i == 0)
      {
            i=20;
            P1_0 = ! P1_0;
      }
}
```

【例 4-5】利用图 4-12 中给定的电路设计发光二极管显示程序,每一时刻只点亮一个发光二极管,每按一次按键点亮的二极管顺序移位。

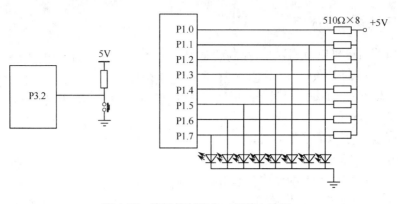

图 4-12 按键控制发光二极管电路图

```
#include <reg51.h>
unsigned char i = 0;
main()
{
    IT0 = 1;
    PX0 = 1;
    EX0 = 1;
    EA = 1;
    while(1){}
}


void  int_INT0(void)  interrupt 0 //中断处理函数
{
    i = (i + 1) % 8;
    switch(i)
    {
        case 0：P1 = 0xFE；break；
        case 1：P1 = 0xFD；break；
        case 2：P1 = 0xFB；break；
        case 3：P1 = 0xF7；break；
        case 4：P1 = 0xEF；break；
        case 5：P1 = 0xDF；break；
        case 6：P1 = 0xBF；break；
        case 7：P1 = 0x7F；break；
    }
}
```

4.3 单片机系统扩展

MCS-51 系列单片机结构紧凑,功能齐全,只用很少的外围电路就能构成最小应用系统。但单片机内部资源毕竟有限,在许多应用场合,单片机自身的存储器和 I/O 口等资源已不能满足要求,这就要求对单片机进行系统扩展,系统扩展内容包括存储器扩展和I/O接口扩展。本节将介绍单片机的外部存储器扩展,包括程序存储器的扩展和数据存储器的扩展两个部分。

4.3.1 单片机的片外总线结构

单片机是通过其片外引脚进行系统扩展的,即在片外连接相应的外围芯片以满足应用系统的要求。MCS-51系列单片机的总线引脚结构如图4-13所示。

总线是连接系统中各扩展部件的一组公共信号线,单片机的片外引脚也呈三总线结构,如图4-13所示。这三总线是地址总线(AB)、数据总线(DB)和控制总线(CB),所有的外部芯片都是通过这三组总线进行扩展的。

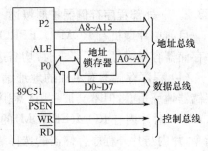

图4-13 MCS-51系列单片机总线引脚结构

4.3.1.1 地址总线(AB)

地址总线(Address Bus,AB)用于传送单片机发出的地址信号,以便进行存储单元和I/O端口的选择。地址总线是单向的,只能由单片机向外发出。地址总线的数目决定了可直接访问的存储单元的数目。

MCS-51单片机的地址总线由P0口构成低8位(A7～A0),P2口构成高8位(A15～A8),地址总线宽度为16位,故可寻址范围为64KB。

由于P0口还作数据总线口,只能分时用作地址总线,故P0口的低8位地址信息必须用锁存器锁存。先传送低8位地址,利用ALE信号的下降沿将地址锁存,然后作为8位双向数据总线使用。P2口本身具有输出锁存功能,故不需外加锁存器。P0、P2口在系统扩展中用作地址线后,就不能再作为一般I/O口使用。

4.3.1.2 数据总线(DB)

数据总线(Data Bus,DB)用于在单片机与存储器之间或单片机与I/O端口之间传送数据。单片机系统数据总线的位数与其处理数据的字长一致,数据总线总是双向的。

MCS-51单片机的数据总线由P0口提供,宽度为8位,该口为三态双向口。通过数据总线实现CPU与存储器或外设之间的信息交换。数据总线一般要连到多个外围芯片上,哪个芯片的数据通道有效则由地址控制各个芯片的片选线来选择。

4.3.1.3 控制总线(CB)

控制总线(Control Bus,CB)是一组控制信号线,包括单片机发出的,以及从其他部件送给单片机的。对于一条控制信号线而言,其传送方向是单向的。

单片机的控制总线按功能可分为片外系统扩展用控制线和片外信号对单片机的控制线。系统扩展用控制线有$\overline{WR}$、$\overline{RD}$、$\overline{PSEN}$、ALE、$\overline{EA}$。

① $\overline{PSEN}$:访问外部程序存储器(EPROM)时,用作读选通,即读片外EPROM时,不用$\overline{RD}$信号。

② $\overline{WR}$、$\overline{RD}$:访问外部数据存储器(RAM)时,用这两个信号进行读/写控制,当执行片外数据存储器的操作指令MOVX@DPTR或MOVX@Ri时,这两个控制信号自动生成。

③ ALE:地址锁存允许,用于锁存P0口输出低8位地址控制线。在ALE的下降沿将P0口输出的地址字节装入外部锁存器。

④ $\overline{EA}$:用来选择片内或片外程序存储器。

$\overline{EA}=0$ 时,不论片内有无程序存储器,只访问外部程序存储器。

$\overline{EA}=1$ 时,地址不超过 0FFFH(对 8052 是 1FFFH),只访问片内 ROM/EPROM,然后是访问外部程序存储器的 1000H～FFFFH 单元(对 8052 是 2000H～FFFFH),对片内无 ROM/EPROM 的单片机,扩展时 $\overline{EA}$ 必须接地。

4.3.2 外部程序存储器扩展

4.3.2.1 外部程序存储器扩展概述

目前单片微机有 ROM 型、EPROM 型和无 ROM 型芯片。不管使用哪种芯片,当片内程序存储器容量满足不了要求时,均需进行系统扩展。扩展时要注意以下几点:

(1) 程序存储器有单独的地址编号(0000H～FFFFH),可寻址 64KB 范围。虽然与数据存储器地址重叠,但不会被占用。程序存储器与数据存储器共用地址总线和数据总线。

(2) 对片内有 ROM(EPROM)的单片机,片内 EPROM 与片外 EPROM 采用相同的操作指令,片内与片外程序存储器的选择靠硬件结构实现,即由 $\overline{EA}$ 的高低电平来选择。

(3) 程序存储器使用单独的控制信号和指令,其数据读取控制及指令不用数据存储器的 $\overline{RD}$ 信号和 MOVX 指令,而是由 $\overline{PSEN}$ 控制,读取数据用 MOVC 查表指令。

(4) 随着大规模集成电路的发展,单片程序存储器的容量越来越大,构成系统时所使用的 EPROM 芯片数量越来越少,因此地址选择大多采用线选法,而不用地址译码法。

MCS-51 系列单片机外部 EPROM 扩展原理如图 4-14 所示。

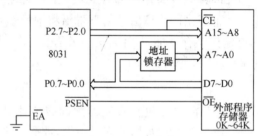

图 4-14 外部 EPROM 扩展原理

由图可见,P0 口和 P2 口提供 16 位地址码。其中 P0 口作为分时复用的地址/数据总线。当从外部 EPROM 取指令时,从 P0 口输出低 8 位地址,由 ALE 地址锁存允许信号的下降沿将低 8 位地址码打入地址锁存器,它的输出与存储器的低 8 位地址 A7～A0 相连。存储器的 8 位数据线 D7～D0 与 P0 口相连,以便输入读取的指令代码。在一个只读存储器读周期中,P0 口前半周期输出低 8 位地址码,后半周期输入读取的指令代码。

由 P2 口输出高 8 位地址码。由于 P2 口输出有锁存功能,而且在整个读指令周期内不作他用,故直接与存储器的高 8 位地址 A15～A8 相连。

主机的 $\overline{PSEN}$ 为外部程序存储器选通信号,它与存储器的 $\overline{OE}$(指令代码输出选通)信号相连。外部程序存储器读周期时序如图 4-15 所示。

由图可见,在访问外部程序存储器的机器周期(6 个状态)内,高电平有效的地址锁存选通信号 ALE 和低电平有效的外部 EPROM 读选通信号 $\overline{PSEN}$ 均产生两次有效信号。这表明,在一个机器周期内,CPU 可对外部 EPROM 进行二次访问。可见访问程序存储器的速度较快,实际读取指令码周期与主机的时钟频率有关。

在访问内部程序存储器时,$\overline{PSEN}$ 信号将无输出。在访问外部程序存储器周期,$\overline{PSEN}$ 只输出一次有效信号。

　　EPROM 芯片的片选端$\overline{CE}$如何连接,与单片机系统的地址分配和硬件结构有关。可以直接接地;可以与 P2 口某位以线选法直接相连;也可以通过译码器的输出进行相连,应视具体设计情况而定。

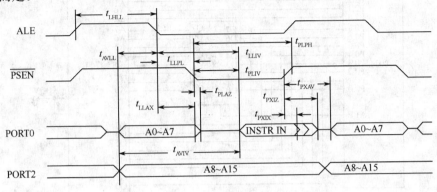

图 4-15　外部 EPROM 读周期时序

4.3.2.2　程序存储器的扩展方法

　　由于 EPROM 的容量越来越大,通常只需扩展一片或两片 EPROM 即可满足要求。目前应用较多的:EPROM 芯片为 Intel 公司的典型系列芯片 2716(2K×8)、2764(4K×8)、2764(8K×8)、27128(16K×8)、27256(32K×8)及 27512(64K×8)等。

　　单片机一般采用片内无 ROM 的 8031,扩展程序存储器时,一般扩展容量大于 256 字节,故 EPROM 地址线除由 P0 口经地址锁存器提供低 8 位外,还需由 P2 口提供若干高位地址线。

　　(1) 单片程序存储器扩展

　　以 8031 单片机外部扩展 EPROM 2764 为例。2764A 为8K×8 位容量,采用单一＋5V 电源,工作电流为 75mA,维持电流为 35mA,读出时间最大为 250ns,28 脚双列直插式封装,引脚排列图如图 4-16 所示,其功能如下。

　　A12～A0:13 根地址线;

　　O7～O0:8 根数据输出线;

　　$\overline{OE}$:输出允许线;

　　$\overline{CE}$:片选线;

　　V_{PP}:编程电压;

　　$\overline{PGM}$:编程脉冲输入;

　　N.C:空脚、不用。

V_{CC}	1		28	V_{CC}
A12	2		27	$\overline{PGM}$
A7	3		26	N.C
A6	4		25	A8
A5	5		24	A9
A4	6	2764A	23	A11
A3	7	8K×8	22	$\overline{OE}$
A2	8		21	A10
A1	9		20	$\overline{CE}$
A0	10		19	O7
O0	11		18	O6
O1	12		17	O5
O2	13		16	O4
GND	14		15	O3

图 4-16　2764A 引脚图

　　单片机 8031 与 2764 的连接如图 4-17 所示。

　　8031 单片机的 P0 口一方面与 2764 的数据总线 O7～O0 相连。以便从 2764 输入读取的指令代码;另一方面通过地址锁存器 74LS373 在 ALE 锁存允许信号控制下,锁存低 8 位地址码,输出给 2764 的 A7～A0,利用 P2 口的 P2.4～P2.0 直接与 2764 的 A12～A8 相连,输出高4 位地址码。2764 的片选端直接接地,表示该片始终选中,这是单片存储器扩展常用的方法。

　　2764A 有 5 种工作方式,如表 4-4 所示。

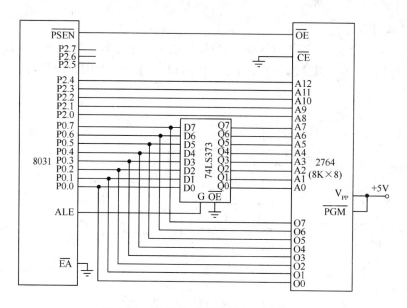

图 4-17 8031 与 EPROM 2764 连接图

表 4-4 2764A 工作方式选择

方式 \ 引脚 状态	$\overline{CE}$	$\overline{OE}$	$\overline{PGM}$	V_{PP}	V_{CC}	$O0 \sim O7$
读	0	0	1	5V	5V	D_{OUT}
维持	1	×	×	5V	5V	高阻
编程	0	1	0	12.5V	6V	D_{IN}
编程校验	0	0	1	12.5V	6V	D_{OUT}
编程禁止	1	×	×	12.5V	6V	高阻

在图 4-17 中,采用 74LS373 作为低 8 位地址锁存器。

采用线选法时 P2.5 可与 $\overline{CE}$ 相连,余下的 P2.6,P2.7 可作为其他功能芯片的片选信号线;图 4-17 中 $\overline{CE}$ 接地,V_{PP} 和 $\overline{PGM}$ 接 +5V,这时的 EPROM 存储空间为 0000H~1FFFH,共 8K 字节。

当用户熟悉了其他的 EPROM 芯片后,很容易改成其他容量的 EPROM 扩展电路。所有的 EPROM 扩展电路中,8031 的 $\overline{PSEN}$ 信号均与 EPROM 的输出允许端($\overline{OE}$ 或 $\overline{OE}/V_{PP}$)相连,ALE 信号直接加到带有三态门的 8D 锁存器(74LS373,8282)的锁存控制端 G 或 STB,以锁存低 8 位地址。扩展一片 EPROM 时,其片选端 $\overline{CE}$ 接地。由于 8031 只使用片外存储器,$\overline{EA}$ 必须接地。

如果 8031 要扩展 16K×8 的 EPROM 27128,只是地址线为 14 根:A13~A0。其引脚配置仅将 2764A 的 N.C(26 脚)改为 A13,其余完全相同。连线时只需将 P2.5 接 27128 的 A13,余下的 P2.6(或 P2.7)可接 27128 的片选端 $\overline{CE}$。

(2) 多片程序存储器扩展

在一个较复杂的应用系统中,有时需扩展多片 EPROM 程序存储器。多片扩展时,各片的数据线、地址线和控制线都并行挂接在系统三总线上。只有各片的片选信号 $\overline{CE}$ 要分别处理。

产生片选控制信号的方法有两种,即线选法和译码法。

① 线选法:即用所需的低位地址线进行片内存储单元寻址,余下的高位地址线可分别作各芯片的片选信号,当某芯片对应的片选地址线输出有效电平时,该片 EPROM 作选通操作。

图 4-18 所示为采用线选法扩展三片 2764A 的电路原理图。

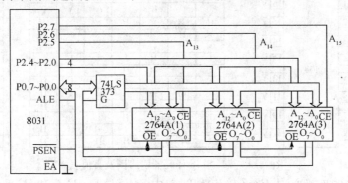

图 4-18　采用线选法扩展 3 片 EPROM 2764A 电路原理图

从图可知，扩展三片 2764A 除 $\overline{CE}$ 片选信号外，其余完全同 8031 扩展一片 2764A 的电路设计。图中三片 2764A 的三个片选端 $\overline{CE}$ 分别与 8031 的高位地址线 P2.5、P2.6 和 P2.7 相连。当 A13、A14、A15 分别为低电平时，选中对应的 2764A 芯片。因此，三片程序存储器每一片的地址范围是：

2764A(1)地址范围：1100 0000 0000 0000B～1101 1111 1111 1111 1111B
　　　　　　　　C000H～DFFFH

2764A(2)地址范围：1010 0000 0000 0000B～1011 1111 1111 1111 1111B
　　　　　　　　A000H～BFFFH

2764A(3)地址范围：011 0 0000 0000 0000B～0111 1111 1111 1111 1111B
　　　　　　　　6000H～7FFFH

由此可见，该扩展系统的三片 2764A，占用了全部 16 根地址总线，但寻址的范围之和却只有 24KB，且地址范围不连续。事实上存在着较大的空间浪费。因此，线选法适用于系统中存储器和接口资源较少的情况。

②译码法：所谓译码法是指由低位地址线进行片内寻址，高位地址线经过译码器译码产生各片的片选信号。译码法又分为全译码和部分译码两种方式。

全译码方式是将所余的高位地址线全部参与译码，即作为译码器的输入线，译码器的输出作为片选线。在全译码片选方式下，每个芯片的地址范围是唯一的，不存在地址重叠问题。

部分译码方式是取所余高位地址线中的部分线参与译码，译码器的输出作片选线。在这种方式下，由于没有参与译码的高位地址线的状态不确定，使得各芯片的地址不唯一，存在着地址重叠。

在译码法中，常用译码器有 74LS138 和 74LS139 等，74LS138 的引脚图和逻辑功能真值表分别如图 4-19 所示。

74LS138 是 3-8 译码器，有三个选择输入端，对应 8 种输入状态。输出端有 8 个，每个输出端分别对应 8 种输入状态中的一种，0 电平有效，即对应每种输入状态，仅允许一个输出端为 0 电平，其余全为 1。另外还有三个片选控制引脚 $\overline{E1}$、$\overline{E2}$ 和 E3，只有当同时满足 E3＝1、$\overline{E2}$＝0 和 $\overline{E1}$＝0 时，才能选通译码器，否则译码器输出全无效。

74LS139 是双 2-4 译码器，每个译码器仅有一个片选端，低电平选通；有两个选择输入（A、B），4 个译码输出（$\overline{Y0}$～$\overline{Y3}$），输出低电平有效。

图 4-20 所示为采用译码法扩展三片 2764A 的电路原理图。图中采用的译码器为

输入						输出		
$\overline{E}_1$	$\overline{E}_2$	E_3	A_0	A_1	A_2	$\overline{Y}_0$		$\overline{Y}_7$
H	×	×	×	×	×	H		H
×	H	×	×	×	×	H		H
×	×	L	×	×	×	H		H
L	L	H	L	L	L	L		H
L	L	H	H	L	L	H	…	H
L	L	H	L	H	L	H		H
L	L	H	H	H	L	H		H
L	L	H	L	L	H	H		H
L	L	H	H	L	H	H		H
L	L	H	L	H	H	H		H
L	L	H	H	H	H	H		L

图 4-19　74LS138 译码器引脚图及真值表

74LS139。按图中的连接方法,P2.7 输出为 0,选中 74LS139。P2.6 和 P2.5 两根地址线组成的 4 种状态可选中位于不同地址空间的芯片。各芯片对应的存储地址范围如下。

2764A(1)地址范围:0000H~1FFFH

2764A(2)地址范围:2000H~3FFFH

2764A(3)地址范围:4000H~5FFFH

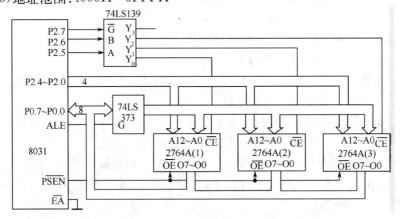

图 4-20　采用译码法扩展三片 EPROM 2764A

Y3 对应的寻址范围是 6000H~7FFFH,未被使用。

由此可见,上述经译码器扩展的三片 EPROM 地址是连续的,也是唯一的。

4.3.3　外部数据存储器扩展

4.3.3.1　外部数据存储器扩展概述

MCS-51 系列单片机的片内 RAM 只有 128 字节(8051 型)或 256 字节(8052 型),一般不能满足用户要求,通常要进行 RAM 扩展,扩展时要注意以下几点:

(1) RAM 与 EPROM 地址重叠编号(0000H~FFFFH),寻址范围为 64KB,使用不同的控制信号和指令。但 I/O 口及外设与 RAM 实行统一编址,即任何扩展的 I/O 口及外设均占用 RAM 地址。

(2) 因地址完全重叠,RAM 与 EPROM 地址总线、数据总线可完全并联使用,但 RAM 只使用 $\overline{WR}$ 和 $\overline{RD}$ 控制线,而不用 EPROM 的 $\overline{PSEN}$。

(3) 访问内部 RAM 还是外部 RAM,应选用不同的指令。当访问内部 RAM 时,必须选用 MOV 指令;而访问外部 RAM 时,则应选用 MOVX 指令。在使用 C 语言开发程序时,一般是通过定义存储位置来区分数据是存放在内部 RAM 中还是外部 RAM 中。

① 内部 RAM 区,使用 data、idata、bdata 进行声明。

✦ data:内部 RAM 的低 128 字节 00H~7FH

例如:

    unsigned char data i;

✦ idata:整个内部 RAM 区共 256 字节 00H~FFH

例如:

    unsigned char idata i;

✦ bdata:内部 RAM 的可按位访问区 20H~2FH

例如:

    unsigned char bdata i;

② 外部 RAM 区,使用 xdata、pdata 进行声明,最大访问范围为 64KB。

✦ xdata:可访问整个外部 RAM 区 0000H~FFFFH

    movx ACC,@DPTR   (DPTR 为 16 位)

✦ pdata:可访问外部 RAM 的连续 256B 范围

    movx ACC,@Rx   (Rx 为 8 位)

在上述例子中仅对变量进行了存储器位置的限定,编译器会根据实际程序编写情况自行为变量指定具体存储器地址。而在某些情况下,编程者希望能够确切知道变量的具体存储地址,因此,编译器还提供了关键字_at_可以为每个变量指定具体地址,其书写格式如下:

    〔存储区〕变量类型 变量名 _at_ 常量

例如:声明一个 char 类型的变量 number,存放它的位置在内部 RAM 的 40H 处。

    idata char number _at_ 0x40;

例如:声明一个 int 类型的变量 number,存放它的位置在外部 RAM 的 0FFFH 处。

    xdata int number _at_ 0x0FFF;

此外,在声明外部存储器变量时,C 编译器还提供了 XBYTE 宏定义的方式,格式如下:

    #define 变量名 XBYTE〔物理地址〕

例如:声明一个 int 类型的变量 number,存放它的位置在外部 RAM 的 0FFFH 处。

    #define number XBYTE〔0x0FFF〕

外部 RAM 扩展原理框图如图 4-21 所示。

RAM 扩展电路与 EPROM 扩展电路相似,使用的地址线,数据线用法完全相同。扩展 RAM 时,主机的 $\overline{RD}$ 和 $\overline{WR}$ 信号直接与 RAM 的读/写选通信号 $\overline{WE}$ 和 $\overline{OE}$ 相连。RAM 芯片的片选信号 $\overline{CS}$ 按总体地址分配连接,如果系统中有 I/O 口扩展及外设扩展,由于 I/O 口及外设共有 RAM 的 64K 地址空间,因此各器件的片选要统一编址。

访问外部 RAM 的操作时序如图 4-22 所示。

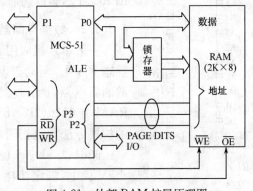

图 4-21 外部 RAM 扩展原理图

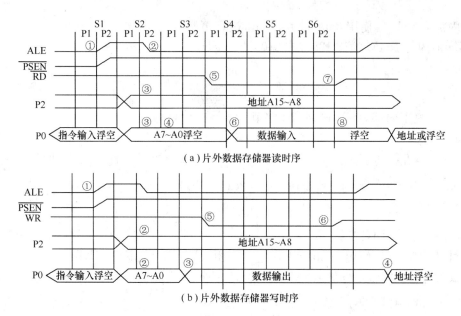

（a）片外数据存储器读时序

（b）片外数据存储器写时序

图 4-22　外部 RAM 读/写操作时序

　　访问外部数据存储器指令均为单字节双周期指令，第一个机器周期是对程序存储器读取指令码，第二个机器周期则对外部 RAM 进行读/写操作。图（b）为访问外部 RAM 指令周期的第二个机器周期。前半个机器周期，由 P0 口提供低 8 位地址，在 ALE 的下降沿将 P0 口输出的低 8 位地址打入地址锁存器。由 P2 口输出高 8 位的地址，在后半个机器周期将出现在 P0 口总线上的数据通过读/写信号控制读入 CPU 或写入外部 RAM 单元。

　　在进行外部 RAM 的读/写操作周期，ALE 地址锁存允许信号只在前半个机器周期出现一次，完成低 8 位地址写入地址锁存器。这个机器周期的 $\overline{\text{PSEN}}$ 信号无效，维持高电平，因此程序存储器不会被选通。

　　MCS-51 系列单片机的数据存储器和程序存储器虽然共用 16 位地址总线（各寻址 64K）而地址空间能相互独立，是因为程序存储器用单片机的 $\overline{\text{PSEN}}$ 信号选通，而数据存储器则用 $\overline{\text{RD}}$、$\overline{\text{WR}}$ 信号选通。

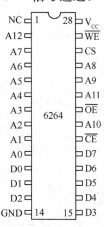

图 4-23　6264 引脚图

　　从外部程序存储器的操作时序图 3-34 可看出，在整个取指周期，读/写信号 $\overline{\text{RD}}$、$\overline{\text{WR}}$ 始终为高电平，RAM 不会被选通。当访问外部 RAM 的周期内，$\overline{\text{RD}}$ 或 $\overline{\text{WR}}$ 有效时，PSEN 始终为高电平（无效），EPROM 不会被选通。

4.3.3.2　数据存储器扩展

　　一般单片机应用系统，外部 RAM 的容量通常不会太大，大多选用静态 RAM。与动态 RAM 相比，静态 RAM 不必考虑保持数据而设置的刷新电路，因此它与主机的硬件连接简单、方便。最常用的静态 RAM 有 6116（2K×8）和 6264（8K×8）两种芯片。RAM 6116 和 6264 的扩展方法大致相同，这里仅介绍 6264 的扩展方法。

　　6264 为 8K×8 位的静态 RAM 芯片，采用 CMOS 工艺制造，单一 +5V 供电，额定功耗 200mW，典型存取时间为 200ns，28 线双列直插封装，其引脚如图 4-23 所示，各引脚功能如下。

A12~A0:13 根地址线；

D7~D0:8 根双向数据线；

$\overline{CE1}$:片选线 1；

CE2:片选线 2；

$\overline{OE}$:读出允许线；

$\overline{WE}$:写入允许线。

6264 的工作方式选择见表 4-5。

表 4-5　6264 工作方式选择

方式＼引脚（状态）	$\overline{CE1}$	CE2	$\overline{OE}$	$\overline{WE}$	D7~D0
未选中(掉电)	1	×	×	×	高阻
未选中(掉电)	×	0	×	×	高阻
输出禁止	0	1	1	1	高阻
读	0	1	0	1	D_{OUT}
写	0	1	0	0	D_{IN}

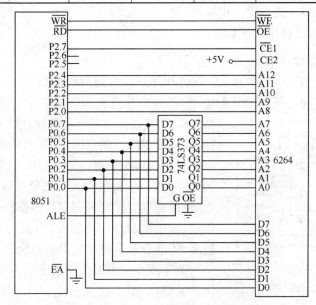

图 4-24　8031 扩展一片 RAM 6264

8031 扩展一片 RAM 6264 的电路连接如图 4-24 所示。考虑到系统中还可能有其他 I/O 口或外设连接，可采用 P2 口空余位线选 6264，如图中使 P2.7 接 $\overline{CE1}$，第二片选线 CE2 接高电平，保持一直有效状态。

按照这种片选方法，6264 的 8K 地址范围不唯一，0000H~1FFFH 是一种地址范围。当在该片 RAM 的 0000H 单元定义一个数据 i 和完成读/写操作时，可用下列指令：

```
＃define i XBYTE [0x0000]
```

写操作：i=0x55；(0x55 为任意想写入 0x0000 存储位置的数据)。

读操作：temp＝i；(temp 为其他变量)。

当单片机应用系统需扩展多片数据存储器时，视情况可以采用线选法寻址或译码法寻址，其扩展方法类似于程序存储器的线选法和译码法，这里不在赘述。

4.4　单片机键盘及显示接口

目前,单片机在工业测量、自动化控制、仪器仪表等领域有着较为广泛的应用。作为一个单片机应用系统,无论是用于测量领域还是控制领域都存在一个与人进行信息交互的问题。如单片机应用系统在工作过程中,往往要将测量到的数据或工作状态随时显示或打印出来,因此在系统设计时要考虑到显示接口和打印机接口;而对系统工作参数的设置、工作状态的更改往往需通过键盘输入来实现。因此,作为一个较为完整的单片机应用系统,还应包括键盘接口。本章将讨论单片机应用系统中较为常用的几种键盘和显示接口的原理和设计方法。

4.4.1　键盘接口原理

对于需要人工干预的单片机应用系统,键盘就成为人机联系的必要手段。此时需配置适当的键盘输入设备,微机所用键盘有全编码键盘和非编码键盘两种,全编码键盘能够由硬件逻辑自动提供被按下键的编码,此外,一般还具有去抖动和多键、窜键等保护电路。这种键盘使用方便,但需较多的硬件,价格贵,一般的单片机应用系统较少采用。

非编码键盘只简单地提供键盘矩阵,其他工作都由软件来完成。由于其构成灵活,经济实用,目前在单片机应用系统中使用较多。

4.4.1.1　键盘工作原理

键盘按照不同结构可以分为独立式按键和阵列式按键两种类型,但其基本功能就是将机械式的开合状态转换为电气上的高低电平,再由单片机识别高低电平情况来获取按键状态。

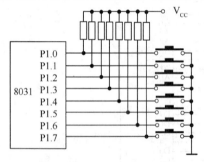

图 4-25　独立式按键结构

图 4-25 为使用单片机 P1 口设计的 8 个独立式按键电路,在无按键闭合的情况下 P1 口的电平全部提高,在有按键闭合的情况下对应 I/O 口电平为低,单片机通过查询方式判断 P1 口的输入状态便可以获得有无按键的信息,进而根据程序设定完成具体操作。这种的键盘结构简单,按键识别程序也简单,但是占用的 I/O 口资源比较多,不适合需要较多按键的系统。

为了减少按键对 I/O 资源的占用,可以采用阵列式结构的键盘,图 4-26 是一个 4×4 的阵列式键盘结构图,图中行线通过电阻接+5V,当键盘上没有键闭合时,所有的行线(X0～X3)和列线(Y0～Y3)断开,行线均呈高电平。当键盘上某一键闭合时,该键所对应的行线与列线短路。例如 9 号键按下时,行线 X2 和列线 Y1 短路,此时行线 X2 的电平由Y1 决定。如果把行线接到微机的输入口,列线接到微机输出口,在微机控制下,先使列线 Y0 为低电平(0),其余三根 Y1、Y2、Y3 均为高电平。然后通过输入口读行线状态。如果 4 根行线均为高电平,说明在 Y0 这一列线上没有键闭合;如果读出的行线状态不全为高电平,则说明为低电平的那根行线与 Y0 相交的键处于闭合状态,若 Y0 这列上没有键闭合,接着使列线 Y1 为低电平,其余三根列线 Y0、Y2、Y3 为高电平。用同样方法检查 Y1 这一列键上有无键闭合。以此类推。用同样

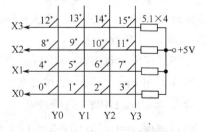

图 4-26　阵列式键盘结构

方法检查其余两根列线上有无键闭合。这种逐行逐列地检查键盘状态的过程称为对键盘的一次扫描。

目前,无论是按键或键盘大部分都是利用机械触点的合、断作用。机械触点在闭合及断开瞬间由于弹性作用的影响,在闭合及断开瞬间均有抖动过程,从而使电压信号也出现抖动,抖动时间的长短与开关的机械特性有关,一般为5~10ms,机械触点键盘在开关过程中的电压信号波形如图4-27所示。

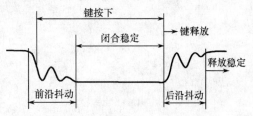

图 4-27 机械触点键盘电压信号波形

微机对键盘进行一次扫描仅需几百微秒。这样将会使键盘扫描产生错误的判断。为了保证 CPU 对键的一次闭合仅作一次输入处理,必须去除抖动影响。

通常去除抖动影响有两种方法,一是在硬件上采取在键输出端加 RS 触发器或单稳态电路构成去抖动电路;另一种方法是在检测到有键按下时,执行 10ms 左右的延时程序后(避开前沿抖动区),再确认(扫描)该键电平是否仍保持闭合状态时的电平,若仍保持为闭合状态电平,则说明该键确实处于闭合状态,从而消除了抖动影响。

键盘的扫描由键盘扫描控制程序来完成,在这个控制程序中应主要解决下述任务:

① 监测有无按键按下;

② 有键按下后,在无硬件去抖动电路时,应用软件延时的方法消除抖动的影响;

③ 有可靠的、满足要求的逻辑处理方法。如键锁定功能,即只处理一个键。其间任何一个按下又松开的键不产生影响。不管一次按键持续多长时间,仅执行一次按键功能程序等;

④ 输出确定的键值以满足散转程序的要求。

4.4.1.2 键盘的控制方式

在单片机应用系统中,扫描键盘只是 CPU 的工作任务之一。在实际应用中要想做到既能及时响应键操作,又不过多占用 CPU 的工作时间,就要根据应用系统中 CPU 的忙闲情况,键盘的使用频度等来适当的选择键盘的控制方式。

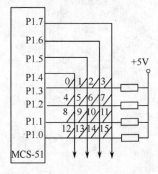

图 4-28　8031 与 4×4 键盘
的接口电路

(1) 程序控制扫描方式

这种方法是只有当 CPU 空闲时才调用键盘扫描程序,查询键盘并给予相应处理。比如图 4-25 是 8031 用 P1 口分别控制 8 个独立式按键的接口电路,该电路 P1 口中的每个 I/O 口独立控制一个按键,无按键按下时 P1 口上为高电平;当有按键按下时,对应 I/O 口为低电平。可以通过程序查询 P1 口的状态获取按键开合的信息,然后根据情况采取相应的操作。这种键盘结构接口简单,程序设计也简单,但是占用 I/O 口线的资源比较多,不适合多输入按键的场合应用。为此,可以采用如图 4-28 所示的阵列式的电路结构,在这个电路中,P1.0~P1.3 作键盘的行扫描输入线,P1.4~P1.7 作列扫描输出线。键扫描程序如下:

```
#include <reg51.h>
#define uchar unsigned char
void delay_10ms(void);
```

```c
uchar scan_key(void);

main()
{
    uchar key;
    while(1)
    {
        key = scan_key();
    }
}

void delay_10ms(void)
{
    unsigned int i;
    for(i=0;i<1940;i++)
    {}
}

uchar scan_key(void)
{
    uchar key_num;
    uchar key_temp;

    P1 = 0x0f;
    key_temp = P1 & 0x0f;
    if(key_temp ! = 0x0f)
    {
        delay_10ms();
        P1 = 0x0f;
        key_temp = P1 & 0x0f;
        if(key_temp ! = 0x0f)
        {
            P1 = 0xef;   //扫描第一列
            key_temp = P1 & 0x0f;
            if(key_temp ! = 0x0f)
            {
                switch(key_temp)
                {
                    case 0x07:key_num = 0;break;
                    case 0x0b:key_num = 4;break;
                    case 0x0d:key_num = 8;break;
                    case 0x0e:key_num = 12;break;
                }
            }
```

```
        else
        {
            P1 = 0xdf;  //扫描第二列
            key_temp = P1 & 0x0f;
            if(key_temp ! = 0x0f)
            {
                switch(key_temp)
                {
                    case 0x07:key_num = 1;break;
                    case 0x0b:key_num = 5;break;
                    case 0x0d:key_num = 9;break;
                    case 0x0e:key_num = 13;break;
                }
            }
            else
            {
                P1 = 0xbf;  //扫描第三列
                key_temp = P1 & 0x0f;
                if(key_temp ! = 0x0f)
                {
                    switch(key_temp)
                    {
                        case 0x07:key_num = 2;break;
                        case 0x0b:key_num = 5;break;
                        case 0x0d:key_num = 10;break;
                        case 0x0e:key_num = 14;break;
                    }
                }
                else
                {
                    P1 = 0x7f;  //扫描第四列
                    key_temp = P1 & 0x0f;
                    if(key_temp ! = 0x0f)
                    {
                        switch(key_temp)
                        {
                            case 0x07:key_num = 3;break;
                            case 0x0b:key_num = 6;break;
                            case 0x0d:key_num = 11;break;
                            case 0x0e:key_num = 15;break;
                        }
                    }
                }
```

```
            }
        }
        return key_num;
    }
    else
    {
        return 0xff;    //无按键
    }
}
else
{
    return 0xff;    //无按键
}
}
```

（1）中断控制方式

中断控制方式又分两种。

① 定时控制方式：CPU 对键盘的扫描采用定时方式，即每隔一定时间对键盘扫描一次。

在这种方式中，通常利用单片机内部的定时器，产生一定时间（可根据实际情况确定）的定时中断，CPU 响应中断后，在中断服务程序中对键盘进行扫描。

这种控制方式虽然也能较及时地响应键入的命令或数据，但与程序控制方式类似，不管键盘上有无键按下，CPU 总要定时扫描键盘。而单片机应用系统在工作时，并不经常需要键输入，因此 CPU 经常还是处于空扫描状态。

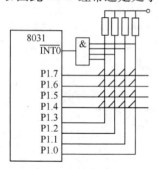

图 4-29 外部中断控制
的键盘接口电路

② 外部中断控制方式：此种控制方式是只有在键盘有键按下时，才会发出中断申请，CPU 响应中断请求后，在中断服务程序中对键盘进行扫描。图 4-29 为外部中断控制方式的简易接口电路。

该键盘接口由 8031 P1 口构成。键盘的列线与 P1 口的低 4 位相接，键盘的行线接到 P1 口的高 4 位。P1.0～P1.3 作为列输入线，P1.4～P1.7 作行输出线。图中与门的 4 个输入端分别接在 4 根列输入线上。其与门输出接 8031 的外部中断 0 引脚 $\overline{\text{INT0}}$。初始化时，使行线全部输出为"0"，若无键按下，4 根列线状态全部为"1"，与门输出为"1"，无中断请求信号。当有键按下时，则 4 根列线中一定有一根其状态为"0"，与门输出为"0"，向 CPU 发出中断请求信号。若 CPU 开放外部中断，则响应中断请求，进入中断服务程序。在中断服务程序中执行前面举例的键盘扫描程序，程序如下：

```
#include <reg51.h>
#define uchar unsigned char
void delay_10ms(void);
uchar scan_key(void);
```

```
        bit INT0_flag = 0;

main()
{
        uchar key;
        INT0_flag = 0;
        IT0 = 1;        //下降沿触发
        EX0 = 1;        //开启中断 INT0
        EA  = 1;        //开启总中断

        while(1)
        {
                if(INT0_flag == 1)
                {
                        INT0_flag = 0;
                        EX0 = 0;  //关闭中断,避免多次触发
                        key = scan_key(); //读取按键值
                        EX0 = 1; //开启中断,准备读取下次按键
                }
        }
}
void int_INT0() interrupt 0
{
        INT0_flag = 1;
}
```

4.4.2 显示器接口原理

可用于单片机应用系统的显示器件种类很多,但最常用的主要有两种:发光二极管(Light . Emittmg Diode),即 LED 显示器;液晶显示(Liquid Crystal Display),即 LCD 显示器。从结构上,两种显示器又可分为段码显示和点阵显示。

LED 显示器价格低廉,工作稳定,发光强度较强且机械性能好。因此在普通单片机应用系统中最常见的是 LED 显示器。

4.4.2.1 **LED 显示器结构与工作原理**

LED 显示器是单片机应用系统中常用的廉价输出设备。它是由若干个发光二极管组成的,当发光二极管导通时,相应的一个点或一段笔画发亮。控制不同组合的二极管导通,就能显示出各种字符。常用的八段显示器的结构如图 4-30 所示。八段发光管分别称为 a、b、c、d、e、f、g、dp。

LED 显示器可分为共阴极和共阳极两种结构。二极管的阳极连在一起的称为共阳极显示器,阴极连在一起的称为共阴极显示器。有的显示器发光二极管排成点阵式结构,一个发光二极管导通,点亮一个点,这种显示器显示出的字符逼真,显示的字符种类较多。但控制电路较复杂。笔画式的八段显示器与点阵式显示器相比,显示的字符种类少,字符形状有些失真,

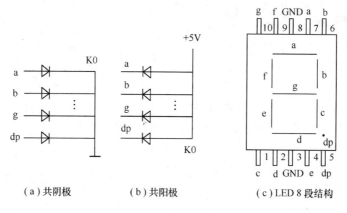

（a）共阴极　　　　（b）共阳极　　　　（c）LED 8 段结构

图 4-30　　八段显示器结构

但控制简单，使用较方便。

如何使显示器显示数字和字符呢？以笔画式共阴极显示器为例，当要显示数字"0"时，只要使 a、b、c、d、e、f 段亮，g、dp 两段不亮。即 a～f 段的阳极加高电平"1"，g、dp 段阳极加低电平"0"，公共阴极接低电平"0"，显示器便显示"0"。加到各段阳极上的电平不同，则可控制显示器显示出不同的字符和数字。若以 a 段对应 8 位二进制的最低位，dp 对应最高位来组成段码，八段 LED 显示器（共阴极）显示字符，数字与段码对应关系如下表所示，共阳极显示器的段码与共阴极显示器的段码是逻辑非的关系。所以，对下表中的共阴极显示器段码求反，即可得到共阳极显示器的段码。

4.4.2.2　LED 显示器的静态和动态显示方式

1. 静态显示方式

LED 显示器工作在静态显示方式时，共阴极（或共阳极）点连接在一起接地（或＋5V），每块 LED 的段选线（a～dp）分别与一个 8 位并行接口相连。图 4-31 为 4 位 LED 静态显示器电路，表 4-6 给出了八段显示器的显示的字符，数字与段选码。该电路每 1 位块（LED）可以单独显示一个数字或字符。由于每 1 位块由一个 8 位并行接口控制段选码，因此同一时间每 1 位所显示的字符可以各不相同。显然，需要显示的位数越多，则 8 位并行接口的数量也越多。

这种显示方式的字符显示亮度比较好、比较稳定、软件简单，但占用的端口太多。

表 4-6　八段显示器显示的字符、数字与段选码

显示字符	dp	g	t	e	d	c	b	a	段选码
0	0	0	1	1	1	1	1	1	3F
1	0	0	0	0	0	1	1	0	06
2	0	1	0	1	1	0	1	1	5B
3	0	1	0	0	1	1	1	1	4F
4	0	1	1	0	0	1	1	0	66
5	0	1	1	0	1	1	0	1	6D
6	0	1	1	1	1	1	0	1	7D
7	0	0	0	0	0	1	1	1	07
8	0	1	1	1	1	1	1	1	7F
9	0	1	1	0	1	1	1	1	6F
A	0	1	1	1	0	1	1	1	77

显示字符	dp	g	f	e	d	c	b	a	段选码
b	0	1	1	1	1	1	0	0	7C
c	0	0	1	1	1	0	0	1	39
d	0	1	0	1	1	1	1	0	5E
E	0	1	1	1	1	0	0	1	79
F	0	1	1	1	0	0	0	1	71
P	0	1	1	1	0	0	1	1	73
=.	1	1	0	0	1	0	0	0	C3

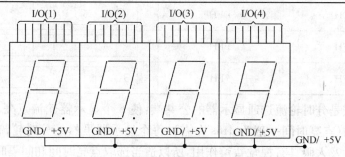

图 4-31　4 位 LED 静态显示电路

2. 动态显示方式

在需用多位 LED 显示时，为了简化电路降低成本，将各 LED 的段选线 a、b、c、d、e、f、g、dp 并联在一起，由一个 8 位的并行 I/O 口控制，而每个 LED 的共阴极（或共阳极）点，分别由相应的 I/O 口线控制。如图 4-32 所示为 8 位 LED 动态显示电路。

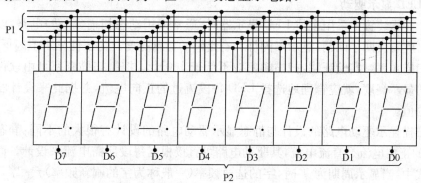

图 4-32　8 位 LED 动态显示电路

在这 8 位的 LED 动态显示电路中，只需两个并行的 8 位 I/O 口，I/O(1) 和 I/O(2)。其中 I/O(1) 作段选码接口，I/O(2) 作位选码接口。

假设显示器为共阴极型，那么当位选接口 I/O(2) 的某位输出低电平（其他 7 位均为高电平）时，则与此位连接的显示器便显示与段选码所对应的字符。另外 7 位显示块虽然也同时接收到同一段选码，但由于位选线均为高电平，因此显示器不显示，如表 4-7 所示。

表 4-7　8 位动态扫描显示状态

段选码 I/O(1)	位选码 I/O(2)	显示器显示状态							
71H	FEH								F
6FH	FDH							9	

段选码 I/O(1)	位选码 I/O(2)	显示器显示状态
39H	FBH	□□□□□ ⌐ □□
07H	F7H	□□□□ 7 □□□
66H	EFH	□□□ 4 □□□□
6DH	DFH	□□ 5 □□□□□
7FH	BFH	□ 8 □□□□□□
4FH	7FH	∃ □□□□□□□

这种工作方式是分时轮流选通显示器的公共端,使 8 个显示器轮流点亮。即各显示器是由脉冲电流点亮的(点亮时间一般为 1ms 左右),每个显示器虽然是分时轮流点亮,但由于发光管具有余辉特性及人眼具有视觉暂留作用,所以适当选取点亮时间和间隔时间,可以使看上去所有显示器是同时点亮的,并不察觉有闪烁现象。这种显示过程为动态扫描显示方式。显然,此种显示方式显示器不宜太多,一般不超过 8 个。

动态显示方式可以节省许多 I/O 口线,但付出的代价是 CPU,要用较多的时间去输出段选码和位选码。

4.4.2.3 LED 显示驱动

当一个显示装置中采用多位 LED 显示器时,通常采用动态扫描(驱动)电路,以节省硬件开销。这时应解决两个问题:显示不闪烁和有足够的显示亮度。为了使显示不闪烁,通常采用较高的字扫描频率。实验证明,扫描频率应不低于 100Hz。控制扫描频率可由软件完成。要获得足够的显示亮度,就应合理地选择 LED 每段流过的正向电流,并据此来设计驱动电路和限流电阻的值。

动态扫描显示驱动电路的设计与静态显示驱动电路的设计有很大的不同:静态显示方式 LED 每段的正向电流是直流电流,其驱动电路可直接根据每段所需电流来设计。而在动态扫描显示方式中,当显示周期为 T 时,字的选通频率(一般称为字的刷新频率)$f=1/T$。

选通脉冲占空比,$\text{Duty}=1/N$,N 为显示器位数。适当选择字的刷新频率,可以使显示不闪烁,而占空比则对显示亮度有影响。

由于每一个字点亮的时间大大小于暗的时间,若点亮时的正向电流与静态显示时一样大的话,那么动态扫描方式显示器的亮度将明显地低于静态显示方式。为了保证与静态显示一样的亮度,必须提高正向电流。一般显示器件手册上只给出静态显示方式下的工作电流 I_F(每段)。动态扫描方式时,可按下式计算工作电流 I_P:

$$I_P=\frac{I_F}{\text{Duty}}=N \cdot I_F$$

红色 LED I_F 的典型值为 10mA,其他颜色的 I_P 典型值为 20mA。当 $I_F=10\text{mA}$,$N=8$,则:$I_P=8\times10\text{mA}=80\text{mA}$。

有关研究报告指出,采用脉冲电流驱动,LED 的发光效率比用 DC 电流驱动的高。以红色 LED(砷化镓)为例,用 10mA 静态电流驱动时,发光强度为 0.7mlm(毫流明)。用 100mA

占空比为 0.1 的脉冲电流驱动时,虽然一个周期内的平均电流仍为 10mA,而其平均发光强度却为 2mlm。可见上述动态扫描方式的效率为静态方式的 2.8 倍。因此,采用动态扫描方式在计算 I_P 时,常取 $I_P < N \cdot I_F$。

对于 LED 的位选端口,其驱动能力应为:$I_P \cdot n$,其中 n 为每位 LED 的段数。例如,8 位 LED,则 $n=8$,"米"字 LED 显示器,其 $n=16$。

上述无论是 LED 显示器的段驱动电流还是字驱动电流,对于单片机或普通的 I/O 口来说都不能直接提供。通常段选码端口和位选端口都须经驱动器再与 LED 的段和位线相连。

驱动电路可由三极管构成,也可由小规模集成电路驱动器构成。例如:三极管 9012、9013,集成电路 7407、7406 等可作为段驱动器使用;75452、75451、MC1413 等可作为与驱动器使用。

4.4.2.4　LED 显示器接口和编程举例

【例 4-6】如图 4-32 所示,8 位 LED 显示器接口采用单片机的 P0 和 P1 口分别控制显示器的段码和位码,显示更新频率为 5ms,请编写显示器的显示程序。

```c
#include <absacc.h>
#include <reg51.h>
#include<intrins.h>
#define uchar unsigned char


/* 数码管显示使用的变量和常量 */
uchar lednum = 0;    //数码管显示位控制寄存器
uchar led[8] = {0,0,0,0,0,0,0,0};    //数码管显示内容寄存器
uchar code segtab[18] = {0x3F,0x06,0x5B,0x4F,0x66,0x6D,0x7D,0x07,0x7F,0x6F,
                // "0", "1", "2", "3", "4", "5", "6", "7", "8", "9",
                0x77,0x7C,0x39,0x5E,0x79,0x71,0x73,0x00}; //七段码段码表
                // "A", "B", "C", "D", "E", "F", "P", "black"
/* 函数声明 */
void leddisp(void);            //数码管显示更新函数
/* T0 定时中断处理函数 */
void intT0() interrupt 1
{
    TH0 = -4230/256;        //定时器中断时间间隔 2ms
    TL0 = -4230%256;

    leddisp();            //每次定时中断显示更新一次
}
/* 主函数 */
void main(void)
{


    TMOD = 0x01;            //设定定时器 T0 工作模式为模式 1
    TH0 = -4230/256;        //定时器中断时间间隔 2ms
    TL0 = -4230%256;
    TCON = 0x10;
```

```c
    ET0 = 1;
    EA = 1;

    while(1)
    {

        led[0] = 0;
        led[1] = 1;
        led[2] = 2;
        led[3] = 3;
        led[4] = 4;
        led[5] = 5;
        led[6] = 6;
        led[7] = 7;

    }
}


/**************************************************************
        数码管显示函数
原型：    void leddisp(void);
功能：    每次调用轮流显示一位数码管

 **************************************************************/
void leddisp(void)
{
    switch(lednum)                      //选择需要显示的数码位
    {
        case 0:
            P2 = 0xFF;                  //消隐，关闭全部数码管显示
            P1 = segtab[led[0]];        //送段码
            P2 = 0xFE;                  //送位码
            break;
        case 1:
            P2 = 0xFF;                  //消隐，关闭全部数码管显示
            P1 = segtab[led[1]];        //送段码
            P2 = 0xFD;                  //送位码
            break;
        case 2:
            P2 = 0xFF;                  //消隐，关闭全部数码管显示
            P1 = segtab[led[2]];        //送段码
            P2 = 0xFB;                  //送位码
            break;
        case 3:
```

```
                P2 = 0xFF;                    //消隐，关闭全部数码管显示
                P1 = segtab[led[3]];          //送段码
                P2 = 0xF7;                    //送位码
                break;
            case 4:
                P2 = 0xFF;                    //消隐，关闭全部数码管显示
                P1 = segtab[led[4]];          //送段码
                P2 = 0xEF;                    //送位码
                break;
            case 5:
                P2 = 0xFF;                    //消隐，关闭全部数码管显示
                P1 = segtab[led[5]];          //送段码
                P2 = 0xDF;                    //送位码
                break;
            case 6:
                P2 = 0xFF;                    //消隐，关闭全部数码管显示
                P1 = segtab[led[6]];          //送段码
                P2 = 0xBF;                    //送位码
                break;
            case 7:
                P2 = 0xFF;                    //消隐，关闭全部数码管显示
                P1 = segtab[led[7]];          //送段码
                P2 = 0x7F;                    //送位码
                break;
        }

        if(lednum == 0) //更新需要显示的数码管位置
        {
            lednum = 7;
        }
        else
        {
            lednum = lednum−1;
        }
    }
```

4.5 本 章 小 结

　　本章详细介绍了 MCS-51 单片机的内部资源及其工作原理，其中包括定时器的构成、工作原理及应用，中断系统构成、工作原理及其应用，外部存储器的扩展与应用，键盘及显示接口电路及应用。文中以大量的软/硬件实例为讲解对象，介绍了各种典型应用系统的软/硬件设计，所提供的软件代码均已经过 Protues 软件的仿真验证，具有很强的参考价值。

第 5 章 单片机最小系统综合应用

本章以国防科技大学电子技术实验中心研制的单片机最小系统为核心,系统地介绍单片机最小系统的设计,并详细讲述小系统所使用的七段码显示器、液晶显示器、按键、RAM、串行 E²PROM 的使用方法,同时还详细讲述了单片机小系统与 FPGA、系统的接口设计。

5.1 单片机最小系统设计制作

5.1.1 单片机最小系统硬件设计

在设计单片机最小系统时通常选用 AT89C51、AT89C52、AT89S51、AT89S52(S 系列芯片支持 ISP 功能)等型号的 8 位单片机作为 MCU。

一个典型的单片机最小系统一般由时钟电路、复位电路、片外 RAM、片外 ROM、按键、数码管、液晶显示器、外部扩展接口等部分组成,图 5-1、图 5-2 和图 5-3 分别给出了单片机最小系统的结构框图、原理图和实物图。

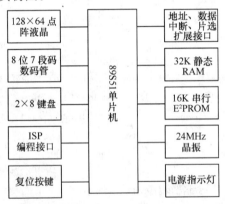

图 5-1 单片机最小系统结构框图

系统无需扩展程序存储器,用户可根据系统程序大小选择片内带不同容量闪存的单片机,例如华邦公司的 78E58(32K Flash ROM)、PHILIPS 公司的 P89C66X(64K Flash ROM)、Cygnal 公司的 C8051F020(64K Flash ROM)等。

5.1.2 单片机最小系统时钟、复位、译码电路

(1) 时钟源电路

单片机内部具有一个高增益反相放大器,用于构成振荡器。通常在引脚 XTAL1 和 XTAL2 跨接石英晶体和两个补偿电容构成自激振荡器,结构如图 5-2 中 Y1、C16、C17。可以根据情况选择 6MHz、12MHz 或 24MHz 等频率的石英晶体,补偿电容通常选择 30pF 左右的瓷片电容。

(2) 复位电路

单片机小系统采用上电自动复位和手动按键复位两种方式实现系统的复位操作。上电复位要求接通电源后,自动实现复位操作。手动复位要求在电源接通的条件下,在单片机运行期

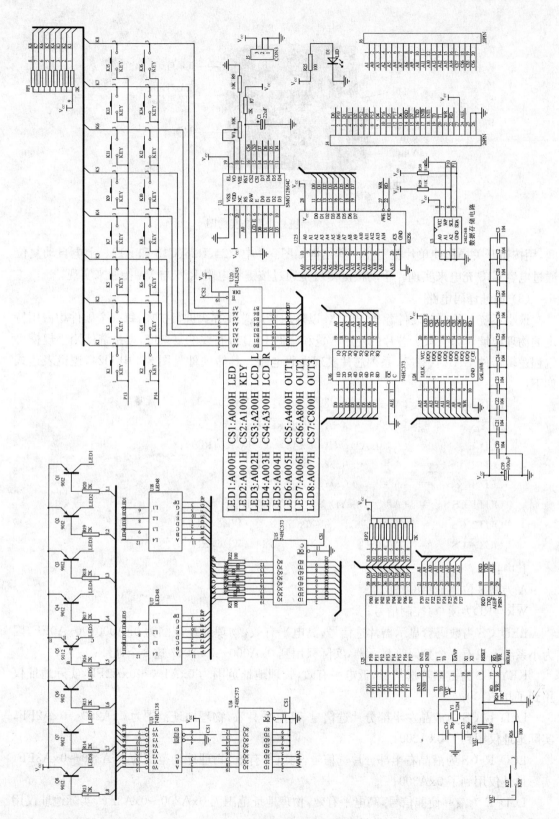

图 5-2　单片机最小系统原理图

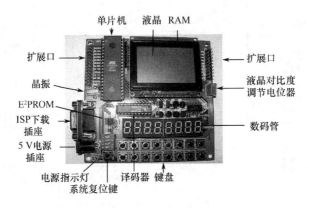

图 5-3 单片机最小系统实物图

间,用按钮开关操作使单片机复位。其结构如图 5-2 中 R24、R26、C18 和 K17。上电自动复位通过电容 C18 充电来实现。手动按键复位是通过按键将电阻 R26 与 V_{CC} 接通来实现。

(3) 地址译码电路

最小系统上的全部硬件除 E^2PROM 以外均采用总线方式进行扩展,每一个硬件均占用特定的物理地址。为了减少芯片的使用数量和降低 PCB 板布线的复杂度,本系统使用小规模可编程逻辑器件 GAL 代替 74 系列芯片实现译码电路。具体硬件见图 5-2 中 U24,逻辑表达式如下:

$$LED\_CS = (A == 0xA0)\&(!\ \overline{WR});$$
$$KEY\_CS = !\ ((A == 0xA1)\&(!\ \overline{RD}));$$
$$LCD\_E = (A \geqslant 0xA2)\&(A \leqslant 0xA3)\&(!\ (\overline{WR}\&\overline{RD}));$$
$$LCD\_L\_CS = (A == 0xA2);$$
$$LCD\_R\_CS = (A == 0xA3);$$
$$OUT1\_CS = (A == 0xA4)\&(!\ (\overline{WR}\&\overline{RD}));$$
$$OUT2\_CS = (A \geqslant 0xA8)\&(A \leqslant 0xC7)\&(!\ (\overline{WR}\&\overline{RD}));$$
$$OUT3\_CS = (A \geqslant 0xC8)\&(A \leqslant 0xFF)\&(!\ (\overline{WR}\&\overline{RD}));$$

其中:

A 为高 8 位地址 A8..15;

$\overline{WR}$ 与 $\overline{RD}$ 为读/写控制信号;

LED_CS 为数码管显示器片选信号,高电平有效,物理地址范围为 0xA000~0xA0FF,因为小系统上只有 8 个数码管显示器,实际只用到 0xA000~0xA007 这 8 个地址;

KEY_CS 为键盘片选信号,低电平有效,物理地址范围为 0xA100~0xA1FF,实际地址仅用到了 0xA100;

LCD_L_CS 为液晶左半部分片选信号,高电平有效,物理地址范围为 0xA200~0xA2FF,实际地址仅用到了 0xA200;

LCD_R_CS 为液晶右半部分片选信号,高电平有效,物理地址范围为 0xA300~0xA3FF,实际地址仅用到了 0xA300;

LCD_E 为液晶使能信号,高电平有效,物理地址范围为 0xA200~0xA3FF,实际地址仅用到了 0xA200 和 0xA300 两个地址;

OUT1_CS、OUT2_CS、OUT3_CS 为外部扩展片选信号,在小系统外部以总线的方式扩展其他硬件设备时可以利用其作为片选信号，高电平有效，地址范围分别为 0xA400～0xA4FF、0xA800～0xC7FF、0xC800～0xFFFF。用户可以根据自己的需要修改三者的逻辑表达式，只要保证不与 LED_CS、KEY_CS、LCD_L_CS、LCD_R_CS、LCD_E 和片外 RAM 地址冲突即可。

使用 ABEL 语言编写的译码器程序清单如下：

```
module at16v8
title 'at16v8 mcu system decode
GYF9008 chip select:8k,256,256,256,256,8.5k,14k;    12/16/2002'

U2        device      'P16v8s';
A15,A14,A13,A12,A11,A10,A9,A8                pin    1,2,3,4,5,6,7,8;
LCD_E,LCD_L_CS,LCD_R_CS,LED_CS,KEY_CS,OUT1_CS,OUT2_CS,OUT3_CS
pin    19,18,17,16,15,14,13,12;
WR        pin  9;
RD        pin  11;
A=[A15,A14,A13,A12, A11,A10,A9,A8];
equations
LCD_E        =(A>=ˆHA2)&(A<=ˆHA3)&(!(WR&RD));
LED_CS       =(A==ˆHA0)&(!WR);
KEY_CS       =!((A==ˆHA1)&(!RD));
LCD_L_CS     =(A==ˆHA2);
LCD_R_CS     =(A==ˆHA3);
OUT1_CS      =(A==ˆHA4)&(!(WR&RD));
OUT2_CS      =(A>=ˆHA8)&(A<=ˆHC7)&(!(WR&RD));
OUT3_CS      =(A>=ˆHC8)&(A<=ˆHFF)&(!(WR&RD));
end at16v8
```

5.2　人机接口技术

单片机应用系统通常都需要进行人—机对话。这包括人对应用系统的状态干预和数据输入，还有应用系统向人显示运行状态与运行结果等。键盘、显示器就是用来完成人—机对话活动的人—机通道。本节将对单片机小系统的键盘、数码管与液晶显示电路结构及其程序设计进行详细叙述。

5.2.1　键盘接口电路及程序设计

单片机键盘通常使用机械触点式按键开关，其主要功能是把机械上的通断转换成为电气上的逻辑关系。也就是说，它能提供标准的 TTL 逻辑电平，以便与通用数字系统的逻辑电平相容。小系统上设置了一个 2 行×8 列的阵列式键盘，系统硬件电路如图 5-4 所示。电路结构采用总线扩展方式进行设计，同时使用 P13 和 P14 进行行选择，按键信号通过一片 74LS245 挂接到数据总线上，片选信号为 KEY_CS，为其分配的物理地址为 0xA100。

由于系统的键盘接口采用的是总线方式，因此读取按键数值变得相当方便，下面是使用 C 编写的读取键盘程序：

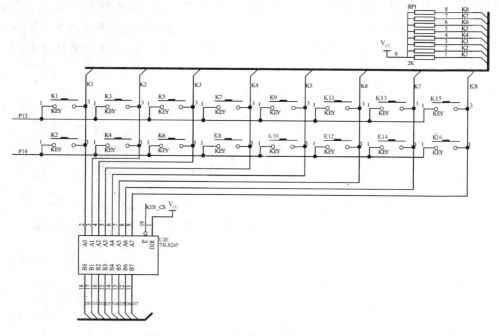

图 5-4　键盘接口电路

```
#define KEY XBYTE[0xA100]        //键盘地址
sbit first_row = P1^4;           //键盘第一行控制
sbit second_row = P1^3;          //键盘第二行控制
uchar M_key;                     //键盘数值暂存单元

first_row = 0;                   //读取第一行键盘数值
second_row = 1;
M_key = KEY;


first_row = 1;                   //读取第二行键盘数值
second_row = 0;
M_key = KEY;
```

图 5-5 给出了读取第一行键盘过程中 CPU 的读时序图,其中 KEY_CS 信号由译码电路 GAL16V8 提供,其表达式为:KEY_CS = !((A==^HA1)&(!RD)),表达式中 A 为系统的高 8 位地址。

图 5-5 是程序在执行 M_key = KEY;语句的时序。在③时刻 P2 口输出高 8 为地址 0xA1,P0 口输出低 8 为地址 0x00;在⑤时刻 KEY_CS 信号根据 GAL16V8 编程的表达式变为"0",此时 U20(74LS245)由端口 A 到 B 的通道导通,A 通道上的键盘状态 0xFE 通过 U20 传递到 P0 口;在⑦时刻RD变为"1",在此时刻将 P0 口上的按键状态 0xFE 锁存到单片机内部的特殊功能寄存器 ACC 中,并最终赋值给变量 M_KEY 供程序进一步识别使用;同时在⑦时刻以后 KEY_CS 信号根据 GAL16V8 编程的表达式也变为"1",使得 U20 由 A 到 B 的通道关闭,B 口输出变为高阻状态,使得 U20 释放掉对 P0 口数据总线的占据,因此不会影响单片机通过数据总线访问其他存储设备。

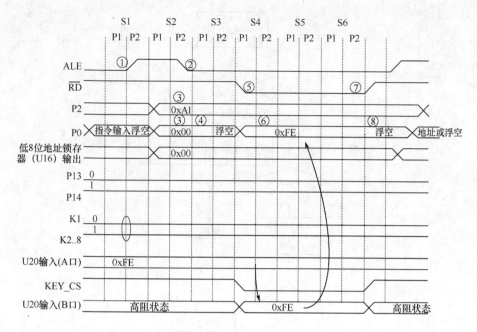

图 5-5　读取键盘时序图

系统采用定时扫描的方式(扫描间隔为 4ms,内部定时器定时中断间隔为 2ms,每两次定时中断进行一次键盘扫描)进行键盘识别,设计程序时通常要进行以下 4 个方面的处理:

(1) 每隔 4ms 读取一次键盘的数值,判断有无按键按下。具体方法是令 first_row=0,second_row=0,M_key=KEY,判断 M_key 的值是否为 0xFF,如果等于 0xFF 说明没有按键按下,如果不等于 0xFF 说明有按键按下。

(2) 去除按键的机械抖动影响。通过设置状态标志位 first_getkey 来判断连续两次扫描键盘是否都检测到有按键按下。如果没有连续两次都检测到按键按下,则按照键抖动处理;否则,认为确实有按键按下。

(3) 准确输出按键值 keynum,并提供获得有效按键标志 getkey。

(4) 防止按键冲突。在获得有效按键以后设定状态标志位 keyon 来实现每次只处理一个按键,且无论一次按键时间有多长,系统仅执行一次按键功能程序。

键盘识别程序流程如图 5-6 所示。程序代码将在介绍完数码管显示器以后统一给出。

5.2.2　数码管接口电路及程序设计

本系统共设置了 8 个七段码数码管显示器,电路结构如图 5-7 所示。

电路结构同样采用总线扩展方式进行设计,其中使用的数码管为连 4 位的共阳型数码管。通过芯片 U15(74HC573)锁存,为数码管提供段码数据。通过芯片 U14(74HC573)、U13(74HC138)以及三极管 VT1～VT8 将低 3 位地址 A2..0 进行硬件译码,为每个数码管提供一个唯一的物理地址,具体地址为 0xA000～0xA007。此外,本电路结构还考虑了不同数码管进行显示切换时的消隐问题,在编写程序时不用通过额外的处理进行消隐。由于为每个数码管都分配了一个固定的物理地址,在编写程序时只要将相应的段码数据写入到对应的地址当中便可以完成显示。例如,要在第二个数码管上显示"1",使用 C 语言编程实现如下:

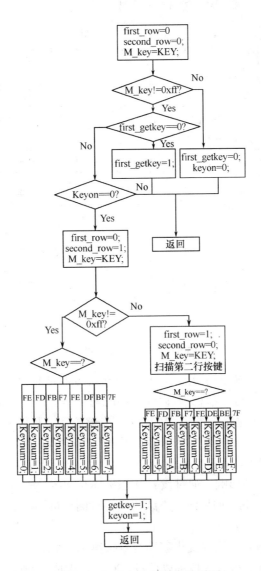

图 5-6　键盘识别程序流程图

＃define 7SEG_LED2 XBYTE [0xA001]	//第二个数码管的地址定义
7SEG_LED2 = 0xF9；	//将"1"的段码数据"0xF9"输出到段码锁
	//存器 U15 上,同时低 3 位地址 A2..0"001"
	//经过硬件译码使位码 LED2 为高。

图 5-8 是单片机在执行 7SEG_LED2 = 0xF9；语句时的时序图,其中 LED_CS 信号由译码电路 GAL16V8 提供,其表达式为：KEY_CS = !((A==˜HA1)&(! RD)),表达式中 A 为系统的高 8 位地址。

在②时刻 P2 口输出高 8 位地址 0xA0,P0 口输出低 8 位地址 0x01,同时 ALE 信号的下降沿将低 8 位地址锁存到 U16(低 8 位地址锁存器)的输出端；在③时刻 P0 口输出数据 0xF9 到数据总线上；在⑤时刻 LED_CS 信号根据译码电路 GAL16V8 的编程的表达式变为"1",此时位码锁存器 U14(74HC573)导通输出变为 0x01,同时位译码器 U13(74HC138)输出全部变为"1",使得三极管 Q1~Q8 全部截止,此时全部数码管均熄灭处在消隐期(为了避免数码管显示内容串扰,更新段码显示内容时将全部数码管熄灭),另外段码锁存器 U15 的输出为 0xF9

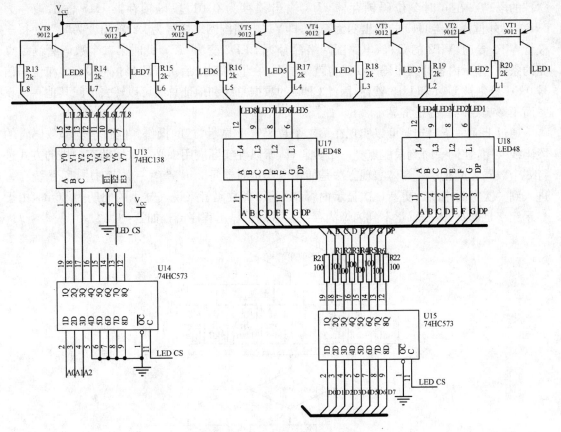

图 5-7　数码管显示器接口电路

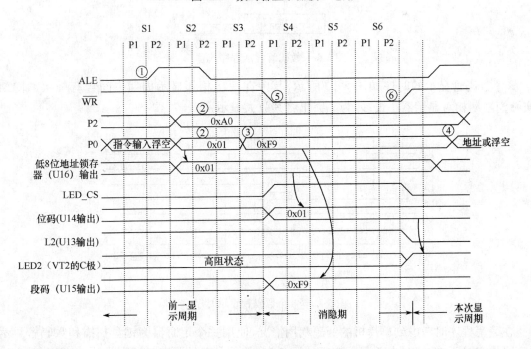

图 5-8　在第二个数码管上显示"1"的时序图

（"1"的段码）；在⑥时刻位码锁存器 U14 输出锁存为 0x01，段码锁存器 U15 输出锁存为 0xF9，另外位译码器 U13 的输出变为有效，即 $\overline{Y1}$（电路图网络标号为 L2）输出变为"0"，使得三极管 VT2 导通，VT2 的 C 极（电路图网络标号为 LED2 变为"1"），此时第二个数码管满足点亮的条件，显示内容即为短码 0xF9，也就是"1"。在⑥时刻以后由于段码信号 0xF9 和位码信号 0x01 分别被 U14 和 U15 锁存，因此 CPU 的数据总线和地址总线可以转去访问其他存储设备而不影响数码管的正常显示。

通过上面一条语句便可以实现在第二个数码管上显示"1"的操作。但由于全部数码管的段码线共用，在同一时刻只能点亮一个数码管，所以在实际应用中必须采用动态扫描的方式进行 8 个数码管的显示。具体实现方法是使用内部定时器每 2ms 产生一次定时中断，系统在每进入到一次定时中断后更新一次显示内容，对于每个数码管来说其显示的周期为 16ms，由于显示频率足够高，人眼感觉不到闪烁的存在。数码管显示程序流程如下：

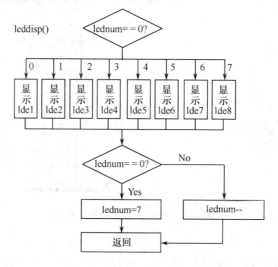

图 5-9　数码管显示程序流程

8 个数码管显示的时序如图 5-10 所示，其中在两次相邻显示周期中间含有一次消隐期（实际消隐期相对显示器小很多，为了突出将其放大显示）。

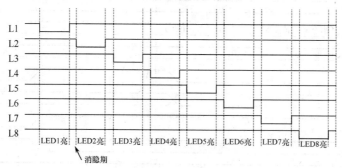

图 5-10　8 个数码管显示时序

在编写程序时考虑到单片机的资源利用情况，使用一个定时器为键盘扫描和数码管显示更新提供定时服务，定时中断函数流程如图 5-11 所示。定时器定时间隔为 2ms，每次进入中断调用一次显示更新函数，每两次进入中断调用一次扫描键盘函数。图 5-12 给出了利用以上给出的键盘扫描和数码管显示以及中断函数实现一个最简单系统的主程序流程图。在主程序中通过查询方式判断 getkey(获得有效按键标志位，当获得一个有效按键后键盘扫描函数将其置为 1)，当获得有效按键后令所有的数码管显示按键的数值。根据流程图编写的 C 程序代码如下：

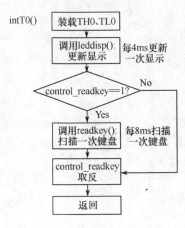

图 5-11　T0 中断处理函数流程图

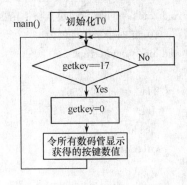

图 5-12　最简系统主程序流程图

```
#include <absacc. h>
#include <reg51. h>
#include<intrins. h>
#define uchar unsigned char
/*数码管物理地址*/
#define LED1 XBYTE[0xA000]
#define LED2  XBYTE[0xA001]
#define LED3  XBYTE[0xA002]
#define LED4  XBYTE[0xA003]
#define LED5  XBYTE[0xA004]
#define LED6  XBYTE[0xA005]
#define LED7  XBYTE[0xA006]
#define LED8  XBYTE[0xA007]
/*键盘物理地址*/
#define KEY XBYTE[0xA100]
/*扫描键盘使用的变量*/
sbit first_row = P1^4;        //键盘第一行控制
sbit second_row = P1^3;        //键盘第二行控制
bit first_getkey = 0,control_readkey = 0;  //读键盘过程中的标志位
bit getkey = 0; //获得有效键值标志位,等于 1 时代表得到一个有效键值
bit keyon = 0;  //防止按键冲突标志位
uchar keynum = 0;  //获得的有效按键值寄存器
/*数码管显示使用的变量和常量*/
uchar lednum = 0;  //数码管显示位控制寄存器
uchar led[8] = {0,0,0,0,0,0,0,0};  //数码管显示内容寄存器
```

```c
      uchar code segtab[18] = {0xc0,0xf9,0xa4,0xb0,0x99,0x92,0x82,0xf8,0x80,0x90,0x88,
0x83,0xc6,
   0xa1,0x86,0x8e,0x8c,0xff};  //七段码段码表
      // "0", "1", "2", "3", "4", "5", "6", "7", "8", "9", "A", "B", "C", "D", "E", "F",
"P","black"
/*函数声明*/
void leddisp(void);  //数码管显示更新函数
void readkey(void);  //键盘扫描函数
/* T0 定时中断处理函数*/
void intT0() interrupt 1
{
    TH0 = -4230/256;              //定时器中断时间间隔 2ms
    TL0 = -4230%256;
    leddisp();                    //每次定时中断显示更新一次
    if(control_readkey == 1)      //每两次定时中断扫描一次键盘
    {
        readkey();
    }
    control_readkey = ! control_readkey;
}
/*主函数*/
void main(void)
{

    TMOD = 0x01;                 //设定定时器 T0 工作模式为模式 1
    TH0 = -4230/256;             //定时器中断时间间隔 2ms
    TL0 = -4230%256;
    TCON = 0x10;
    ET0 = 1;
    EA = 1;

    while(1)                     //等待获得有效按键
    {
        if(getkey == 1)          //判断是否获得有效按键
        {
            getkey = 0;          //当获得有效按键时,清除标志位。
            led[0] = keynum;     //令全部数码管显示按键值
            led[1] = keynum;
            led[2] = keynum;
            led[3] = keynum;
            led[4] = keynum;
            led[5] = keynum;
            led[6] = keynum;
            led[7] = keynum;
```

```
              }
         }
    }


/* * * * * * * * * * * * * * * * * * * * * * * * * * * * * * * * * * * * *
         键盘扫描函数
原型:    void readkey(void);
功能:    当获得有效按键时,令 getkey＝1,keynum 为按键值


 * * * * * * * * * * * * * * * * * * * * * * * * * * * * * * * * * * * * */
void readkey(void)
{
    uchar M_key = 0;    //键盘数值暂存单元


    first_row = 0;
    second_row = 0;
    M_key = KEY;
    if(M_key ！ = 0xff)   //如果有连续两次按键按下,认为有有效按键按下。消除按键抖动
    {
        if(first_getkey == 0)
        {
               first_getkey = 1;
        }
        else      //当有有效按键按下时,进一步识别是哪一个按键
        {
            if(keyon == 0)          //防止按键冲突,当还有未释放的按键时不对
                                    //其他按键动作响应
            {
            first_row = 0;         //扫描第一行按键
            second_row = 1;
            M_key = KEY;
            if(M_key ！ = 0xff)
            {
              switch(M_key)
              {
                  case   0xfe:
                          keynum = 0x00;
                          break;
                  case   0xfd:
                          keynum = 0x01;
                          break;
                     case 0xfb:
```

```
                                keynum = 0x02;
                            break;
                        case 0xf7:
                            keynum = 0x03;
                            break;
                        case 0xef:
                            keynum = 0x04;
                            break;
                        case 0xdf:
                            keynum = 0x05;
                            break;
                        case 0xbf:
                            keynum = 0x06;
                            break;
                        case 0x7f:
                            keynum = 0x07;
                            break;
                }
        }
        else
        {
            second_row = 0;        //扫描第二行按键
            first_row = 1;
            M_key = KEY;
            switch(M_key)
            {
                        case 0xfe:
                            keynum = 0x08;
                            break;
                        case 0xfd:
                            keynum = 0x09;
                            break;
                        case 0xfb:
                            keynum = 0x0a;
                            break;
                        case 0xf7:
                            keynum = 0x0b;
                            break;
                        case 0xef:
                            keynum = 0x0c;
                            break;
                        case 0xdf:
                            keynum = 0x0d;
                            break;
```

```
                            case 0xbf:
                                keynum = 0x0e;
                                break;
                            case 0x7f:
                                keynum = 0x0f;
                                break;
                    }
                }
                getkey = 1; //获得有效按键数值
                keyon = 1;  //防止按键冲突,当获得有效按键时将其置1
            }
        }
    }
    else
    {
        first_getkey = 0;
        keyon = 0;        //防止按键冲突,当所有的按键都释放时将其清0
    }
}
```

/ *
           数码管显示函数
原型: void leddisp(void);
功能: 每次调用轮流显示一位数码管

* */

```
void leddisp(void)
{
    switch(lednum)  //选择需要显示的数码位
    {
        case 0:
            LED1 = segtab[led[0]];
            break;
        case 1:
            LED2 = segtab[led[1]];
            break;
        case 2:
            LED3 = segtab[led[2]];
            break;
        case 3:
            LED4 = segtab[led[3]];
            break;
        case 4:
            LED5 = segtab[led[4]];
```

```
                    break;
            case 5:
                LED6 = segtab[led[5]];
                break;
            case 6:
                LED7 = segtab[led[6]];
                break;
            case 7:
                LED8 = segtab[led[7]];
                break;
        }


        if(lednum == 0) //更新需要显示的数码管位置
        {
            lednum = 7;
        }
        else
        {
            lednum = lednum-1;
        }
    }
```

5.2.3 液晶接口电路及程序设计

因此最小系统中除了数码管显示器以外,还接入了一个液晶显示模块,其型号为 SGM12864C,可以显示 64 行 128 列的点阵数据,通过编写相应的程序可以显示英文、汉字或 图形,可以实现比较复杂的用户操作界面。硬件接口电路如图 5-13 所示。液晶模块的结构及 操作控制请参阅 SMG12864C. PDF。

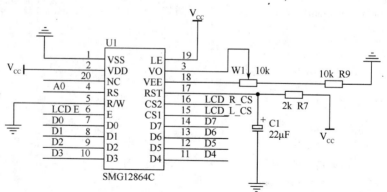

图 5-13　液晶接口电路

在硬件设计中,使用译码电路提供的 LCD_R_CS、LCD_L_CS、LCD_E 为液晶模块提供片 选及使能信号。使用系统的地址信号 A0 控制向液晶写入的是命令字还是数据字。此外将液 晶的读/写控制端接地,禁止从液晶中读数据,在向液晶中写入一个数据或命令后延时一段时 间再向其中写入新的数据,避免由于液晶处在忙状态导致写入错误的情况发生。根据地址译码器提供的地址以及信号 A0,可以得出向液晶左右两个控制器中写入命令和数据的物理地址,下面给出在 C 语言中的具体定义:

```
#define  LCD_L_DATA   XBYTE[0xA201]          //左半边液晶数据地址
#define  LCD_R_DATA   XBYTE[0xA301]          //右半边液晶数据地址
#define  LCD_L_Command   XBYTE[0xA200]        //左半边液晶命令地址
#define LCD_R_Command XBYTE[0xA300]          //右半边液晶命令地址
```

为了使液晶能够显示字符、汉字以及图形,需要对其进行正确的设置,具体过程如下:

(1) 在系统上电后对其进行初始化设置。向左右两部分控制器写入控制字 0xC0,设置显示的初始行。向左右两部分控制器写入控制字 0x3F,将液晶的左右两部分显示开启。此部分功能由后面给出程序中的 lcd_initial() 函数完成。

(2) 在液晶指定位置显示给定的数据。完成液晶的初始化以后,通过写入命令字确定显示的列地址和页地址,然后写入需要显示的数据。

以下给出了在液晶指定位置显示大小为 8×8 字符、16×16 汉字以及 128×64 图形的 C 语言程序,用户可以根据需要利用函数 lcd_write_byte() 编写显示任意大小图形和文字的函数。

```
/*********************************************/
/**           单片机小系统测试程序             **/
/**              作者:关永峰                  **/
/**             时间:2011/12/20               **/
/**      National University of Defence Technology  **/
/**                0731-84574435              **/
/*********************************************/
#include <absacc.h>
#include <reg51.h>
#include<intrins.h>
#define uchar unsigned char
#define LCD_L_DATA XBYTE[0xA201]         //左半边液晶数据地址
#define LCD_R_DATA XBYTE[0xA301]         //右半边液晶数据地址
#define LCD_L_Command   XBYTE[0xA200]     //左半边液晶命令地址
#define LCD_R_Command   XBYTE[0xA300]     //右半边液晶命令地址


uchar code G[8] = {0x00,0x00,0x3e,0x41,0x49,0x49,0x7a,0x00}; /* G */
uchar code U[8] = {0x00,0x00,0x3f,0x40,0x40,0x40,0x3f,0x00}; /* U */
uchar code O[8] = {0x00,0x00,0x3e,0x41,0x41,0x41,0x3e,0x00}; /* O */
/*- 宋体12:  此字体下对应的点阵为:宽×高=16×16    -*/
/*- 文字:  国  -*/
uchar code guo[32] =
{0x00,0xFE,0x02,0x0A,0x8A,0x8A,0x8A,0xFA,0x8A,0x8A,0x8A,0x0A,0x02,0xFE,
0x00,0x00,
0x00,0xFF,0x40,0x48,0x48,0x48,0x48,0x4F,0x48,0x49,0x4E,0x48,0x40,0xFF,0x00,0x00};
/*- 文字:  防  -*/
```

```c
uchar code fang[32] =
{0x00,0xFE,0x22,0x5A,0x86,0x02,0x08,0x08,0xF9,0x8E,0x88,0x88,0x88,0x08,0x08,
0x00,0x00,
0xFF,0x04,0x08,0x47,0x20,0x18,0x07,0x00,0x00,0x40,0x80,0x7F,0x00,0x00,0x00};
/*- 文字：科 -*/
uchar code ke[32] =
{0x10,0x12,0x92,0x72,0xFE,0x51,0x91,0x00,0x22,0xCC,0x00,0x00,0xFF,0x00,0x00,
0x00,0x04,
0x02,0x01,0x00,0xFF,0x00,0x04,0x04,0x04,0x02,0x02,0x02,0xFF,0x01,0x01,0x00};
/*- 文字：技 -*/
uchar code ji[32] =
{0x08,0x08,0x88,0xFF,0x48,0x28,0x00,0xC8,0x48,0x48,0x7F,0x48,0xC8,0x48,0x08,
0x00,0x01,
0x41,0x80,0x7F,0x00,0x40,0x40,0x20,0x13,0x0C,0x0C,0x12,0x21,0x60,0x20,0x00};
/*- 文字：大 -*/
uchar code da[32] =
{0x20,0x20,0x20,0x20,0x20,0x20,0xA0,0x7F,0xA0,0x20,0x20,0x20,0x20,0x20,0x20,
0x00,0x00,
0x80,0x40,0x20,0x10,0x0C,0x03,0x00,0x01,0x06,0x08,0x30,0x60,0xC0,0x40,0x00};
/*- 文字：学 -*/
uchar code xue[32] =
{0x40,0x30,0x10,0x12,0x5C,0x54,0x50,0x51,0x5E,0xD4,0x50,0x18,0x57,0x32,0x10,
0x00,0x00,
0x02,0x02,0x02,0x02,0x02,0x42,0x82,0x7F,0x02,0x02,0x02,0x02,0x02,0x02,0x00};
/* * * * * * * * * * * * * * * * * * * * * * * * * * * * * * * * *
   液晶驱动函数声明
 * * * * * * * * * * * * * * * * * * * * * * * * * * * * * * * * */
void lcd_initial(void);
void lcd_write_byte(uchar xpos,uchar ypos,uchar * byte);
void lcd_write_char(uchar char_xpos,uchar char_ypos,uchar * char_source_addr);
void lcd_write_hanzi(uchar hanzi_xpos,uchar hanzi_ypos,uchar * hanzi_source_addr);
void lcd_clear(void);
void lcd_fill(void);
void   delay(uchar time_nop);


void main(void)
   {

       lcd_initial();     //初始化液晶
       lcd_clear();       //液晶清屏

       lcd_write_char(0,0,G);    //显示"A"
       lcd_write_char(1,0,U);    //显示"B"
       lcd_write_char(2,0,O);    //显示"C"
```

```
    lcd_write_hanzi(2,2,guo);     //显示"国"
    lcd_write_hanzi(4,2,fang);    //显示"防"
    lcd_write_hanzi(6,2,ke);      //显示"科"
    lcd_write_hanzi(8,2,ji);      //显示"技"
    lcd_write_hanzi(10,2,da);     //显示"大"
    lcd_write_hanzi(12,2,xue);    //显示"学"
    while(1){}
}
/* * * * * * * * * * * * * * * * * * * * * * * * * * * * * * * * * * * * * *
                        延时函数
函数原型：void  delay(uchar time_nop);
功能：       延时 time_nop 个 nop
* * * * * * * * * * * * * * * * * * * * * * * * * * * * * * * * * * * * * */
void  delay(uchar time_nop)
{
    uchar i;
    for(i=0;i<time_nop;i++)
    {
        _nop_();
    }
}
/* * * * * * * * * * * * * * * * * * * * * * * * * * * * * * * * * * * * * *
                        LCD 初始化
原型：  void lcd_initial(void);
功能：将 LCD 进行初始化，设置初始行并开显示
* * * * * * * * * * * * * * * * * * * * * * * * * * * * * * * * * * * * * */
void lcd_initial(void)
{
    delay(5);
    LCD_L_Command = 0xC0;        //设置显示初始行
    delay(5);
    LCD_R_Command = 0xC0;
    delay(5);
    LCD_L_Command = 0x3F;        //开显示
    delay(5);
    LCD_R_Command = 0x3F;
    delay(5);
}
/* * * * * * * * * * * * * * * * * * * * * * * * * * * * * * * * * * * * * *
                    向 LCD 中写入一个字节数据函数
原型：  void lcd_write_byte(uchar xpos,uchar ypos,uchar byte);
功能：将一个字节数据 byte 写入液晶的(xpos,ypos)的位置处
        此处将液晶的显示区按照二维坐标进行定义，xpos 为横坐标从左到右顺序为 0~127，
        ypos 为纵坐标从上到下顺序为 0~7
```

```
* * * * * * * * * * * * * * * * * * * * * * * * * * * * * * * * * * * * * * */
void lcd_write_byte(uchar xpos,uchar ypos,uchar * byte)
{
    if(xpos <= 63)   //坐标位置处在液晶的左半部分
    {
        delay(5);
        LCD_L_Command = xpos + 0x40;        //设定写入数据的列地址
        delay(5);
        LCD_L_Command = ypos + 0xB8;        //设定写入数据的行地址
        delay(5);
        LCD_L_DATA = * byte;                //向(xpos,ypos)处写数据
        delay(5);
    }
    else        //坐标位置处在液晶的右半部分
    {
        delay(5);
        LCD_R_Command = (xpos - 64) + 0x40;//设定写入数据的列地址
        delay(5);
        LCD_R_Command = ypos + 0xB8;        //设定写入数据的行地址
        delay(5);
        LCD_R_DATA = * byte;                //向(xpos,ypos)处写数据
        delay(5);
    }
}
/* * * * * * * * * * * * * * * * * * * * * * * * * * * * * * * * * * * * * * *
            在 LCD 指定位置显示一个 ASIIC 字符函数     字符大小为 8×8
原型:  void lcd_write_char(uchar char_xpos,uchar char_ypos,uchar * char_source_addr);
功能: 将一个字符数据写入液晶的(char_xpos,char_ypos)的位置处此处将液晶的显示区
        按照二维坐标进行定义,char_xpos 为横坐标从左到右顺序为 0~15,char_ypos 为纵
坐标从上到下顺序为 0~7
* * * * * * * * * * * * * * * * * * * * * * * * * * * * * * * * * * * * * * */
void lcd_write_char(uchar char_xpos,uchar char_ypos,uchar * char_source_addr)
{
    uchar i = 0;

    for(i=0;i<=7;i++)
    {
        lcd_write_byte(char_xpos * 8 + i, char_ypos, char_source_addr + i);
    }
}
/* * * * * * * * * * * * * * * * * * * * * * * * * * * * * * * * * * * * * * *
            在 LCD 指定位置显示一个汉字函数     字符大小为 16×16
原型:  void lcd_write_hanzi(uchar hanzi_xpos,uchar hanzi_ypos,uchar * hanzi_source_addr);
功能: 将一个汉字数据写入液晶的(hanzi_xpos,hanzi_ypos)的位置处,此处将液晶的显示
```

区按照二维坐标进行定义,hanzi_xpos 为横坐标从左到右顺序为 0～14(以半个汉字符为单位),hanzi_ypos 为纵坐标从上到下顺序为 0～6(以半个汉字符为单位)

```
* * * * * * * * * * * * * * * * * * * * * * * * * * * * * * * * * * * * * * * */
void lcd_write_hanzi(uchar hanzi_xpos,uchar hanzi_ypos,uchar * hanzi_source_addr)
{
    uchar i = 0;

    for(i=0;i<=15;i++) //写汉字的上半部分
    {
        lcd_write_byte(hanzi_xpos * 8 + i, hanzi_ypos, hanzi_source_addr + i);
    }
    for(i=0;i<=15;i++) //写汉字的下半部分
    {
        lcd_write_byte(hanzi_xpos * 8 + i, hanzi_ypos + 1, hanzi_source_addr + 16 + i);
    }
}
/* * * * * * * * * * * * * * * * * * * * * * * * * * * * * * * * * * * * * * * *
            LCD 清屏
原型:  void lcd_clear(void);
功能:  将 LCD 清屏
* * * * * * * * * * * * * * * * * * * * * * * * * * * * * * * * * * * * * * * */
void lcd_clear(void)
{
    uchar i,j;
    uchar byte[1] = {0x00};

    for(i=0;i<=127;i++)
    {
        for(j=0;j<=7;j++)
        {
            lcd_write_byte(i,j,byte);
        }
    }
}
/* * * * * * * * * * * * * * * * * * * * * * * * * * * * * * * * * * * * * * * *
            LCD 填充
原型:  void lcd_fill(void);
功能:  将 LCD 填充为黑色
* * * * * * * * * * * * * * * * * * * * * * * * * * * * * * * * * * * * * * * */
void lcd_fill(void)
{
    uchar i,j;

    uchar byte[1] = {0xFF};
```

```
            for(i=0;i<=127;i++)
            {
                    for(j=0;j<=7;j++)
                    {
                            lcd_write_byte(i,j,byte);
                    }
            }
    }
```

5.3 片外存储器扩展

5.3.1 片外静态 RAM 扩展及程序设计

由于 89S52 单片机片内 RAM 仅有 256 字节,当系统需要较大容量 RAM 时,就需要片外扩展数据存储器 RAM,最大可扩展 64 KB。由于单片机是面向控制的,实际需要扩展容量不大,因此,一般采用静态 RAM 较方便。本文所介绍的最小系统上便扩展了一片 61256(32K×8 位),可以充分满足系统设计的需要。扩展数据存储器的物理地址,由 P2 口提供高 8 位 A15..8,P0 口分时提供低 8 位地址 A7..0 和 8 位数据 D7..0,因此需要通过一片 74HC573 完成对低 8 位地址的锁存。片外数据存储器 RAM 的读/写由 89S52 的 $\overline{RD}$(P3.7)和 $\overline{WR}$ (P3.6)信号控制。具体扩展电路结构如图 5-14 所示。

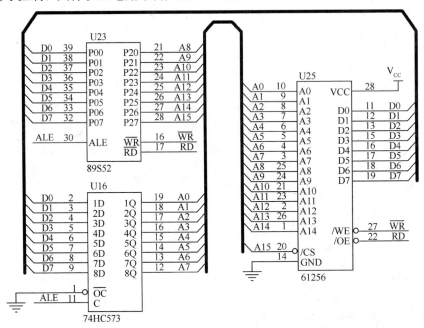

图 5-14 片外 RAM 扩展电路

在电路中将 89S52 的 A15 接到 61256 的片选信号线 $\overline{CS}$ 上、A14..0 依次接入 61256 的 A14..0 上,从此种结构可以计算出 61256 全部 32K 个单元占用的物理地址为 0x0000~0x7FFF。按照此种结构进行扩展的外部 RAM,在使用时非常方便,以下为使用 C 语言编写的程序。

```
/* * * * * * * * * * * * * * * * * * * * * * * * * * * * * * * * * * */
/* *            单片机小系统测试程序                            * * /
/* *                 作者:关永峰                              * * /
/* *                 时间:2011/12 /20                         * * /
/* *          National University of Defence Technology       * * /
/* *                  0731-84574435                           * * /
/* * * * * * * * * * * * * * * * * * * * * * * * * * * * * * * * * * */
# include <absacc. h>
# include <reg51. h>
# include<intrins. h>
# define uchar unsigned char
xdata uchar RAM[32768] _at_ 0x0000;        //外部 RAM 地址从 0x0000 到 0x7FFF
void main(void)
{
     uchar ram_data;
     uchar i;

     for(i=0;i<10;i++)      // 向 RAM 的前 10 个单元写入数据 0x55
     {
          RAM[i] = 0x55;
     }

     ram_data = RAM[100];  //读取 RAM 第 101 单元中的数据并赋给变量 ram_data

     while(1);
}
```

从上面的程序中可以看出,在对外部 RAM 进行读/写操作时,只需要一条语句便可以完成对其中一个单元的读或写操作,在使用时与内部变量没有太大的区别。但此处需要注意的是 RAM 的单元需要声明为 XDATA 类型,且物理空间要定义到 0x0000~0x7FFF 范围内。

5.3.2 片外串行 E^2PROM 扩展及程序设计

电擦除可编程只读存储器 E^2PROM 是一种可用电气方法在线擦除和再编程的只读存储器,它既有 RAM 可读可改写的特性,又具有非易失性存储器 ROM 在掉电后仍能保持所存储数据的优点。有些场合要求系统掉电再上电后仍能恢复现场数据,因此通常采用 E^2PROM 作为需要掉电保存数据的存储器。本文介绍的小系统中扩展了一片容量为 16Kbits 的 E^2PROM 24C16。该芯片采用 IIC 总线结构与单片机进行通信,因此本小节将对 IIC 总线协议以及 24C16 的读/写程序设计进行详细介绍。

5.3.2.1 IIC 总线协议

IIC 总线是 PHILIPS 公司推出的串行总线。IIC 总线的应用非常广泛,在很多器件上都配备有 IIC 总线接口,使用这些器件时一般都需要通过 IIC 总线进行控制。这里简要介绍 IIC 总线的工作原理。IIC 总线是一种具有自动寻址、高低速设备同步和仲裁等功能的高性能串行总线,能够实现完善的全双工数据传输,是各种总线中使用信号线数量最少的,共有两根信号线,分别为数据线 SDA 和时钟线 SCL。

当执行数据传送时,启动数据发送并产生时钟信号的器件称为主器件,被寻址的任何器件都可看作从器件。发送数据到总线上的器件称为发送器,从总线上接收数据的器件称为接收器。IIC 总线是多主机总线,可以有两个或更多的能够控制总线的器件与总线连接,同时 IIC 总线还具有仲裁功能,当一个以上的主器件同时试图控制总线时,只允许一个有效,从而保证数据不被破坏。IIC 总线的寻址采用纯软件的寻址方法,无须片选线的连接,这样就简少了总线数量。主机在发送完启动信号后,立即发送寻址字节来寻址被控器件,并规定数据传送方向。寻址字节由 7 位从机地址(D7~D1)和 1 位方向位(D0,0/1,读/写)组成。当主机发送寻址字节时,总线上所有器件都将该寻址字节中的高 7 位地址与自己器件的地址比较,若两者相同,则该器件认为被主机寻址,并根据读/写位确定是从发送器还是从接收器。在多数情况下,系统中只有一个主器件,即单主节点,总线上的其他器件都是具有 IIC 总线的外围从器件,这时的 IIC 总线就工作在主从工作方式。以下从几个方面分别介绍 IIC 总线通信的信号形式及数据结构。

(1) **总线信号 SDA 与 SCL**

在 IIC 总线上,SDA 用于传送有效数据,其上传输的每位有效数据均对应于 SCL 线上的一个时钟脉冲。也就是说,只有当 SCL 线上为高电平(SCL=1)时,SDA 线上的数据信号才会有效(高电平表示 1,低电平表示 0)。SCL 线为低电平(SCL=0)时,SDA 线上的数据信号无效。因此,只有当 SCL 线为低电平(SCL=0)时,SDA 线上的电平状态才允许发生变化,如图 5-15 所示。

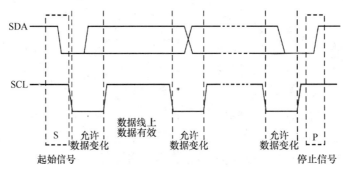

图 5-15　IIC 总线信号的时序

(2) **总线数据组成**

SDA 线上传送的数据均以起始信号(START)开始,停止信号(STOP)结束,SCL 线在不传送数据时保持 Mark(SCL=1)。当串行时钟线 SCL 为 Mark(SCL=1)时,串行数据线 SDA 上发生一个由高到低的变化过程(下降沿),即为起始信号。发生一个由低到高的变化过程,即称为停止信号。起始信号和停止信号均由主控器发出,并由挂接在 IIC 总线上的被控器检测。在起始信号与停止信号中间传送地址及数据信号,IIC 总线上传输的数据和地址字节均为 8 位,且高位在前,低位在后,传送的数据字节是没有限制的,但每个字节后都必须跟随一个应答位。IIC 总线上数据的传送时序如图 5-16 所示。

(3) **应答位**

当主控器作为发送器使用时,每发完一个数据字节后,都要求接收方发回一个应答信号。但与应答信号相对应的时钟仍由主控器在 SCL 线上产生,因此主控发送器必须在被控接收器发送应答信号前,预先释放对 SDA 线的控制,以便主控器对 SDA 线上应答信号的检测。应答

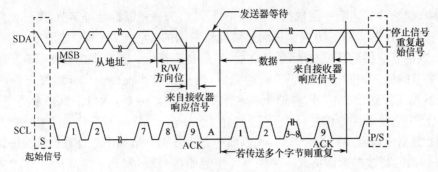

图 5-16　IIC 总线的数据传送字节格式

信号在第 9 个时钟位上出现,接收器在 SDA 线上输出低电平为应答信号,表示可以继续进行数据传输。输出高电平为非应答信号,表示不能在继续传输数据,主控器据此可产生一个停止信号来终止 SDA 线上的数据传输。当主控器作为接收器使用时,当接收完被控器送来的最后一个数据时,必须给被控器发送一个非应答信号,令被控器释放 SDA 线,以便主控器可以发送停止信号来结束数据的传输。IIC 总线上的应答信号是比较重要的,在编制程序时应该着重考虑。时钟信号以及应答和非应答信号间的关系如下图所示。

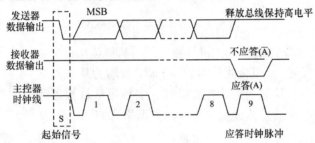

图 5-17　IIC 总线的应答位

(4) 总线节点的寻址字节

主机产生起始条件后,发送的第一个字节为寻址字节。该字节的头 7 位(高 7 位)为从机地址,最后位(LSB)决定了数据传输的方向:0 表示主机写信息到从机,1 表示主机读从机中的信息。当发送了一个地址后,系统中的每个器件都将头 7 位与它自己的地址比较。如果一样,器件会应答主机的寻址。从机地址由一个固定的和一个可编程的部分构成。例如,某些器件有 4 个固定的位(高 4 位)和三个可编程的地址位(低 3 位),那么同一总线上共可以连接 8 个相同的器件,由低 3 位可编成地址加以区分。

(5) 总线数据传输格式

IIC 总线传输数据时必须遵循规定的数据传输格式,图 5-18 示出了 IIC 总线一次完整的数据传输格式。

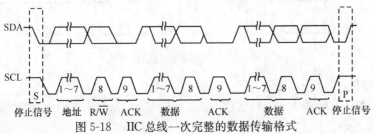

图 5-18　IIC 总线一次完整的数据传输格式

在图中,起始信号表明一次数据传送的开始,其后为被控器的地址字节,高位在前,低位在后,第8位为R/W方向位。方向位后面是被控器发出的应答位ACK。地址字节传输完后是数据字节,数据字节仍是高位在前,低位在后,然后是应答位。若有多个数据字节需要传送,则每个数据字节的格式相同。数据字节传送完后,被控接收器发回一个非应答信号(高电平有效),主控器据此发送停止信号,以结束这次数据的传输。但是,如果主机仍希望在总线上通信,它可以产生重复的起始信号(START)和寻址另一个从机,而不是首先产生一个停止信号。

总线上数据传输有多种组合方式,现以图解方式分别介绍如下三类数据传输格式。

① 主控器的写数据操作格式。主控器产生起始信号后,发送一个寻址字节,收到应答后跟着就是数据传输,当主机产生停止信号后,数据传输停止。主机向被寻址的从机写入n个数据字节。整个过程均为主机发送,从机接收,先发数据高位,再发低位,应答位ACK由从机发送。主控器从被控器读取数据时,数据传输的方向位R/W=0。传输n字节的数据格式如图5-19所示。

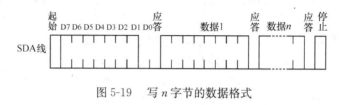

图5-19　写n字节的数据格式

② 主控器的读数据操作格式。主机从被寻址的从机读出n个数据字节。在传输过程中,除了寻址字节为主机发送、从机接收外,其余的n字节均为从机发送,主机接收。主机接收完数据后,应发非应答位,向从机表明读操作结束。主控器从被控器读取数据时,数据传输的方向位R/W=1。主控器从被控器读取n字节的数据格式如图5-20所示。

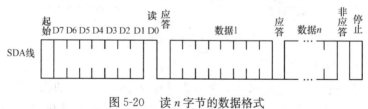

图5-20　读n字节的数据格式

③ 主控器的读/写数据操作格式。读/写操作时,在一次数据传输过程中需要改变数据的传送方向,即主机在一段时间内为读操作,在另一段时间内为写操作。由于读/写方向有变化,起始信号和寻址字节都会重复一次,但读/写方向(R/W)相反。例如,由主机读取存储器从机中某存储单元的内容,就需要主机先向从机写入该存储单元的地址,再发一个启动位,进行读操作。主控器向被控器先写后读的数据格式如图5-21所示。

图5-21　先写后读的数据格式

通过上述分析,可以得出如下结论:

① 无论总线处于何种方式,起始信号、终止信号和寻址字节均由主控器发送和被控器接收。

② 寻址字节中,7 位地址是指器件地址,即被寻址的被控器的固有地址,R/W 方向位用于指定 SDA 线上数据传送的方向。R/W=0 为主控器写和被控器收,R/W=1 为主控器读和被控器发。

③ 每个器件(主控器或被控器)内部都有一个数据存储器 RAM,RAM 的地址是连续的,并能自动加/减 1。n 个被传送数据的 RAM 地址可由系统设计者规定,通常作为数据放在上述数据传输格式中。

④ 总线上传输的每个字节后必须跟一个应答或非应答信号。

5.3.2.2 串行 E²PROM 应用

单片机小系统上扩展了一片 E²PROM,芯片为 ST 公司生产的 24C16W6,存储容量为 16Kbits,接口形式为 IIC。

(1) 芯片性能

◆ IIC 总线接口,支持 400kb/s 的传输规范;

◆ 单电源供电,输入电压范围 2.5~5.5V;

◆ 写保护控制输入;

◆ 按字节或页进行读/写操作,单页最大可以达 16 字节;

◆ 随机或顺序读出两种模式;

◆ 内部自建编程时序,不需用户干预;

◆ 自动地址增量计数器;

◆ 超过 100 万次的擦除与写周期;

◆ 保存数据 40 年不丢失;

(2) 引脚及其功能

24C16W6 的引脚排列及功能说明分别见图 5-22 及表 5-1 所示。其封装形式请参阅 24C16W6.PDF。

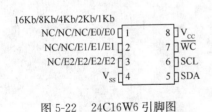

图 5-22　24C16W6 引脚图

表 5-1　24C16W6 引脚功能

引脚序号	符号	功能
1	NC	空(接地)
2	NC	空(接地)
3	NC	空(接地)
4	VSS	地
5	SDA	串行数据
6	SCL	串行时钟
7	WC	写保护
8	VCC	电源(2.5~5.5V)

5.3.2.3　24C16W6 与单片机最小系统的接口电路设计

单片机 89S52 上不具有 IIC 接口,因此需要通过 I/O 口模拟总线时序来驱动 24C16W6。具体电路结构如图 5-23 所示。

在电路中将单片机的 P10 和 P11 接到 24C16W6 的 SCL 与 SDA 上,通过编写软件在 P10 与 P11 上模拟 IIC 时序。24C16W6 内部具有 16Kbits 的存储空

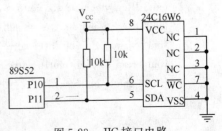

图 5-23　IIC 接口电路

间,同一总线上同时只能连接一个芯片,因此将 NC 接于地。同时将 $\overline{WC}$ 接地,使芯片处于写使能状态,随时可以向其中写入数据。

5.3.2.4 24C16W6 接口程序设计

编写驱动 24C16W6 的程序,就是通过软件的方法控制 P10 和 P11,产生 IIC 总线协议规定的时序。使用 C 编写的函数如下:

```
/* * * * * * * * * * * * * * * * * * * * * * * * * * * * * * * * * * * */
/* *                    单片机小系统测试程序                        * */
/* *                      作者:关永峰                              * */
/* *                      时间:2011/12/20                          * */
/* *           National University of Defence Technology           * */
/* *                      0731-84574435                            * */
/* * * * * * * * * * * * * * * * * * * * * * * * * * * * * * * * * * * */


#include <absacc.h>
#include <reg51.h>
#include <intrins.h>


#define uchar unsigned char
#define uint8 unsigned char
#define uint16 unsigned int


/* IIC 总线接口定义 */
sbit scl = P1^0;  //24C16 scl
sbit sda = P1^1;  //24c16 sdl


/* * * * * * * * * * * * * * * * * * * * * * * * * * * * * * * *
    24c16 驱动函数声明
* * * * * * * * * * * * * * * * * * * * * * * * * * * * * * * */
void   delay(uint8 time_nop);
void   Start_I2c(void);
void   Stop_I2c(void);
uint8 SendByte(uint8 c);
uint8 RcvByte(void);
void   Ack_I2c(uint8 a);
uint8 ISendByte(uint8 sla,uint8 c);
uint8 ISendStr(uint8 sla,uint8 suba,uint8 * s,uint8 no);
uint8 IRcvByte(uint8 sla,uint8 * c);
uint8 IRcvStr(uint8 sla,uint8 suba,uint8 * s,uint8 no);
void   write_24lc16b(uint16 adress, uint8 * wdata, uint8 number);
void   read_24lc16b(uint16 adress, uint8 * rdata, uint8 number);
uint16 check_24c16(void);//检测 24c16 函数


void main(void)
```

```
{
    uint16 bad_num = 0;

    bad_num = check_24c16();   //测试 24C16W6 的损坏情况
    while(1);

}
/* * * * * * * * * * * * * * * * * * * * * * * * * * * * * * * * * * * * *
                        延时函数
函数原型：void   delay(uint8 time_nop);
功能：      延时 time_nop 个 nop

 * * * * * * * * * * * * * * * * * * * * * * * * * * * * * * * * * * * * * */
void   delay(uint8 time_nop)
{
    uint8 i;
    for(i=0;i<time_nop;i++)
    {
        _nop_();
    }
}
/* * * * * * * * * * * * * * * * * * * * * * * * * * * * * * * * * * * * *
                        起动总线函数
函数原型：void   Start_I2c();
功能：      启动 I2C 总线,即发送 I2C 起始条件.

 * * * * * * * * * * * * * * * * * * * * * * * * * * * * * * * * * * * * * */
void Start_I2c(void)
{
  sda = 1;     /* SDA=1 发送起始条件的数据信号 */
  delay(2);
  scl = 1;
  delay(6);      /* SCL=1 起始条件建立时间大于 4.7us,延时 */

  sda = 0;     /* SDA=0 发送起始信号 */
  delay(6);      /* 起始条件锁定时间大于 4μs */

  scl = 0;     /* SCL=0 钳住 I²C 总线,准备发送或接收数据 */
  delay(2);
}
/* * * * * * * * * * * * * * * * * * * * * * * * * * * * * * * * * * * * *
                        结束总线函数
函数原型：void   Stop_I2c();
功能：      结束 I²C 总线,即发送 I²C 结束条件.
```

```
* * * * * * * * * * * * * * * * * * * * * * * * * * * * * * * * * * * * * * * * /
void Stop_I2c(void)
{
    sda = 0;    /*SDA=0 发送结束条件的数据信号*/
    delay(2);    /*发送结束条件的时钟信号*/

    scl = 1;    /*SCL=1 结束条件建立时间大于 4μs*/
    delay(6);
    sda = 1;    /*SDA=1 发送 I²C 总线结束信号*/
    delay(6);
}
/* * * * * * * * * * * * * * * * * * * * * * * * * * * * * * * * * * * * * * * * *
                    字节数据传送函数
函数原型：uint8   SendByte(uint8 c);
功    能：将数据 c 发送出去，可以是地址，也可以是数据，发完后等待应答，并对
         此状态位进行操作. 发送数据正常返回 1  ，发送失败返回 0
* * * * * * * * * * * * * * * * * * * * * * * * * * * * * * * * * * * * * * * * */
uint8    SendByte(uint8 c)
{
    uint8 BitCnt, ack;

    for(BitCnt=0;BitCnt<8;BitCnt++)   /*要传送的数据长度为8位*/
    {
        if((c<<BitCnt)&0x80)
            sda = 1;    /*SDA=1 判断发送位 从高位开始传输*/
        else
            sda = 0;  //SDA=0
        delay(2);
        scl = 1;                        /*SCL=1 置时钟线为高,通知被控器开始接收数据位*/
        delay(6);                       /*保证时钟高电平周期大于 4μs*/
        scl = 0;  //SCL=0
    }
    delay(2);
    sda = 1;            //SDA=1 8位发送完后释放数据线,准备接收应答位
    delay(2);
    scl = 1;   //SCL=1
    delay(4);
    if(sda == 1)
        ack=0;  //SDA==1     未收到
    else
        ack=1;            /*判断是否接收到应答信号*/
    scl = 0;  //SCL=0
    delay(2);
```

```c
        return(ack);
}
/* * * * * * * * * * * * * * * * * * * * * * * * * * * * * * * * * * * * *
                    字节数据接收函数
函数原型：uint8   RcvByte();
功能：    用来接收从器件传来的数据，并判断总线错误（不发应答信号）
* * * * * * * * * * * * * * * * * * * * * * * * * * * * * * * * * * * * */
uint8    RcvByte(void)
{
    uint8 retc;
    uint8 BitCnt;

    retc=0;
    for(BitCnt=0;BitCnt<8;BitCnt++)
    {
      delay(2);
      scl = 0;                /* SCL=0 置时钟线为低，准备接收数据位 */

      delay(6);               /* 时钟低电平周期大于 4.7μs */

      scl = 1;                /* SCL=1 置时钟线为高使数据线上数据有效 */
      delay(9);
      retc=retc<<1;
      if(sda == 1)
          retc=retc+1;     /* SDA==1 读数据位，接收的数据位放入 retc 中 */
      delay(2);
    }
    scl = 0;      //SCL=0
    delay(2);
    return(retc);
}
/* * * * * * * * * * * * * * * * * * * * * * * * * * * * * * * * * * * * *
                    应答子函数
函数原型： void Ack_I2c(bit a);
功    能： 主控器进行应答信号，（可以是应答或非应答信号）
* * * * * * * * * * * * * * * * * * * * * * * * * * * * * * * * * * * * */
void Ack_I2c(uint8 a)
{
    if(a==0)
        sda = 0;       /* SDA=0   应答信号 */
    else
        sda = 1;     //SDA=1      非应答信号
    delay(4);
    scl = 1;   //SCL=1
```

```
    delay(4);                    /* 时钟低电平周期大于 4μs */

    scl = 0;                     /* SCL=0 清时钟线,钳住 I²C 总线以便继续接收 */
    delay(2);


}
```
/* *
                       向无子地址器件发送字节数据函数
函数原型: uint8   ISendByte(uint8 sla,uint8 c);
功   能: 从启动总线到发送地址,数据,结束总线的全过程,从器件地址 sla.
          如果返回 1 表示操作成功,否则操作有误。
注   意: 使用前必须已结束总线。
* */

```
uint8 ISendByte(uint8 sla,uint8 c)

{

    uint8 ack;


    Start_I2c();                     /* 启动总线 */
        ack = SendByte(sla);         /* 发送器件地址 */
        if(ack==0)return(0);
        ack = SendByte(c);           /* 发送数据 */
        if(ack==0)return(0);
        Stop_I2c();                  /* 结束总线 */
    return(1);

}
```

/* *
                      向有子地址器件发送多字节数据函数
函数原型: uint8   ISendStr(uint8 sla,uint8 suba,uint8 * s,uint8 no);
功   能: 从启动总线到发送地址,子地址,数据,结束总线的全过程,从器件
              地址 sla,子地址 suba,发送内容是 s 指向的内容,发送 no 个字节。
              如果返回 1 表示操作成功,否则操作有误。
注   意: 使用前必须已结束总线。
* */

```
uint8 ISendStr(uint8 sla,uint8 suba,uint8 * s,uint8 no)

{

    uint8 i,ack;


    Start_I2c();                         /* 启动总线 */


    ack = SendByte(sla);                 /* 发送器件地址 */
    if(ack==0)return(0);


    ack = SendByte(suba);                /* 发送器件子地址 */
    if(ack==0)return(0);
```

```
        for(i=0;i<no;i++)
        {
            ack = SendByte( * s);          /* 发送数据 */
            if(ack==0)return(0);
            s++;
        }


    Stop_I2c();                            /* 结束总线 */
    return(1);
}
```

/* *

向无子地址器件读字节数据函数

函数原型：uint8   IRcvByte(uint8 sla,uint8 * c);

功   能：从启动总线到发送地址,读数据,结束总线的全过程,从器件地

址 sla,返回值在 c.

如果返回 1 表示操作成功,否则操作有误。

注   意：使用前必须已结束总线。

* */

```
uint8 IRcvByte(uint8 sla,uint8 * c)
{
    uint8 ack;

    Start_I2c();                           /* 启动总线 */
    ack = SendByte(sla + 1);               /* 发送器件地址   +1  代表读 */
    if(ack==0)return(0);
    * c = RcvByte();                       /* 读取数据 */
    Ack_I2c(1);                            /* 发送非就答位 */
    Stop_I2c();                            /* 结束总线 */
    return(1);
}
```

/* *

向有子地址器件读取多字节数据函数

函数原型：uint8   ISendStr(uint8 sla,uint8 suba,uint8 * s,uint8 no);

功   能：从启动总线到发送地址,子地址,读数据,结束总线的全过程,从器件

地址 sla,子地址 suba,读出的内容放入 s 指向的存储区,读 no 个字节。

如果返回 1 表示操作成功,否则操作有误。

注   意：使用前必须已结束总线。

* */

```
uint8 IRcvStr(uint8 sla,uint8 suba,uint8 * s,uint8 no)
{
    uint8 i, ack;

    Start_I2c();                           /* 启动总线 */
```

```
    ack = SendByte(sla);              /*发送器件地址*/
    if(ack==0)return(0);


    ack = SendByte(suba);             /*发送器件子地址*/
    if(ack==0)return(0);


    Start_I2c();
    ack = SendByte(sla + 1);          // +1 代表读
    if(ack==0)return(0);


    for(i=0;i<no-1;i++)
    {
      * s=RcvByte();                  /*发送数据*/
      Ack_I2c(0);                     /*发送就答位*/
      s++;
    }
    * s=RcvByte();
    Ack_I2c(1);                       /*发送非应位*/


    Stop_I2c();                       /*结束总线*/
    return(1);
}
/* * * * * * * * * * * * * * * * * * * * * * * * * * * * * * * * * * *
                    写函数                                          *
函数原型: void   write_24lc16b(uint16 adrress, uint8 * data, uint8 number); *
功      能: 向 24lc16b 以 address 地址开始的单元写 number 个数据,number 从 1 到 16 *
 * * * * * * * * * * * * * * * * * * * * * * * * * * * * * * * * * * * * */
void   write_24lc16b(uint16 adrress, uint8 * wdata, uint8 number)
{
    uint8 control;
    uint8 sub_addr;
    uint8 flag;


    flag = 0;
    control = (uint8)(adrress >> 7) & 0x0e;
    control |= 0xa0;
    sub_addr = (uint8)(adrress & 0x00ff);


    do
    {
            flag = ISendStr(control, sub_addr, wdata, number);
    }while(flag == 0);
}
```

```
/ * * * * * * * * * * * * * * * * * * * * * * * * * * * * * * * * * *
                            读函数
函数原型：void   read_24lc16b(uint16 adrress, uint8 * data, uint8 number);
功      能：向 24lc16b 以 address 地址开始的单元读 number 个数据,number 从 1 到 2048
  * * * * * * * * * * * * * * * * * * * * * * * * * * * * * * * * * * * * /
void   read_24lc16b(uint16 adrress, uint8 * rdata, uint8 number)
{
    uint8 control;
    uint8 sub_addr;
    uint8 flag;

    flag = 0;
    control = (uint8)(adrress >> 7) & 0x0e;
    control |= 0xa0;
    sub_addr = (uint8)(adrress & 0x00ff);

    do
    {
            flag = IRcvStr(control, sub_addr, rdata, number);
    }while(flag == 0);
}

/ * * * * * * * * * * * * * * * * * * * * * * * * * * * * * * * * * * * *
                        24c16 测试函数
函数原型：    void check_24c16(void);
功      能：        向 24lc16b 全部存储单元写 0x00、0xff 并读回比较,返回值为损毁单元数量
  * * * * * * * * * * * * * * * * * * * * * * * * * * * * * * * * * * * * /
uint16 check_24c16(void)
{
    uint8 wdata[2] = {0x00,0xff};
    uint8 rdata[2] = {0x00,0x00};
    uint16 count = 0;
    uint16 eeprom_error = 0;

    for(count=0;count<2048;count++)
    {
        write_24lc16b(count, wdata, 1);
        read_24lc16b(count, rdata, 1);
        write_24lc16b(count, wdata + 1, 1);
        read_24lc16b(count, rdata + 1, 1);
        if((rdata[0] ! = wdata[0]) || (rdata[1] ! = wdata[1]))
        {
                eeprom_error = eeprom_error + 1;
        }
    }
```

```
        return(eeprom_error);
    }
```

5.4　单片机最小系统与 FPGA 接口电路及程序设计

在某些系统中,经常需要同时用到单片机小系统和 FPGA 小系统。因此需要设计二者之间的接口电路,以及编写相应的程序完成二者间的数据传输。

5.4.1.1　接口电路设计

在设计单片机小系统和 FPGA 小系统之间的接口电路时,首先需要注意二者之间的接口电平是否兼容。通常 FPGA 芯片的工作电压为 3.3V,而单片机的工作电压为 5V,因此,在连接电路时要保证所接信号引脚的接口为 TTL 电平。坚决禁止为了在 IO 引脚上获得高电平而将 5V 电源接入 FPGA 的引脚,如果这样会烧毁 FPGA 芯片。为了高效率在单片机与 FPGA 之间传输数据,最好采用总线方式设计接口电路,结构框图如图 5-24 所示。

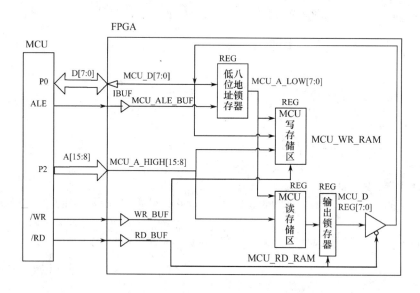

图 5-24　单片机小系统与 FPGA 接口框图

通过上述总线扩展方式连接单片机小系统与 FPGA 小系统,只要通过单片机读/写外部存储器(XDATA 区)便可实现数据传递。此处要保证定义的 FPGA 内部物理地址不与单片机小系统上已有的区域冲突,可以定义到 0xA400~0xFFFF 区段。由于需要将 ALE、$\overline{WR}$ 和 $\overline{RD}$ 作为 FPGA 内部进程的敏感信号,因此需要接入 IBUF(输入缓存器),否则编译将无法通过。

5.4.1.2　程序设计

本部分介绍使用 C 语言编写的单片机程序,以及使用 Verilog 语言编写的 FPGA 程序,在 FPGA 内部定义了两个 16 个字节的存储区,存储区类型为寄存器类型,其中 MCU_WR_RAM 为单片机向 FPGA 的写存储单元,MCU_RD_RAM 为单片机从 FPGA 的读存储单元,该单元也是 FPGA 向单片传输数据的临时缓存单元,可以由 FPGA 主动向其中写入数据。如果需要更大的存储区用户可自行定义,或者使用 FPGA 内部的 RAM(IP 核)作为存储单元。

(1) 单片机C语言程序

```
/***********************************************/
/**              单片机小系统测试程序              **/
/**                  作者:关永峰                  **/
/**                时间:2011/12/20                **/
/**      National University of Defence Technology  **/
/**                 0731-84574435                 **/
/***********************************************/
static     xdata uchar FPGA_data[16] _at_     0xD800;
//声明 FPGA 内部数据区,要与 FPGA 程序中定义保持一致
void main(void)
{
    uchar i;
    uchar data_temp[16];

    for(i=0;i<=15;i++)
        //向 FPGA 内部全部 16 个存储单元写入数据 0xAA
    {
        FPGA_data[i] = 0xAA;
    }
    for(i=0;i<=15;i++)
        //将 FPGA 内部全部 16 个存储单元的内容读出存入数组 data_temp 中
    {
        data_temp[i] = FPGA_data[i];
    }
}
```

2. FPGA Verilog 语言程序

```
/////////////////////////////////////////////////////////
//                  Verilog 程序                        //
//                  作者:关永峰                          //
//                时间:2011/12/20                        //
//      National University of Defence Technology        //
//                 0731-84574435                         //
/////////////////////////////////////////////////////////
module C51_Control(MCU_D, MCU_A, MCU_WR, MCU_RD, MCU_ALE)
                        //Ports Connecting  to    89S52
    inout    [7:0]      MCU_D;      //8 位数据
    input    [15:8]     MCU_A;      //高 8 位地址
    input           MCU_WR, MCU_RD, MCU_ALE;  //控制信号
    reg      [7:0]      MCU_RD_RAM [15:0];
                //例化 16 个寄存器存储单元,寄存 FPGA 传递给 MCU 的数据
    reg      [7:0]      MCU_WR_RAM [15:0];
                //例化 16 个寄存器存储单元,寄存 MCU 传递给 FPGA 的数据
```

```verilog
//C51 Bus Interface
    wire [15:8]      MCU_A_HIGH;           //高 8 位地址
    assign      MCU_A_HIGH = MCU_A;
    reg  [7:0]      MCU_A_LOW;             //低 8 位地址
    wire [3:0]      Addr_Index;            //存储器单元指示
                    //Latching the Low 8 bits of Address Bus
    wire        MCU_ALE_BUF;
    IBUF      MCU_ALE_inst(MCU_ALE_BUF,MCU_ALE);  //输入 BUF
    always@(negedge MCU_ALE_BUF)        //锁存低 8 位地址
        MCU_A_LOW[7:0] <= MCU_D;
    assign      Addr_Index = MCU_A_LOW[3:0];
                            //使用低 4 位地址区分 16 个存储单元
// MCU Writing Model
    wire      MCU_WR_BUF;
    IBUF      MCU_WR_inst(MCU_WR_BUF,MCU_WR);      //输入 BUF
    always@(posedge MCU_WR_BUF)
        if(MCU_A_HIGH == 8'hD8)
                //存储器地址定义,地址范围为 0xD800~0xD8FF
            MCU_WR_RAM[Addr_Index] <= MCU_D;
                //将单片机数据写入 MCU_WR_RAM 存储单元,
                //可供 FPGA 使用
// MCU   Reading Model
    reg [7:0] MCU_D_REG;
    wire        MCU_RD_BUF;
    IBUF      MCU_RD_inst(MCU_RD_BUF,MCU_RD);      //输入 BUF
    always@(negedge MCU_RD_BUF)
        if(MCU_A_HIGH == 8'hD8)
                //存储器地址定义,地址范围为 0xD800~0xD8FF
            MCU_D_REG <= MCU_RD_RAM[Addr_Index];
    assign MCU_D=MCU_RD_BUF? 8'hzz:MCU_D_REG;   //三态门输出

endmodule
```

5.5　本章小结

　　本章以国防科学技术大学电子科学与技术实验中心所设计的单片机最小系统为例,详细介绍了单片机最小系统的硬件组成和对应的软件驱动,包括89S52核心单片机、时钟复位译码电路结构、键盘显示电路结构和工作原理、外部数据存储器的扩展和工作原理、单片机小系统与FPGA小系统的接口设计以及驱动程序。文中提供了全部硬件单元的驱动代码,该代码已经通过了作者在硬件系统上的验证,可以作为读者学习单片机的参考例程,同时读者在进行二次开发系统时也可以直接调用所提供的底层函数,降低程序设计难度,加快系统设计速度。

第6章 ARM 嵌入式微处理器

本章主要介绍 ARM 微处理器的发展、基本分类、基本概念,使读者对 ARM 处理器有一个基本的了解,最后以 Philips 的 LPC21XX 系列为例,对 ARM 芯片的开发过程给以简要的描述。

6.1 ARM 处理器简介

6.1.0.1 ARM 处理器简介

ARM(Advanced RISC Machines)微处理器是指采用 ARM 技术知识产权(IP)核的微处理器。ARM 内核是英国 ARM 公司的产品,ARM 公司 1990 年成立于英国剑桥,该公司并不出售芯片,而是将内核授权给不同的处理器厂商,处理器厂商在 ARM 内核基础上,根据各自应用领域不同,添加存储、接口等外围设备,构成 ARM 处理器芯片。很多曾经投入较大精力研制自主 32 位 CPU 的厂商,都开始转向购买 ARM 内核进行新处理器的设计。目前,包括英特尔、德州仪器、三星半导体、摩托罗拉、飞利浦半导体、意法半导体、亿恒半导体、Atmel、Altera、Cirrus Logic 等几十家大的半导体公司都使用 ARM 公司的授权,推出了 ARM 系列处理器芯片。基于 ARM 技术容易获得更多的第三方工具、制造、软件的支持,又使整个系统成本降低,从而使产品更容易进入市场被消费者所接受,更具有竞争力。

ARM 微处理器作为嵌入式系统微处理器的一种,已遍及工业控制、消费类电子产品、通信系统、网络系统、无线系统等各类产品市场,约占据了 32 位 RISC 微处理器 75% 以上的市场份额,ARM 技术正在逐步渗入到我们生活的各个方面。在 2008 年,全球四分之一的电子产品是由 ARM 公司合作伙伴提供的并基于 ARM 技术。

6.1.0.2 ARM 微处理器的应用领域

目前,移动电话、大量的游戏机、平板电脑、机顶盒、媒体播放器、汽车电子、医疗电子等都采用了 ARM 处理器。至 2009 年,ARM 处理器全球累计出货达 140 亿个,ARM 微处理器及技术的应用几乎已经深入到各个领域。

(1) 工业控制领域:作为 32 位的 RISC 架构,基于 ARM 核的微控制器芯片不但占据了高端微控制器市场的大部分份额,同时也逐渐向低端微控制器应用领域扩展,ARM 微控制器的低功耗、高性价比,向传统的 8 位/16 位微控制器提出了挑战。如 ARM 公司推出的 Cortex-M 系列,其目标就是成为传统 MCU(微控制器、单片机)的替代者。

(2) 无线通信领域:目前已有 85% 以上的无线通信设备采用了 ARM 技术,ARM 以其高性能和低成本的特点,在该领域的地位日益巩固。

(3) 网络应用:随着宽带技术的推广,采用 ARM 技术的 ADSL 芯片正逐步获得竞争优势。此外,ARM 在语音及视频处理上进行了优化,并获得广泛支持,也对 DSP 的应用领域提出了挑战。

(4) 消费类电子产品:ARM 技术在目前流行的数字音频播放器、数字机顶盒和游戏机中得到广泛采用。

(5) 成像和安全产品:现在流行的数码相机和打印机中绝大部分采用 ARM 技术。手机中的 32 位 SIM 智能卡也采用了 ARM 技术。

(6) 固态存储及海量存储产品:从固态硬盘到网络存储设备,有较多的集成 ARM 内核的控制器,如 Indilinx 的 Barefoot 系列 SSD 控制器、Marvell 88F5181 SoC 网络存储控制器等。

除此以外,ARM 微处理器及技术还应用到许多其他领域,并会在将来取得更加广泛的应用。

6.1.0.3　ARM 微处理器的特点

ARM 微处理器采用 RISC 架构,具有如下特点:

(1) 体积小、低功耗、低成本、高性能。

(2) 支持 Thumb(16 位)和 ARM(32 位)双指令集,Thumb 指令集比 ARM 指令集更灵活、小巧,ARM 指令集功能更为强大。

(3) 指令执行采用多级流水线技术。

(4) 带有指令 cache 和数据 cache,大量使用寄存器,大多数数据操作都在寄存器中完成,指令执行速度更快。

(5) 寻址方式灵活简单,执行效率高。

(6) 指令长度固定,Thumb 指令集为 16 位,ARM 指令集为 32 位。

(7) 支持大端、小端两种字存储方法。

(8) 支持字节(byte,8 位)、半字(halfword,16 位)、字(word,32 位)三种数据类型。

(9) 具有用户、快速中断、中断、管理、终止、系统、未定义这 7 种处理器工作模式。

(10) 具有协处理器接口,可连接多个具有不同功能的协处理器。

(11) 采用了先进的 AMBA(Advanced Microcontroller Bus Architecture)片上总线。AMBA 包括了三种总线:高性能的 AHB(Advanced High performance Bus)总线、系统总线 ASB(Advanced System Bus)、外围总线 APB(Advanced Peripheral Bus)。其中,ASB 总线是旧版本的系统总线,AHB 推出较晚,增强了对更高性能、综合、时序验证的支持。

6.2　ARM 微处理器系列

自 1985 年第一个 ARM1 原型诞生以来,ARM 公司所设计的成熟的 ARM 体系结构(又称为指令集体系结构)有 ARMv1、ARMv4(1990 年)、ARMv4T(1995 年)、ARMv5TE(1999 年)、ARMv5TEJ(2000 年)、ARMv6(2001 年)、ARMv6T2、ARMv7、ARMv7-M 等,每一个 ARM 处理器都对应一个特定的 ARM 指令集体系结构版本。

ARM 微处理器的几个影响较大的内核系列(ARM6、ARM8 也有过短暂的出现,但很快被后续高版本替代)以及其他厂商基于 ARM 体系结构的处理器主要有:ARM7、ARM9、ARM9E、ARM10E、SecurCore、Cortex 以及 Intel 的 Strong ARM、Xscale 等。这些处理器除了具有 ARM 体系结构的共同特点以外,每一个系列的 ARM 微处理器都有各自的特点和应用领域。

其中,ARM7,ARM9,ARM9E 和 ARM10 为 4 个通用处理器系列,每一个系列提供一套相对独特的性能来满足不同应用领域的需求。SecurCore 系列专门为安全要求较高的应用而设计。

6.2.0.1　ARM7 微处理器系列

ARM7 系列微处理器为低功耗的 32 位 RISC 处理器,最适合用于对价位和功耗要求较高的消费类应用。ARM7 微处理器系列具有如下特点:

✦ 具有嵌入式 ICE-RT 逻辑,调试开发方便。

✦ 极低的功耗,适合对功耗要求较高的应用,如便携式产品。

✦ 能够提供 0.9mips/MHz 的三级流水线结构。

✦ 代码密度高并兼容 16 位的 Thumb 指令集。

✦ 对操作系统的支持广泛,包括 Windows CE、Linux、Palm OS 等。

✦ 指令系统与 ARM9 系列、ARM9E 系列和 ARM10E 系列兼容，便于用户的产品升级换代。

✦ 运算速度最高可达 130MIPS，高速的运算处理能力能胜任绝大多数的复杂应用。

ARM7 系列微处理器包括如下几种类型的核：ARM7TDMI、ARM7TDMI-S、ARM720T、ARM7EJ。其中，ARM7TMDI 是目前使用最广泛的 32 位嵌入式 RISC 处理器，属低端 ARM 处理器核，TDMI 的基本含义如下。

✦ T：支持 16 位压缩指令集 Thumb；

✦ D：支持片上 Debug；

✦ M：内嵌硬件乘法器（Multiplier）；

✦ I：嵌入式 ICE，支持片上断点和调试点。

ARM7TDMI 处理器内核也以软核（softcore）的形式向用户提供，即 ARM7TDMI-S。其中 S 表示可综合（Synthesizable）。

ARM720T 处理器内核是在 ARM7TDMI 的基础上，增加 8KB 的数据与指令 cache、支持段式和页式存储的存储器管理单元（MMU）、写缓冲器以及 AMBA 接口。

ARM740T 处理器内核与 ARM720T 处理器内核结构基本相同，但 ARM740T 处理器内核没有 MMU，不支持虚拟存储器寻址，而是采用存储器保护单元来提供基本保护和对 cache 的控制。适合低价格低功耗的嵌入式应用。

ARM7 系列微处理器的主要应用领域为：工业控制、Internet 设备、网络和调制解调器设备、移动电话等多种多媒体和嵌入式应用。

采用 ARM7 内核的典型芯片有 Samsung 的 S3C4510B、Philips 的 LPC21XX 系列等。

6.2.0.2　ARM9 微处理器系列

ARM9 系列微处理器在高性能和低功耗特性方面提供最佳的性能。具有以下特点：

✦ 5 级整数流水线，指令执行效率更高。

✦ 提供 1.1mips/MHz 的哈佛结构。

✦ 支持 32 位 ARM 指令集和 16 位 Thumb 指令集。

✦ 支持 32 位的高速 AMBA 总线接口。

✦ 全性能的 MMU，支持 Windows CE、Linux、Palm OS 等多种主流嵌入式操作系统。

✦ MPU 支持实时操作系统。

✦ 支持数据 cache 和指令 cache，具有更高的指令和数据处理能力。

ARM9 系列微处理器包含 ARM920T、ARM922T 和 ARM940T 三种类型，以适用于不同的应用场合。

ARM920T 处理器内核是在 ARM9TDMI 处理器内核基础上增加了分离式的指令 cache 和数据 cache，并带有相应的存储器管理单元指令 MMU 和数据 MMU、写缓冲器以及 AMBA 接口等。

ARM940T 处理器内核与 ARM920T 类似，但其为 ARM920T 的简化版本，没有 MMU，不支持虚拟存储器寻址，而是用存储器保护单元来提供存储保护和 cache 控制。

ARM9 系列微处理器主要应用于无线设备、仪器仪表、安全系统、机顶盒、高端打印机、数字照相机和数字摄像机等。典型芯片有 Samsung 的 S3C2410A 等。

6.2.0.3　ARM9E 微处理器系列

ARM9E 系列微处理器为可综合处理器，使用单一的处理器内核提供了微控制器、DSP、

Java 应用系统的解决方案,极大地减少了芯片的面积和系统的复杂程度。ARM9E 系列微处理器提供了增强的 DSP 处理能力,很适合于那些需要同时使用 DSP 和微控制器的应用场合。

ARM9E 系列微处理器的主要特点如下:

✦ 支持 DSP 指令集,适合于需要高速数字信号处理的场合。

✦ 5 级整数流水线,指令执行效率更高。

✦ 支持 32 位 ARM 指令集和 16 位 Thumb 指令集。

✦ 支持 32 位的高速 AMBA 总线接口。

✦ 支持 VFP9 浮点处理协处理器。

✦ 全性能的 MMU,支持 Windows CE、Linux、Palm OS 等多种主流嵌入式操作系统。

✦ MPU 支持实时操作系统。

✦ 支持数据 Cache 和指令 Cache,具有更高的指令和数据处理能力。

✦ 运算速度最高可达 300mips。

ARM9 系列微处理器主要应用于下一代无线设备、数字消费品、成像设备、工业控制、存储设备和网络设备等领域。

ARM9E 系列微处理器包含 ARM926EJ-S、ARM946E-S 和 ARM966E-S 三种类型,以适用于不同的应用场合。

6.2.0.4　ARM10E 微处理器系列

ARM10E 系列微处理器具有高性能、低功耗的特点,由于采用了新的体系结构,与同等的 ARM9 器件相比较,在同样的时钟频率下,性能提高了近 50%,同时,ARM10E 系列微处理器采用了两种先进的节能方式,使其功耗极低。

ARM10E 系列微处理器的主要特点如下:

✦ 支持 DSP 指令集,适合于需要高速数字信号处理的场合。

✦ 6 级整数流水线,指令执行效率更高。

✦ 支持 32 位 ARM 指令集和 16 位 Thumb 指令集。

✦ 支持 32 位的高速 AMBA 总线接口。

✦ 支持 VFP10 浮点处理协处理器。

✦ 全性能的 MMU,支持 Windows CE、Linux、Palm OS 等多种主流嵌入式操作系统。

✦ 支持数据 Cache 和指令 Cache,具有更高的指令和数据处理能力。

✦ 主频最高运算速度可达 400mips。

✦ 内嵌并行读/写操作部件。

ARM10E 系列微处理器主要应用于下一代无线设备、数字消费品、成像设备、工业控制、通信和信息系统等领域。

ARM10E 系列微处理器包含 ARM1020E、ARM1022E 和 ARM1026EJ-S 三种类型,以适用于不同的应用场合。

6.2.0.5　SecurCore 微处理器系列

SecurCore 系列微处理器专为安全需要而设计,提供了完善的 32 位 RISC 技术的安全解决方案,因此,SecurCore 系列微处理器除了具有 ARM 体系结构的低功耗、高性能的特点外,还具有独特的优势,即提供了对安全解决方案的支持。

SecurCore 系列微处理器除了具有 ARM 体系结构各种主要特点外,还在系统安全方面具有如下的特点：

+ 带有灵活的保护单元，以确保操作系统和应用数据的安全。
+ 采用软内核技术，防止外部对其进行扫描探测。
+ 可集成用户自己的安全特性和其他协处理器。

SecurCore 系列微处理器主要用于一些对安全性要求较高的应用产品及应用系统，如电子商务、电子政务、电子银行业务、网络和认证系统等领域。

SecurCore 系列微处理器包含 4 种类型：SecurCore SC100、SecurCore SC110、SecurCore SC200 和 SecurCore SC210，以适用于不同的应用场合。

6.2.0.6　Cortex 微处理器系列

ARM Cortex 处理器是新一代高性能、低功耗微处理器内核，是嵌入式系统的最佳选择。ARM Cortex 系列微处理器又分为如下的三个子系列。

ARM Cortex-A(Applications)系列：支持复杂的操作系统和用户应用程序。主要应用领域有：媒体播放器、导航仪、平板电脑等。相对于 ARM9 和 ARM11，Cortex-A 系列在性能方面有了较大的提升，目前已推出了 Cortex-A8 和 Cortex-A9 等系列内核。

ARM Cortex-R(Real-time)系列：面向实时信号处理及控制。主要应用领域有：网络存储设备、打印机、汽车电子等。目前，较为主流的是 Cortex-R4X 系列。

ARM Cortex-M(MCU)系列：专门为微控制器(MCU)和低功耗应用做了深度优化。主要应用领域有儿童玩具、小型仪器仪表、智能传感器等。目前已推出 Cortex-M0、Cortex-M1、Cortex-M3 等系列。其中 Cortex-M0 系列微处理器是 ARM 推出体积最小、能耗最低、最节能的处理器，这一系列的微处理器以 8 位微处理器的价格提供 32 位微处理器的性能，并兼容 Cortex-M3 等系列处理器。Cortex-M1 系列为 ARM 推出的第一个专门面向 FPGA 的软核，在高速 FPGA 器件上，主频可达 200MHz，还特别为 Actel ProASIC3、Actel lgloo、Actel Fusion、Altera Cyclone-III、Altera Stratix-III、Xilinx Spartan-3、Xilinx Virtex-5 等系列 FPGA 上的综合做了特别设计。

6.2.0.7　StrongARM 微处理器系列

Inter StrongARM SA-1100 处理器是采用 ARM 体系结构高度集成的 32 位 RISC 微处理器。它采用在软件上兼容 ARMv4 体系结构、同时采用具有 Intel 技术优点的体系结构。典型产品为 SA1110 处理器、SA1100、SA1110 PDA 系统芯片和 SA1500 多媒体处理器芯片等。

Intel StrongARM 处理器是便携式通信产品和消费类电子产品的理想选择，已成功应用于多家公司的掌上电脑系列产品。

6.2.0.8　Xscale 处理器

Xscale 处理器是基于 ARMv5TE 体系结构的解决方案，是一款性能全、性价比高、功耗低的处理器。它支持 16 位的 Thumb 指令和 DSP 扩充指令集，已使用在数字移动电话、便携式终端(PDA)、网络存储设备、骨干网路由器等领域。

典型产品有 PXA25X、PXA26x、PXA27x 等。

6.3　ARM 微处理器体系结构

6.3.1　RISC 体系结构

嵌入式微处理器分为 CISC (Complex Instruction Set Computer)架构和 RISC(Reduced

Instruction Set Computer)架构。大多数 PC 均使用 CISC 微处理器,如 Intel 的 X86,嵌入式系统微处理器一般采用 RISC 架构,如 Silicon Graphics 的 MIPS(Microprocessor without Interlocked Pipeline Stages)技术、ARM 公司的 Advanced RISC Machines 技术,以及 Hitachi 公司的 SuperH 技术等。

传统的 CISC(复杂指令集计算机)结构有其固有的缺点,即随着计算机技术的发展而不断引入新的复杂的指令集,为支持这些新增的指令,计算机的体系结构会越来越复杂,然而,在 CISC 指令集的各种指令中,其使用频率却相差悬殊,大约有 20%的指令会被反复使用,占整个程序代码的 80%。而其余 80%的指令却不经常使用,在程序设计中只占 20%,显然,这种结构是不合理的。

基于以上的不合理性,1979 年美国加州大学伯克利分校提出了 RISC(精简指令集计算机)的概念,RISC 并非只是简单地去减少指令,而是把着眼点放在了如何使计算机的结构更加简单合理地提高运算速度上。RISC 结构优先选取使用频率最高的简单指令,避免复杂指令;将指令长度固定,指令格式和寻址方式种类减少;以控制逻辑为主,不用或少用微码控制等措施来达到上述目的。

RISC 和 CISC 是目前设计制作微处理器的两种典型技术,它们都试图在体系结构、指令集、软硬件、编译时间和运行时间等诸多因素中做出平衡,以求达到高效的目的,只是采用的方法不同。

RISC 和 CISC 的差异主要表现在如下几个方面。

(1) 指令系统:RISC 设计者把主要精力放在经常使用的指令上,使其具有简单高效的特点。对于不常用的功能,通常通过指令组合来实现。CISC 指令系统丰富,有专用指令完成特定功能,处理特殊任务效率较高。

(2) 存储器操作:RISC 对存储器操作指令少,控制简单化。CISC 存储器操作指令多,操作直接。

(3) 程序:RISC 汇编语言程序一般需要较大的内存空间,实现特殊功能时程序复杂,不易设计。CISC 汇编语言程序编程相对简单,科学计算及复杂操作的程序设计相对容易,效率较高。

(4) 中断:RISC 在一条指令执行的适当地方可以响应中断;CISC 在一条指令执行结束后响应中断。

(5) CPU:RISC 包含较少的单元电路,面积小,功耗低;CISC 包含丰富的电路单元,功能强、面积大、功耗大。

(6) 设计周期:RISC 结构简单,布局紧凑,设计周期短,易于采用最新技术;CISC 结构复杂,设计周期长。

(7) 易用性:RISC 结构简单,指令规整,性能容易把握,易学易用;CISC 结构复杂,功能强大,实现特殊功能容易。

(8) 应用范围:RISC 指令系统与特定的应用领域有关,更适于嵌入式系统应用;CISC 更适合于通用计算机。

到目前为止,RISC 体系结构还没有严格的定义,一般认为,RISC 体系结构应具有如下特点:

① 采用固定长度的指令格式,指令归整、简单、基本寻址方式有 2~3 种。

② 使用单周期指令,便于流水线操作执行。

③ 大量使用寄存器,数据处理指令只对寄存器进行操作,只有加载/存储指令可以访问存储器,以提高指令的执行效率。

除此以外,ARM 体系结构还采用了一些特别的技术,在保证高性能的前提下尽量缩小芯片的面积,并降低功耗:

✦ 所有的指令都可根据前面的执行结果决定是否被执行,从而提高指令的执行效率。

✦ 可用加载/存储指令批量传输数据,以提高数据的传输效率。

✦ 可在一条数据处理指令中同时完成逻辑处理和移位处理。

✦ 在循环处理中使用地址的自动增减来提高运行效率。

当然,与 CISC 架构相比较,虽然 RISC 架构有上述的优点,但决不能认为 RISC 架构就可以取代 CISC 架构。事实上,RISC 和 CISC 各有优势,而且界限并不那么明显。现代的 CPU 往往采用 CISC 的外围,内部加入了 RISC 的特性,如超长指令集 CPU 就是融合了 RISC 和 CISC 的优势,成为未来的 CPU 发展方向之一。

6.3.2 ARM 微处理器工作模式及状态

6.3.2.1 ARM 微处理工作模式

ARM 体系结构支持 7 种处理器模式,具体名称及含义如表 6-1 所示。

表 6-1   ARM 微处理器的 7 种工作模式

处理器模式	助记符	模式码(CPSR[4:0])	描　　述
用户模式(User)	usr	10000	用户一般程序执行模式
快速中断模式(FIQ)	fiq	10001	具有较多专用寄存器,用于高速数据传输和通道处理
外部中断模式(IRQ)	irq	10010	用于通用的外部中断处理
管理模式(Supervisor)	svc	10011	操作系统使用的保护模式
终止模式(Abort)	abt	10111	当数据或指令预取终止时进入该模式,用于虚拟存储及存储保护
定义指令模式(Undefined)	und	11011	当未定义的指令执行时,进入该模式,用于支持硬件协处理器的软件仿真
系统模式(System)	sys	11111	运行具有特权的操作系统任务

一般上电复位后,处理器处于管理模式,工作模式之间可以通过指令、软中断、外部中断、异常等进行切换。上电复位后,可以通过指令由管理模式切换到用户模式,以执行大多数应用程序。进入用户模式后,无法通过指令切换到其他模式,只能通过异常、中断等切换到其他工作模式,在用户模式下,用户程序无法访问一些受保护的系统资源。其他 6 种模式统称为特权模式(privileged modes),在特权模式下,可以访问所有的系统资源,也可以通过更改 CPSR 进行模式之间的切换。特权模式中的系统模式使用的寄存器与用户模式相同,因此,特权模式中除去系统模式外的 5 种模式又称为异常模式(exception modes),常用于处理中断或异常,以及需要访问受保护的系统资源等情况。

可以通过 CPSR 中的低 5 位(0~4 位)来判断当前处理器的工作模式。

6.3.2.2 ARM 微处理器工作状态

ARM 微处理器在较新的体系结构中支持两种指令集:ARM 指令集和 Thumb 指令集。其中,ARM 指令为 32 位的长度,Thumb 指令为 16 位长度。Thumb 指令集为 ARM 指令集的功能子集,与等价的 ARM 代码相比较,可节省 30%～40% 以上的存储空间,同时具备 32 位代码的所有优点。

名称中带有 T 字符的 ARM 处理器支持这两种指令集。相应地,ARM 微处理器有两种工作状态:32 位的 ARM 状态、16 位的 Thumb 状态。ARM 在两种工作状态之间可以切换,不影响处理器的工作模式及寄存器的内容。系统复位及发生异常后,均进入 ARM 状态,可以通过执行交换转移指令 BX 进行两种状态之间的切换。由于处理器一般按照流水线工作,切换状态后,将消除流水线中已有的尚未执行的指令。可以通过判断 CPSR 中的第 5 位来判断当前的 ARM 微处理器工作状态。

6.3.3 ARM 微处理器的寄存器结构

ARM 处理器共有 37 个寄存器,这些寄存器包括:

✦ 31 个通用寄存器,包括程序计数器(PC 指针),均为 32 位的寄存器。

✦ 6 个状态寄存器,用以标识 CPU 的工作状态及程序的运行状态,均为 32 位。32 位中还有部分预留位以供以后扩展。

寄存器的使用与处理器的状态(ARM 状态、Thumb 状态)有关,也与处理器的工作模式(7 种工作模式)有关。在每一种处理器模式下均有一组相应的寄存器与之对应。即在任意一种处理器模式下,可访问的寄存器包括 15 个通用寄存器(R0～R14)、1～2 个状态寄存器和程序计数器。在所有的寄存器中,有些是在 7 种处理器模式下共用的同一个物理寄存器,而有些寄存器则是在不同的处理器模式下有不同的物理寄存器。为了方便描述,可将这些寄存器分为若干个部分重叠的组(Bank),分组是按照工作模式来进行的,如表 6-2 所示,除系统模式和用户模式使用相同的寄存器外,其他模式都使用不尽相同的寄存器。

表 6-2　ARM 微处理器寄存器组织结构

寄存器类别	寄存器在汇编中的名称	各模式下实际访问的寄存器						
		用户	系统	管理	中止	未定义	中断	快中断
通用寄存器和程序计数器	R0(a1)	R0						
	R1(a2)	R1						
	R2(a3)	R2						
	R3(a4)	R3						
	R4(v1)	R4						
	R5(v2)	R5						
	R6(v3)	R6						
	R7(v4)	R7						
	R8(v5)	R8						R8_fiq
	R9(SB,v6)	R9						R9_fiq
	R10(SL,v7)	R10						R10_fiq
	R11(FP,v8)	R11						R11_fiq
	R12(IP)	R12						R12_fiq
	R13(SP)	R13		R13_svc	R13_abt	R13_und	R13_irq	R13_fiq
	R14(LR)	R14		R14_svc	R14_abt	R14_und	R14_irq	R14_fiq
	R15(PC)	R15						
状态寄存器	CPSR	CPSR						
	SPSR	无		SPSR_abt	SPSR_abt	SPSR_und	SPSR_irq	SPSR_fiq

根据上表,寄存器主要有以下几类。

6.3.3.1 通用寄存器

通用寄存器为 R0～R15,又可分为不分组寄存器(R0～R7)、分组寄存器(R8～R14)和程序计数器(R15)三类。

不分组寄存器(R0～R7)在各个模式下都是相同的,是真正的通用寄存器,在所有模式下没有隐含的特殊用途。

分组寄存器(R8～R14)在不同模式下是不尽相同的,如其中的 R8～R12,当工作模式为 FIQ 模式时,访问 R8～R12 时,实际访问的是 R8_fiq～R12_fiq。这里面需要注意的是,R13 通常用作堆栈指针,又称为 SP,通常 R13 初始化成异常模式分配的堆栈地址,当发生异常时,异常处理程序将用到的其他寄存器的值保存到 R13 所指向的堆栈中,返回时,重新将这些值加载到寄存器中。需要注意的是,寄存器 R13 在 ARM 指令中常用作堆栈指针只是一种习惯用法,用户也可使用其他的寄存器作为堆栈指针,但在 Thumb 指令集中,某些指令强制性的要求使用 R13 作为堆栈指针。

R14 常用作子程序链接寄存器,也称为链接寄存器(Link Register,LR),当执行带有链接分支指令(BL)时,R14 用于保存 PC(程序计数器)的值,即子程序处理完毕的返回地址。在每种模式下,模式自身的 R14 寄存器用于保存子程序返回地址,当发生异常时,将 R14 对应的异常模式版本设置为异常返回地址。如图 6-1 所示,当在主程序执行过程中调用程序 B;程序跳转至标号 Lable,执行程序 B,同时硬件将"BL Lable"指令的下一条指令所在地址存入 R14;程序 B 执行后,将 R14 寄存器的内容放入 PC,返回程序 A。另外,在异常发生时,程序要跳转至异常服务程序,对返回地址的处理与子程序调用类似,都是由硬件完成的。

寄存器 R15 为 PC(程序计数器),它指向正在取指的地址,可以认为它是一个通用寄存器,但是对于它的使用有许多与指令相关的限制或特殊情况。由于 ARM 的执行采用流水线方式,正常操作时,从 R15 读取的值是处理器正在取指的地址,即当前正在执行指令的地址加上 8(两条 ARM 指令的长度)。

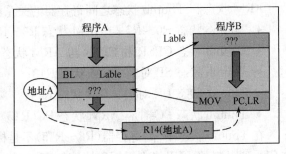

图 6-1　R14 寄存器与子程序调用示意图

需要注意的是,Thumb 状态寄存器集是 ARM 状态集的子集,可以直接访问的寄存器为:

- ◆ 8 个通用寄存器 R0～R7;
- ◆ 程序计数器(PC);
- ◆ 堆栈指针(SP);
- ◆ 链接寄存器(LR);
- ◆ 有条件访问程序状态寄存器(CPSR)。

Thumb 状态寄存器组织结构如表 6-3 所示,表中括号内为 ATPCS(ARM-Thumb Procedure Call Standard)中寄存器的命名,ADS1.2 的汇编程序直接支持这些名称,但注意 a1～a4,v1～v4 必须用小写。寄存器 R0～R7 为保存数据或地址值的通用寄存器。对于任何处理器模式,它们中的每一个都对应于相同的 32 位物理寄存器。它们是完全通用的寄存器,不会被体系结构作为特殊的用途,并且可用于任何使用通用寄存器的指令。堆栈指针(SP)对应 ARM 状态的寄存器 R13。每个异常模式都有其自身的 SP 分组版本,SP 通常指向各异常模式所专用的堆栈。链接寄存器(LR)对应 ARM 状态寄存器 R14。需要注意的是,在发生异常时,处理器自动进入 ARM 状态。

表 6-3　Thumb 状态寄存器组织结构

寄存器类别	寄存器在汇编中的名称	各模式下实际访问的寄存器						
		用户	系统	管理	中止	未定义	中断	快中断
通用寄存器和程序计数器	R0(a1)	R0						
	R1(a2)	R1						
	R2(a3)	R2						
	R3(a4)	R3						
	R4(v1)	R4						
	R5(v2)	R5						
	R6(v3)	R6						
	R7(v4,wr)	R7						
	SP	R13		R13_svc	R13_abt	R13_und	R13_irq	R13_fiq
	LR	R14		R14_svc	R14_abt	R14_und	R14_irq	R14_fiq
	PC	R15						
状态寄存器	CPSR	CPSR						

ARM 状态和 Thumb 状态之间寄存器的关系如下:

✦ Thumb 状态 R0～R7 与 ARM 状态 R0～R7 相同;

✦ Thumb 状态 CPSR 和 SPSR 与 ARM 状态 CPSR 和 SPSR 相同;

✦ Thumb 状态 SP 对应 ARM 状态 R13;

✦ Thumb 状态 LR 对应 ARM 状态 R14;

✦ Thumb 状态 PC 对应 ARM 状态 PC(R15)。

在 Thumb 状态中,高寄存器(R8～R15)不是标准寄存器集的一部分。汇编程序对它们的访问受到限制,但可以将它们用于快速暂存,例如可以使用 MOV、CMP 和 ADD 指令对高寄存器操作。

6.3.3.2　程序状态寄存器

ARM 内核包含一个 CPSR(current program status register,当前程序状态寄存器)和5 个备份的CPSR——SPSR。CPSR 程序状态寄存器,CPSR 在用户级编程时用于存储条件码。CPSR 包含条件码标志,中断禁止位,当前处理器模式以及其他状态和控制信息。SPSR(saved program status register)程序状态保存寄存器用于保存 CPSR 的状态,以便异常返回后恢复异常发生时的工作状态。每一种处理器模式下都有一个专用 SPSR。当特定的异常中断发生时,这个寄存器用于存放当前程序状态寄存器的内容。在异常中断退出时,可以用SPSR 来恢复 CPSR。用户模式和系统模式不是异常中断模式,所以没有 SPSR。当用户在用户模式或系统模式访问 SPSR,将产生不可预知的后果。

CPSR 反映了当前处理器的状态,其包含:

✦ 4 个条件代码标志[负(N)、零(Z)、进位(C)和溢出(V)];

✦ 两个中断禁止位,分别控制一种类型的中断;

◆ 5个对当前处理器模式进行编码的位；

◆ 一个用于指示当前执行指令（ARM 还是 Thumb）的位。

CPSR 中的每 1 位的具体含义如图 6-2 所示。根据每 1 位的功能，可以分为三类：条件代码标识位、保留位和控制位。

条件代码标志主要描述了运算结果的状态。N(Negative)：运算结果的最高位反映在该标志位。对于有符号二进制补码，结果为负数时 N＝1，结果为正数或零时 N＝0。Z(Zero)：指令结果为 0 时 Z＝1（通常表示比较结果"相等"），否则 Z＝0。C(Carry)：当进行加法运算（包括 CMN 指令），并且最高位产生进位时 C＝1，否则 C＝0。当进行减法运

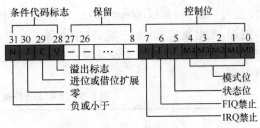

图 6-2　CPSR 寄存器每位含义

算（包括 CMP 指令），并且最高位产生借位时 C＝0，否则 C＝1。对于结合移位操作的非加法/减法指令，C 为从最高位最后移出的值，其他指令 C 通常不变。V(oVerflow)：当进行加法/减法运算，并且发生有符号溢出时 V＝1，否则 V＝0，其他指令 V 通常不变。

CPSR 的最低 8 位为控制位，当发生异常时，这些位被硬件改变。当处理器处于一个特权模式时，可用软件操作这些位。中断禁止位包括 I 和 F 位，当 I 位为 1 时，IRQ 中断被禁止；当 F 位为 1 时，FIQ 中断被禁止。T 位为状态控制位，反映了处理器的工作状态，当 T 位为 1 时，处理器正在 Thumb 状态下运行；当 T 位为 0 时，处理器正在 ARM 状态下运行。模式位包括 M4、M3、M2、M1 和 M0，这些位可以控制处理器的操作模式。需要注意的是，不是所有模式位的组合都定义了有效的处理器模式，如果使用了错误的设置，将引起一个无法恢复的错误。

这里，结合 ARM 处理器的工作模式，将在 Thumb 状态、ARM 状态下各模式所能访问的寄存器列于表 6-4 中。

表 6-4　CPSR 模式位设置及各模式下所能访问的寄存器

M[4:0]	模式	可见的 Thumb 状态寄存器	可见的 ARM 状态寄存器
10000	用户	R0～R7，SP，LR，PC，CPSR	R0～R14，PC，CPSR
10001	快中断	R0～R7，SP_fiq，LR_fiq，PC，CPSR，SPSR_fiq	R0～R7，R8_fiq～R14_fiq，PC，CPSR，SPSR_fiq
10010	中断	R0～R7，SP_irq，LR_irq，PC，CPSR，SPSR_fiq	R0～R12，R13_irq，R14_irq，PC，CPSR，SPSR_irq
10011	管理	R0～R7，SP_svc，LR_svc，PC，CPSR，SPSR_svc	R0～R12，R13_svc，R14_svc，PC，CPSR，SPSR_svc
10111	中止	R0～R7，SP_abt，LR_abt，PC，CPSR，SPSR_abt	R0～R12，R13_abt，R14_abt，PC，CPSR，SPSR_abt
11011	未定义	R0～R7，SP_und，LR_und，PC，CPSR，SPSR_und	R0～R12，R13_und，R14_und，PC，CPSR，SPSR_und
11111	系统	R0～R7，SP，LR，PC，CPSR	R0～R14，PC，CPSR

在 CPSR 中预留了较多的保留位，以备将来使用。为了提高程序的可移植性，当改变 CPSR 标志和控制位时，不要改变这些保留位。另外，请确保程序的运行不受保留位的值影

响,因为将来的处理器可能会将这些位设置为'1'或者'0'。

6.3.4 ARM 微处理器的异常处理

在一个正常的程序执行过程中,由内部或外部源产生的一个事件,使正常的程序产生暂时的停止时,称为异常(Exception)。异常是由内部或外部源产生并引起处理器处理的一个事件,例如,上电复位、外部中断、软中断等。在处理异常之前,必须保留当前处理器的状态,这样处理完异常后,当前程序才能继续执行,ARM 运行过程中所出现的异常类型及其含义如表 6-5 所示。

表 6-5　ARM 微处理器的异常类型及含义

异常类型	含　义
复位	复位时,转入复位异常处理程序
未定义指令	遇到不能处理的指令时产生的异常
软件中断	执行 SWI 指令时产生,可用于用户模式下的程序调用特权操作指令
预取指令中止	预取指令地址不存在,或者该地址不允许当前指令访问时,存储器向处理器发出中止信号,当预取指令执行时,才会产生预取指令中止异常
数据中止	数据访问指令地址不存在,或者该地址不允许当前指令访问时产生的异常
IRQ	外部中断有效并且 CPSR 中的 I 位为 0 时产生的异常
FIQ	快速中断有效并且 CPSR 中的 F 位为 0 时产生的异常

ARM 内核允许多个异常同时发生,并按照固定的优先级顺序进行处理。各个异常的优先级如表 6-6 所示。

各个异常在 ARM 程序中的入口地址如表 6-7 所示,该表也给出了各个异常发生时,ARM 将进入的工作模式,以及进入对应模式对 CPSR 中 I 位和 F 位的影响。表中的 I 和 F 表示不对该位有影响,保留原来的值。从表中可以看出,除 FIQ 异常之外,每个入口空间只有一个字的大小,这个空间如果存放异常处理程序一般是放不下的,常常放置一个跳转指令,跳转到具体异常执行程序的位置处,而 FIQ 则可以直接放置 FIQ 异常处理程序。

表 6-6　ARM 微处理器的异常类型的优先级

优先级	异常类型
1(最高)	复位
2	数据中止
3	FIQ
4	IRQ
5	预取指令中止
6(最低)	未定义指令,SWI

表 6-7　ARM 异常向量

地址	异常类型	进入时的模式	进入时 I 的状态	进入时 F 的状态
0x0000 0000	复位	管理	禁止	禁止
0x0000 0004	未定义指令	未定义	I	F
0x0000 0008	软件中断	管理	禁止	F
0x0000 000C	中止(预取)	中止	I	F
0x0000 0010	中止(数据)	中止	I	F
0x0000 0014	保留	保留	—	—
0x0000 0018	IRQ	中断	禁止	F
0x0000 001C	FIQ	快中断	禁止	禁止

异常响应过程如下：

① 在相应的 LR 中保存下一条指令的地址，当异常入口来自 ARM 状态，则将当前指令地址加 4 或加 8 复制（取决于异常的类型）到 LR 中；如果异常入口来自 Thumb 状态，那么将当前 PC 值复制到 LR 中。

② 将 CPSR 复制到适当的 SPSR 中。

③ 将 CPSR 模式位强制设置为与异常类型相对应的值。

④ 强制 PC 从相关的异常向量处取指。

通常，内核在处理中断异常时置位中断禁止标志，这样可以防止异常嵌套。需要注意的是，异常总是在 ARM 状态中进行处理。当处理器处于 Thumb 状态时发生了异常，在异常向量地址装入 PC 时，会自动切换到 ARM 状态。

当异常结束时，异常处理程序必须执行如下操作：

① 将 LR 中的值减去偏移量后存入 PC，偏移量根据异常的类型而有所不同。

② 将 SPSR 的值复制回 CPSR，恢复 CPSR 的动作会将 T、F 和 I 位自动恢复为异常发生前的值。

③ 清零在入口置位的中断禁止标志。

6.3.5　ARM 处理器存储结构

ARM 体系结构采用 32 位总线，ARM 将存储空间按字节进行物理编制，因此，ARM 总的寻址空间为 2^{32} 字节，范围为 $0 \sim 2^{32}-1$。第 0 个字节的地址为 0x00000000，第一个字节的地址为 0x00000001。

ARM 内核支持字、半字、字节三种数据类型：

✦ 字：32 位，4 字节边界对齐；

✦ 半字：16 位，2 字节边界对齐；

✦ 字节：8 位。

相应的，在存储这三种数据类型时，地址空间规则要求如下：

✦ 地址位于 A 的字由地址为 A、A+1、A+2、A+3 的字节组成；

✦ 地址位于 A 的半字由地址为 A、A+1 的字节组成；

✦ 地址位于 A+2 的半字由地址为 A+2、A+3 的字节组成；

✦ 地址位于 A 的字由地址为 A、A+2 的半字组成。

因此，地址 0x00000000～0x00000003 存放第一个字，而将 0x00000000 作为这个字的地址，地址 0x00000004～0x00000007 存放第二个字，将 0x00000004 作为这个字的存放地址。依此类推。可以看出，每个字的存放地址的最低两位均为"0"，这种对齐方式称为字对齐存储。相应的，也可以得出半字存储的对齐方式。

在 ARM 存储结构中，字对齐存储格式有两种，即小端（Little Endian）格式和大端（Big Endian）格式（Big Endian）。在小端格式中，存储字的四个字节的最低地址字节存放字的最低字节，最高地址字节存放存储字的最高字节。大端存储格式与小端存储格式相反，存储字的四个字节的最低地址字节存储的是字的最高字节，而最高地址字节存储的是字的最低字节。大端和小端存储格式如图 6-3 所示。

例如，假设地址 0x0000 0000 存放的字的内容为"ABCD"，则大端和小端存储格式所存储的内容如图 6-4 所示。

31		24	23		16	15		8	7		0	字节地址
存储地址为 0x0000 0008 的字												0x0000 0008
存储地址为 0x0000 0006 的 半字					存储地址为 0x0000 0004 的 半字							0x0000 0004
存储地址为 0x0000 0003 的 字节			存储地址为 0x0000 0002 的 字节			存储地址为 0x0000 0001 的 字节			存储地址为 0x0000 0000 的 字节			0x0000 0000

(a)小端存储系统

31		24	23		16	15		8	7		0	字节地址
存储地址为 0x0000 0008 的字												0x0000 0008
存储地址为 0x0000 0004 的 半字					存储地址为 0x0000 0006 的 半字							0x0000 0004
存储地址为 0x0000 0000 的 字节			存储地址为 0x0000 0001 的 字节			存储地址为 0x0000 0002 的 字节			存储地址为 0x0000 0003 的 字节			0x0000 0000

(b)大端存储系统

图 6-3　大端和小端存储系统

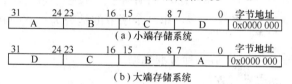

图 6-4　大端和小端存储格式实例

ARM 体系结构通常要求所有的存储器访问都要对齐,用于字访问的地址要字对齐,用于半字访问的要半字对齐。

4.3.6　ARM 处理器的存储映射 I/O 及内部总线

ARM 将存储器看作是一个从 0 开始的线性递增的字节集合:

✦ 字节 0~3 保存第一个存储的字

✦ 字节 4~7 保存第二个存储的字

✦ 字节 8~11 保存第三个存储的字

依此类推。基于 ARM 内核的芯片具有许多的外设,对这些外设访问的标准方法是使用存储器映射 I/O,为外设的每个寄存器都分配一个地址。

通常,从这些地址装载数据用于读入,向这些地址保存数据用于输出。有些地址的装载和保存用于外设的控制功能,而不是输入或输出功能。

ARM 处理器采用 AMBA（Advanced Microcontroller Bus Architecture,高级微控制器总线结构）总线,典型的 AMBA 总线架构如图 6-5 所示。

AMBA 总线是 ARM 公司设计的一种用于高性能嵌入式系统的总线标准。它独立于处理器和制造工艺技术,增强了各种应用中的外设和系统宏单元的可重用性。AMBA 总线规范是一个开放标准,可免费从 ARM 获得。目前,AMBA 拥有众多第三方支持,被 ARM 公司

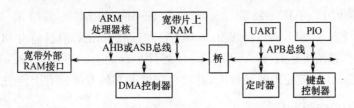

图 6-5　典型的 AMBA 总线架构

90％以上的合作伙伴采用,在基于 ARM 处理器内核的 SoC 设计中,已经成为广泛支持的现有互联标准之一。

AMBA 总线规范 2.0 于 1999 年发布,该规范引入的先进高性能总线(AHB)是现阶段 AMBA 实现的主要形式。

目前,AMBA 总线规范的版本为 3.0,它定义了三组不同的总线:

◆ AHB (Advanced High-performance Bus,高性能总线)

◆ ASB (Advanced System Bus,高性能系统总线)

◆ APB (Advanced Peripheral Bus,高性能外设总线)

高性能系统总线(AHB 或 ASB)主要用以满足 CPU 和存储器之间的带宽要求。CPU、片内存储器和 DMA 等高速设备连接在系统总线上,而系统的大部分低速外设则连接在低带宽总线 APB 上。系统总线和外设总线之间通过一个桥接器(AHB/ASB-APB- Bridge)连接。在不必使用 AHB 的高速特性时,可选择 ASB 作为系统总线。ASB 也支持 CPU、片上存储器和片外处理器接口与低功耗外部宏单元之间的连接。

ASB 的主要特性与 AHB 类似,主要不同点是采用同一条双向数据总线来读、写数据。APB 非常简单,适用于低速、低功耗的外设,只有一个总线主设备控制器,最大支持 32 位数据总线宽度,读、写数据总线分开。APB 总线适合于作为传送速度较低的外围设备总线,驱动速度较慢的设备。

APB 桥单元把系统总线传输转化为 APB 总线传输。其主要功能主要有:

◆ 锁存地址并在整个传输过程中保持其有效,直到数据传送完成;

◆ 地址译码并且生成一个外部选择信号 PSELx,在一次传输期间只有一个选择信号有效;

◆ 读/写数据驱动;

◆ 触发使能信号 PENABLE,使其有效。

6.4　ARM 微处理器的应用选型

ARM 已获得众多的半导体厂家和整机厂商的大力支持,在 32 位嵌入式应用领域获得了巨大的成功,目前已经占有 75％以上 32 位 RISC 嵌入式产品市场。在低功耗、低成本的嵌入式应用领域确立了市场领导地位。现在设计、生产 ARM 芯片的国际大公司已经超过 50 多家。但是,由于 ARM 微处理器有多达十几种的内核结构,几十个芯片生产厂家,以及千变万化的内部功能配置组合,给开发人员在选择方案时带来一定的困难。

6.4.0.1　ARM 微处理器内核的选择

从前面所介绍的内容可知,ARM 微处理器包含一系列的内核结构,以适应不同的应用领域,用户如果希望使用 Windows CE 或标准 Linux 等操作系统以减少软件开发时间,就需要选择 ARM720T 以上带有 MMU（Memory Management Unit）功能的 ARM 芯片，如 ARM720T、ARM920T、ARM922T、ARM946T、Strong-ARM 等都带有 MMU 功能。而 ARM7TDMI 则没有 MMU，不支持 Windows CE 和标准 Linux，但目前有 uCLinux 等不需要 MMU 支持的操作系统可运行于 ARM7TDMI 硬件平台之上。事实上，uCLinux 已经成功移植到多种不带 MMU 的微处理器平台上，并在稳定性和其他方面都有上佳表现。

6.4.0.2 系统的工作频率

系统的工作频率在很大程度上决定了 ARM 微处理器的处理能力。ARM7 系列微处理器的典型处理速度为 0.9mips/MHz，常见的 ARM7 芯片系统主时钟为 20～133MHz，ARM9 系列微处理器的典型处理速度为 1.1mips/MHz，常见的 ARM9 的系统主时钟频率为 100～233MHz，ARM10 最高可以达到 700MHz。不同芯片对时钟的处理不同，有的芯片只需要一个主时钟频率，有的芯片内部时钟控制器可以分别为 ARM 核和 USB、UART、DSP、音频等功能部件提供不同频率的时钟。

6.4.0.3 芯片内存储器的容量

大多数的 ARM 微处理器片内存储器的容量都不太大，需要用户在设计系统时外扩存储器，但也有部分芯片具有相对较大的片内存储空间，在设计时可考虑选用这种类型，以简化系统的设计。常见的内置存储器的 ARM 型号有 ATMEL 的 AT91 系列、Philips 的 LPC 系列、ST 的 STM32 系列等。

6.4.0.4 片内外围电路的选择

除 ARM 微处理器核以外，几乎所有的 ARM 芯片均根据各自不同的应用领域，扩展了相关功能模块，并集成在芯片之中，我们称之为片内外围电路，如 USB 接口、IIS 接口、LCD 控制器、键盘接口、RTC、ADC 和 DAC、DSP 协处理器等，设计者应分析系统的需求，尽可能采用片内外围电路完成所需的功能，这样既可简化系统的设计，又可提高系统的可靠性。

6.4.0.5 多芯核 ARM 系列的选择

为了增强多任务处理能力、数学运算能力、多媒体以及网络处理能力，某些供应商提供的 ARM 芯片内置多个芯核，目前常见的 ARM＋DSP，ARM＋FPGA，ARM＋ARM 等结构。

6.4.0.6 根据应用选型

各 ARM 厂商推出的 ARM 系列芯片均有其特定的应用背景，可以根据各个厂商的特长、在特定行业的应用背景等来进行选择。厂商一般也提供典型案例和典型方案，可以据此根据应用背景来进行选型。下表给出了常见的应用及推荐 ARM 芯片型号。

表 6-8　常见 ARM 应用方案推荐

应　　用	第一选择方案	第二选择方案	注　　释
高档 PDA	S3C2410	Dragon ball MX1	
便携 CDMP3 播放器	SAA7750		USB 和 CD-ROM 解码器
FLASH MP3 播放器	SAA7750	PUC3030A	内置 USB 和 FLASH
WLAN 和 BT 应用产品	L7205，L7210	Dragon ball MX1	高速串口和 PCMCIA 接口
Voice Over IP	STLC1502		
数字式照相机	TMS320DSC24	TMS320DSC21	内置高速图像处理 DSP

应 用	第一选择方案	第二选择方案	注 释
便携式语音 email 机	AT75C320	AT75C310	内置双 DSP,可以分别处理 MODEM 和语音
GSM 手机	VWS22100	AD20MSP430	专为 GSM 手机开发
ADSL Modem	S5N8946	MTK-20141	
电视机顶盒	GMS30C3201		VGA 控制器
3G 移动电话机	MSM6000	OMAP1510	
10G 光纤通信	MinSpeed 公司系列 ARM 芯片		多 ARM 核+多 DSP 核

6.5 LPC214X 系列 ARM 芯片应用开发

6.5.1 LPC214X 系列 ARM 芯片简介

LPC2148 是 LPC214X 家族中的一员,其内核为 ARM7TDMI-S,LPC214X 包括 LPC2141/42/44/46/48,这一系列的内部结构如图 6-6 所示。从图中可以看出,LPC214X 系列芯片内部包含了如下几个重要组成部分:

✦ 16bit/32bit ARM7TDMI-S 内核

✦ 32/64/128/256/512kB 的高速 Flash 存储模块

✦ 较多的串行通信接口(USB 2.0 Device(全速)、多个 UART、SPI、SSP 和 I²C 接口)

✦ 8~40KB 的片内 SRAM

✦ 多个 32 位定时器

✦ 1~2 个 10 位 ADC、10 位 DAC

✦ PWM 输出

✦ 45 个快速 GPIO 口

✦ 多达 21 个外部中断引脚

✦ 具有单独供电的内部实时时钟单元

LPC2141/2/4/6/8 系列芯片除片内 RAM 和 Flash 大小因型号不同而变化之外,在片内外围设备上也有很大不同,主要区别在于 A/D 通道数目、有无 D/A 以及 Modem 接口。LPC214X 系列芯片的简要对比信息如表 6-9 所示。从表中可以看出,LPC2142 比 LPC2141 多了一个 10 位 DAC,LPC2144/6/8 比 LPC2142 多了 8 路 A/D 输入通道和 Modem 接口。另外,LPC2146/8 的 USB 多了 DMA 方式以及额外的 8KB RAM,这个 8KB RAM 也可用于通用 RAM,其地址为 0x7FD00000~0x7FD01FFF,例如,在使用 LPC2148 进行单声道 MP3 解码(因为 LPC2148 内部只有一个 10 位 DAC,故内部只能进行单声道输出)输出时,如果代码超过了 32KB 但小于 40KB,可以将这 8KB 也用于存放代码和数据。

表 6-9 LPC214X 系列对比

器件	引脚数	片内 SRAM	USB端口 RAM	片内 Flash	10 位 ADC 通道数	10 位 DAC 通道数	备 注
LPC2141	64	8KB	2KB	32KB	6	—	—
LPC2142	64	16KB	2KB	64KB	6	1	—
LPC2144	64	16KB	2KB	128KB	14	1	带完整 modem 接口的 UART1
LPC2146	64	32KB+8KB	2KB	256KB	14	1	带完整 modem 接口的 UART1
LPC2148	64	32KB+8KB	2KB	512KB	14	1	带完整 modem 接口的 UART1

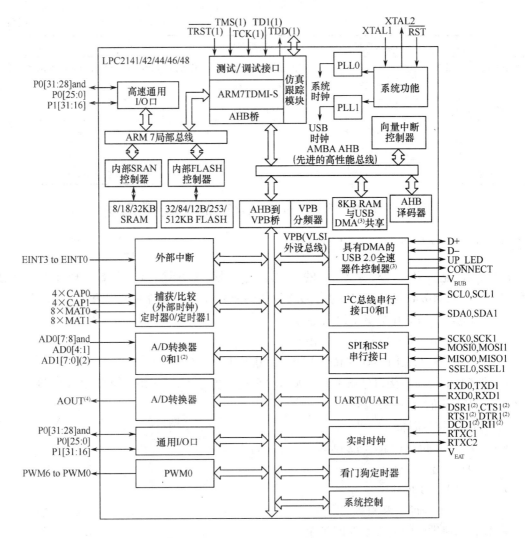

注:(1) 这些引脚兼有 GPIO 功能。

 (2) 仅 LPC2144/6/8 具有此功能。

 (3) LPC2146/8 具有额外的 8KB RAM 供 USB DMA 使用,这些 RAM 也可以用作通用 RAM。

 (4) 仅 LPC2142/4/6/8 具有此功能。

图 6-6 LPC214X 内部结构

  LPC2141/2/4/6/8 具有广泛的应用领域,其较小的封装和较低的功耗,使得其适用于访问控制和 POS 机等小型应用;其内置的多个串行通信接口和内置 RAM,使得其适用于通信网关、协议转换器、软件 Modem、语音识别和低端成像应用,其内置的多个定时器、ADC、DAC、多个中断引脚等,使得其适用于工业控制和医疗系统。

6.5.2 LPC2148 引脚描述

  在本节中,以 LPC2148 为例,来描述 LPC 系列 ARM 芯片的引脚信息。LPC2148 共有 64 个引脚,器件的封装为 LQFP64,这些引脚的功能分布如图 6-7 所示,各引脚的功能描述见表 6-10。

  下面,我们按照各个引脚的功能对其进行分类描述。

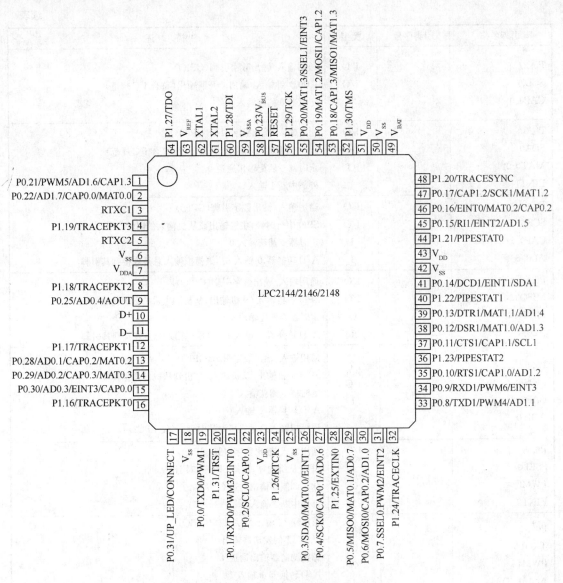

图 6-7　LPC2148 引脚功能分布

表 6-10　LPC2148 芯片引脚功能描述

引脚名称	引脚序号	类型	描　　述
P0.0～P0.31		I/O	P0 口：P0 口为 32 位 I/O 口。每个引脚的功能、方向控制都需要专门的寄存器进行控制。P0 口有 28 个引脚可用作通用双向数字 I/O 口，P0.31 只用作输出口，P0.24、P0.26、P0.27 不可用
P0.0/TXD0/PWM1	19	I/O	GPIO 功能
		O	UART0 的发送器输出端
		O	脉宽调制器输出通道 1
P0.1/RXD0/PWM3/EINT0	21	I/O	GPIO 功能
		I	UART0 的接收器输入端
		O	脉宽调制器输出通道 3
		I	外部中断 0 输入

引脚名称	引脚序号	类型	描　　　述
P0.2/ SCL0/ CAP0.0	22	I/O I/O I	通用输入/输出数字引脚(GPIO) I^2C0 时钟输入/输出。开漏输出(符合 I^2C 规范) 定时器 0 捕获输入 0
P0.3/ SDA0/ MAT0.0/ EINT1	26	I/O I/O O I	通用输入/输出数字引脚(GPIO) I^2C0 数据输入/输出。开漏输出(符合 I^2C 规范) 定时器 0 匹配输出通道 0 外部中断 1 输入
P0.4/ SCK0/ CAP0.1/ AD0.6	27	I/O I/O I I	通用输入/输出数字引脚(GPIO) SPI0 串行时钟,主机输出或从机输入的时钟 定时器 0 捕获输入 0 A/D 转换器 0 输入 6。该模拟输入总是连接到其引脚
P0.5/ MISO0/ MAT0.1/ AD0.7	29	I/O I/O O I	通用输入/输出数字引脚(GPIO) SPI0 主机输入/从机输出,从机到主机的数据传输 定时器 0 匹配输出 1 A/D 转换器 0 输入 7。该模拟输入总是连接到其引脚
P0.6/ MOSI0/ CAP0.2/ AD1.0	30	I/O I/O I I	通用输入/输出数字引脚(GPIO) SPI0 主机输出/从机输入,主机到从机的数据传输 定时器 0 捕获输入 2 A/D 转换器 1 输入 0 该模拟输入总是连接到其引脚。(仅 LPC2144/6/8)
P0.7/ SSEL0/ PWM2/ EINT2	31	I/O I O I	通用输入/输出数字引脚(GPIO) SPI0 从机选择,选择 SPI 接口用作从机 脉宽调制器输出通道 2 外部中断 2 输入
P0.8/ TXD1/ PWM4/ AD1.1	33	I/O O O I	通用输入/输出数字引脚(GPIO) UART1 的发送器输出 脉宽调制器输出通道 4 A/D 转换器 1 输入 1 该模拟输入总是连接到其引脚,仅 LPC2144/6/8
P0.9/ RXD1/ PWM6/ EINT3	34	I/O I O I	通用输入/输出数字引脚(GPIO) UART1 的接收器输入 脉宽调制器输出通道 6 外部中断 3 输入
P0.10/ RTS1/ CAP1.0/ AD1.2	35	I/O O I I	通用输入/输出数字引脚(GPIO) UART1 请求发送输出,仅 LPC2144/6/8 定时器 1 捕获输入 0 A/D 转换器 1 输入 2 该模拟输入总是连接到其引脚,仅 LPC2144/6/8
P0.11/ CTS1/ CAP1.1/ SCL1	37	I/O I I I/O	通用输入/输出数字引脚(GPIO) UART1 的清零发送输入,仅 LPC2144/6/8 定时器 1 捕获输入 1 I^2C1 时钟输入/输出。开漏输出(符合 I^2C 规范)

引脚名称	引脚序号	类型	描 述
P0.12/ DSR1/ MAT1.0/ AD1.3	38	I/O I O I	通用输入/输出数字引脚(GPIO) UART1 的数据设置就绪输入,仅 LPC2144/6/8 定时器 1 匹配输出 0 A/D 转换器 1 输入 3,该模拟输入总是连接到其引脚, 仅 LPC2144/6/8
P0.13/ DTR1/ MAT1.1/ AD1.4	39	I/O O O I	通用输入/输出数字引脚(GPIO) UART1 的数据终端就绪输出,仅 LPC2144/6/8 定时器 1 匹配输出通道 1 A/D 转换器 1 输入 4,该模拟输入总是连接到其引脚, 仅 LPC2144/6/8
P0.14/ DCD1/ EINT1/ SDA1	41	I/O I I I/O	通用输入/输出数字引脚(GPIO) UART1 数据载波检测输入,仅 LPC2144/6/8 外部中断 1 输入(注:当 RESET 为低时,该引脚上的低电平强制 片内引导装载程序在复位后控制器件) I^2C1 数据输入/输出,开漏输出(符合 I^2C 规范)
P0.15/ RI1/ EINT2/ AD1.5	45	I/O I I I	通用输入/输出数字引脚(GPIO) UART1 铃声指示输入,仅 LPC2144/6/8 外部中断 2 输入 A/D 转换器 1 输入 5,该模拟输入总是连接到其引脚,仅 LPC2144/ 6/8
P0.16/ EINT0/ MAT0.2/ CAP0.2	46	I/O I O I	通用输入/输出数字引脚(GPIO) 外部中断 0 输入 定时器 0 匹配输出通道 2 定时器 0 捕获输入 2
P0.17/ CAP1.2/ SCK1/ MAT1.2	47	I/O I I/O O	通用输入/输出数字引脚(GPIO) 定时器 1 捕获输入 2 SSP 串行时钟,主机输出或从机输入的时钟 定时器 1 匹配输出 2
P0.18/ CAP1.3/ MISO1/ MAT1.3	53	I/O I I/O O	通用输入/输出数字引脚(GPIO) 定时器 1 捕获输入 3 SSP 主机输入/从机输出,从机到主机的数据传输 定时器 1 匹配输出 3
P0.19/ MAT1.2/ MOSI1/ CAP1.2	54	I/O O I/O I	通用输入/输出数字引脚(GPIO) 定时器 1 匹配输出 2 SSP 主机输出/从机输入,主机到从机的数据传输 定时器 1 捕获输入 2
P0.20/ MAT1.3/ SSEL1/ EINT3	55	I/O O I I	通用输入/输出数字引脚(GPIO) 定时器 1 匹配输出 3 SSP 从机选择,选择 SSP 接口用作从机 外部中断 3 输入

引脚名称	引脚序号	类型	描 述
P0.21/ PWM5/ AD1.6/ CAP1.3	1	I/O O I I	通用输入/输出数字引脚(GPIO) 脉宽调制器输出5 A/D转换器1输入6,该模拟输入总是连接到其引脚,仅LPC2144/6/8 定时器1捕获输入3
P0.22/ AD1.7/ CAP0.0/ MAT0.0	2	I/O I I O	通用输入/输出数字引脚(GPIO) A/D转换器1输入7,该模拟输入总是连接到其引脚,仅LPC2144/6/8 定时器0捕获输入0 定时器0匹配输出0
P0.23	58	I/O I	通用输入/输出数字引脚(GPIO) 表示USB总线电源
P0.25/ AD0.4/ AOUT	9	I/O I O	通用输入/输出数字引脚(GPIO) A/D转换器0输入4,该模拟输入总是连接到其引脚 D/A转换器输出,仅LPC2144/6/8
P0.28/ AD0.1/ CAP0.2/ MAT0.2	13	I/O I I O	通用输入/输出数字引脚(GPIO) A/D转换器0输入1,该模拟输入总是连接到其引脚 定时器0捕获输入2 定时器0匹配输出2
P0.29/ AD0.2/ CAP0.3/ MAT0.3	14	I/O I I O	通用输入/输出数字引脚(GPIO) A/D转换器0输入2,该模拟输入总是连接到其引脚 定时器0捕获输入3 定时器0匹配输出3
P0.30/ AD0.3/ EINT3/ CAP0.0	15	I/O I I I	通用输入/输出数字引脚(GPIO) A/D转换器0输入3。该模拟输入总是连接到其引脚 外部中断3输入 定时器0捕获输入0
P0.31	17	O O O	P0.31通用仅为输出的数字引脚(GPO) UP_LED USB良好连接LED指示器 　CONNECT 当设备被配置(无控制端点使能)时它为低电平;当设备没有被配置或在全局挂起期间时它为高电平 　在软件控制下,信号用来切换外部15kΩ的电阻(该信号的有效状态为低电平)。使用Soft Connect USB特性 　(注:当RESET引脚为低电平时,该引脚不能被外部拉低,否则JTAG端口将会被禁止。)
P1.0~P1.31		I/O	P1口:P1口是一个32位双向I/O口。每个位都有独立的方向控制 　P1口引脚的操作取决于引脚连接模块所选择的功能。P1口的P1.0~P1.15不可用
P1.16/ TRACEPKT0	16	I/O O	通用输入/输出数字引脚(GPIO) 跟踪包位0,带内部上拉的标准I/O口

引脚名称	引脚序号	类型	描　　述
P1.17/ TRACEPKT1	12	I/O O	通用输入/输出数字引脚(GPIO) 跟踪包位 1,带内部上拉的标准 I/O 口
P1.18/ TRACEPKT2	8	I/O O	通用输入/输出数字引脚(GPIO) 跟踪包位 2,带内部上拉的标准 I/O 口
P1.19/ TRACEPKT3	4	I/O O	通用输入/输出数字引脚(GPIO) 跟踪包位 3,带内部上拉的标准 I/O 口
P1.20/ TRACESYNC	48	I/O O	通用输入/输出数字引脚(GPIO) 跟踪同步。带内部上拉的标准 I/O 口 (注:当 RESET 为低时,TRACESYNC 上的低电平会使 P1[25:16] 在复位后作为跟踪端口。)
P1.21/ PIPESTAT0	44	I/O O	通用输入/输出数字引脚(GPIO) 流水线状态位 0,带内部上拉的标准 I/O 口
P1.22/ PIPESTAT1	40	I/O O	通用输入/输出数字引脚(GPIO) 流水线状态位 1,带内部上拉的标准 I/O 口
P1.23/ PIPESTAT2	36	I/O O	通用输入/输出数字引脚(GPIO) 流水线状态位 2,带内部上拉的标准 I/O 口
P1.24/ TRACECLK	32	I/O O	通用输入/输出数字引脚(GPIO) 跟踪时钟。带内部上拉的标准 I/O 口
P1.25/ EXTIN0	28	I/O I	通用输入/输出数字引脚(GPIO) 外部触发输入。带内部上拉的标准 I/O 口
P1.26/RTCK	24	I/O I/O	通用输入/输出数字引脚(GPIO) 返回的测试时钟输出。JTAG 端口的额外信号。当处理器频率变 化时帮助调试器保持同步。带内部上拉的双向口 (注:当 RESET 为低时,RTCK 上的低电平会使 P1.31:26 在复位 后作为调试端口。)
P1.27/ TDO	64	I/O O	通用输入/输出数字引脚(GPIO) JTAG 接口测试数据输出
P1.28/ TDI	60	I/O I	通用输入/输出数字引脚(GPIO) JTAG 接口测试数据输入
P1.29/ TCK	56	I/O I	通用输入/输出数字引脚(GPIO) JTAG 接口测试时钟
P1.30/ TMS	52	I/O I	通用输入/输出数字引脚(GPIO) JTAG 接口的模式选择
P1.31/ TRST	20	I/O I	通用输入/输出数字引脚(GPIO) JTAG 接口的测试复位
D+	10	I/O	USB 双向 D+线
D−	11	I/O	USB 双向 D−线
RESET	57	I	该引脚的低电平将器件复位,并使 I/O 口和外围功能恢复默认状 态,处理器从地址 0 开始执行。带迟滞的 TTL 电平,引脚可承受 5V 电压

引脚名称	引脚序号	类型	描述
XTAL1	62	I	振荡器电路和内部时钟发生器的输入
XTAL2	61	O	振荡放大器的输出
RTXC1	3	I	RTC 振荡电路的输入
RTXC2	5	O	RTC 振荡电路的输出
V_{SS}	6, 18, 25, 42, 50	I	0V 参考点
V_{SSA}	59	I	0V 参考点。标称电压与 VSS 相同,但应当互相隔离以减少噪声和故障
V_{DD}	23, 43, 51	I	内核和 I/O 口的电源电压
V_{DDA}	7	I	标称电压与 V_{DD} 同,但应当互相隔离以减少噪声和故障。该电压也用来向 A/D 供电
V_{REF}	63	I	标称电压与 V_{DD} 同,但应当互相隔离以减少噪声和故障。该引脚的电平用作 A/D 转换器的参考电压
V_{BAT}	49	I	RTC 的 3.3V 电源端

6.5.3　LPC2148 最小系统设计

从前面介绍的 LPC2148 内部功能和其引脚功能可以看出,要使得 LPC2148 工作,必须提供电源、地、时钟、复位电路和调试接口外部电路。

6.5.3.1　LPC2148 最小系统电源设计

电源对于一个嵌入式系统来讲非常重要,电源的设计要特别注意,据统计,嵌入式系统所发生的故障中,70%是由于电源部分引起的。因此,要特别注意系统对电源的功率要求、发热量要求、电源稳定性要求等。如果电源芯片的供电能力不足,就会发生电压被拉低造成系统故障。在 PCB 设计中,特别是在 DCDC 类型电源转换芯片的设计中,器件布局及走线、线宽等非常关键,读者在设计时一定要参考芯片的参考设计及设计要求。

从上一节引脚功能介绍可以知道,LPC2148 具有以下类型的电源引脚:

(1) 内核及 IO 供电 V_{DD}

V_{DD} 提供了 LPC2148 内部 ARM 内核和芯片外部 IO 口所需的电源,典型值为 3.3V。这个电流一般相对较大,数据手册中给出其最大值 100mA,因此,其功耗并不是很大,可以选择一般的 DC-DC 或 LDO 类型电源转换芯片。

(2) 模拟供电 V_{DDA}

模拟 3.3V 供电引脚,可为 LPC2148 内部的模拟部分供电,如为内部 ADC 模块供电。由于在噪声等方面,模拟电源相对要求较高,因此需要将 VDD 使用的 3.3V 再经过隔离、滤波引入到这个引脚。在要求不严格的情况下,也可以直接连接到 VDD 所使用的 3.3V 电源。

(3) 模拟参考电压 V_{REF}

模拟参考电压主要用于为 ADC 提供参考电压,其标称值为 3.3V,该电压一般要求较稳定,因此需要将 V_{DD} 电源经过隔离、滤波等处理。在要求不高的场合,可以直接连接到 V_{DD} 所使用的 3.3V 电源。

(4) 实时时钟电源 V_{BAT}

V_{BAT} 主要为内部实时时钟供电,标称值 3.3V,一般实时时钟要求不间断供电以提供正确的时间信息,因此,一般通过外接电池的方式。

上述几种电压典型值都是 3.3V,在对模拟精度要求不高以及没有涉及实时时钟的情况下,可以将这四种电压都接到同一个电源芯片的输出上。当系统外部输入电压为 5V 时,可以采用 LM1117-33、RT8010 等 LDO 或 DCDC 电源芯片来完成电压转换。

6.5.3.2 LPC2148 的 GND 引脚

LPC2148 有两种 GND 引脚,一种是 V_{SS} 引脚,这是相对于 V_{DD} 而言的,直接连接到 GND 即可;一个是 V_{SSA} 引脚,对应为模拟地。一般 V_{SSA} 与 V_{SS} 之间通过单点相连,对模拟部分要求不高的情况下,也可以直接连接到 VSS。

6.5.3.3 LPC2148 最小系统复位电路设计

这部分主要是连接到 LPC2148 的 P57 引脚,完成外部复位功能。在实际电路设计中,一般采用如下几种方法。

(1) RC 电路

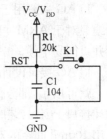

主要完成上电延时复位功能,延时的目的在于等待系统其他部件都正常供电,在复位到确定的状态,可以通过调节 RC 的值来设置延时时间。另外,为了调试方便,也可以添加一个按键,以实现按下复位的手动复位功能。带有按键的 RC 复位电路如图 6-8 所示。RC 复位电路虽然简单,但非常实用,而且成本低廉,不少嵌入式系统都采用了这种方式。

图 6-8　带有按键的 RC 复位电路

(2) 看门狗电路

加入看门狗(Watch Dog)芯片之后,可以实现下述的复位功能:程序跑飞后自动复位(需要处理器定时喂狗)、手动复位(接按键到地)、V_{DD} 电压低于某一值时自动复位、上电延时一段时间进行复位。有兴趣的读者可以查看一下 7523、7527 等芯片资料。

6.5.3.4 LPC2148 最小系统时钟电路设计

由于 LPC1248 内部 PLL 所能接受的时钟输入范围为 $10\sim25MHz$,因此,一般采用振荡频率为 12MHz 的外部晶体。如图 6-9 所示,XTAL1、XTAL2 分别连接到 LPC2148 的 P62 和 P61 引脚。

当需要使用芯片内部实时时钟时,也需要设计实时时钟的外部电路,如图 6-10 所示,与系统时钟外部电路类似,只是晶体频率为 32kHz。需要注意的是,实时时钟对输入精度要求较高,LPC2148 的说明书中给出了晶体属性及外部电容的选择,如表 6-11 所示。其中,CL 是典型的晶体负载电容,通常由晶体制造商指定,可以通过其数据手册查找到;外部电容 CX1 和 CX2 的值是通过内部寄生电容和 CL 计算出来的。PCB 和封装的寄生电容都可以不考虑在内。R1 可以根据晶体参数决定是否焊接。

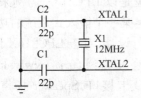

图 6-9　LCP2148 最小系统 时钟电路原理图

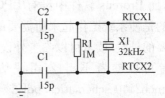

图 6-10　LCP2148 最小系统 实时时钟电路原理图

表 6-11　LPC2148 实时时钟外部电容推荐值

晶体负载电容 CL	晶体串联电阻 RS 的最大值	外部负载电容 C1，C2
11pF	<100kΩ	18pF，18pF
13pF	<100kΩ	22pF，22pF
15pF	<100kΩ	27pF，27pF

6.5.3.5　LPC2148 最小系统调试接口设计

调试接口主要用于将 Hex 文件烧写到 LPC2148 内部 Flash 中，同时也可以进行在线仿真。将 Hex 烧写到 LPC2148 可以通过两种方式：一种是通过串口，一种是通过 JTAG 接口。串口仅用于烧写 Flash，不具有调试功能，而 JTAG 还可以用于实时在线调试。

（1）LPC2148 JTAG 电路设计

JTAG 一般用于在线调试、Flash 烧写等功能，JTAG 功能强大，但需要专门的 JTAG 下载电缆。对于 ARM，可选用 J-Link、U-link 等 USB 接口的电缆，如果计算机带有并口，也可以采用并口简易电缆。

JTAG 接口设计较为简单，直接将 LPC2148 对应的芯片引脚连接到一个 20 引脚的双排针上就可以了，部分信号需要上拉、下拉电阻。具体连接参照后续介绍的最小系统原理图。在设计接口 PCB 封装时，需要考虑到 JTAG 电缆的接口形式，有的采用 2mm 间距双排针，有的采用 100mil 间距的双排针。

（2）LPC2148 串口电路设计

根据前面介绍的 LPC2148 的引脚，P19 引脚定义为 P0.0/TxD0，P20 引脚定义为 P0.1/RxD0。这两个引脚连接 LPC2148 的内部 UART 模块 0，通过外接 3232 等电压变换芯片，可以将 TTL 电平转换为 232 电平，进而可以再与计算机的串口相连接。

这里特别需要注意的是，如果要更好地使用串口 0 进行烧写 Flash，还需要在一般串口的基础上，使用到串口的 RST 信号和 DTR 信号。如果不使用这两个信号，则需要在 RST 复位信号、P0.14/EINT1 两个信号接按键到地。这里以使用 RST 和 DTR 信号为例，具体连接方法参见下一小节。

6.5.3.6　LPC2148 最小系统原理图设计

结合上面的电源、地、时钟、复位、JTAG、串口下载电路等几部分，我们可以设计一个能够使 LPC2148 运行的最小系统，如图 6-11 所示，这里需要特别注意的是，P0.14 引脚一般需要接上拉电阻，以免状态不确定造成系统启动时不稳定（这是由于该芯片根据复位时该引脚的状态决定是否进入用户程序还是 ISP 模式），另外，P0.14/EINT1 最好也接一个按键到地，以配合RST 信号，使 LPC2000 进入 ISP 模式。由于除了 USB 接口外，LPC214X 和 LPC213X 的引脚是兼容的，而 Proteus 软件中没有 LPC214X 的库，因此，这里是以 LPC213X 为例来说明的。这里所示的是使系统工作起来所需要的最低要求，如果要满足某一个嵌入式系统的功能，还需要添加必要的外设，读者可以参考外设部分章节的原理图进行设计，对于 LPC214X 评估板的设计，读者可以参考 Keil 公司评估板的原理图，下载地址为：http://www.keil.com/mcb2140/mcb2140-schematics.pdf，该原理图中的外设有 SD 卡接口、Speaker 扬声器接口、UART、LED、USB 等，读者可以在该评估板上进行 USB 声卡、单声道 MP3 播放器（由于内部只有一个 DA 模块，因此只能进行单声道 MP3 解码输出，需要 SD 卡存放事先转换好的单声道 MP3 文件）等相关实验。

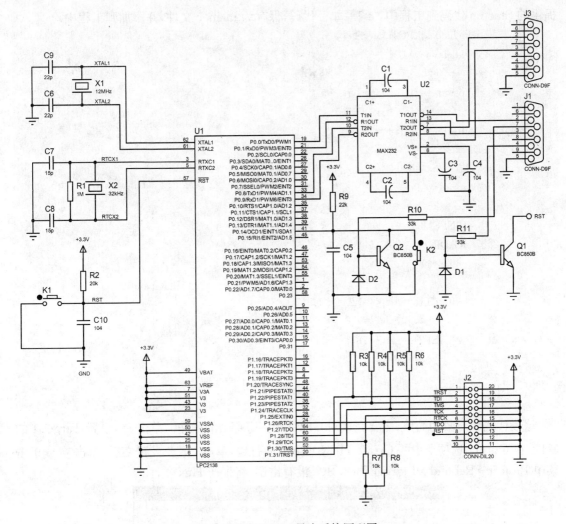

图 6-11　LCP2148 最小系统原理图

原理图设计完成之后,就可以开始进行 PCB 的设计。PCB 设计完成,输出 Gerb 文件交给 PCB 厂商制作,大约一周可以拿到 PCB 板子,焊接、调试之后就可以进行实验验证了,如果调试出现问题,查查最小系统的电源、复位、时钟、JTAG 这几个关键部分是否有问题。推荐的容易入门的原理图、PCB 设计软件有:Protel、PADS 等,大家可以参考对应书籍。

我们可以回头看看前面章节在举例时的 Proteus 原理图,这几部分都考虑到了,只是 Proteus 对这些要求并不严格,而且也没有涉及电源转换部分电路。在最小系统的基础上,我们可以添加完成任务所要求的外设电路。

6.5.4　LPC2148 内置 Flash 的烧写

我们一般通过 Keil μVision 编辑代码,编译、链接得到 Hex 文件。本节将介绍两种将 Hex 烧写到 LPC2148 内部 Flash 中的方法。本节编写代码,使目标板上 P1.16、P1.17 连接的两个 LED 闪烁,通过实际电路测试来验证代码功能。对于没有开发板的读者,可以略过本节。

6.5.4.1　代码的编写

我们在 Keil μVision 中新建立一个工程,选择处理器类型为 NXP 的 LPC2148,添加系统提供的 Startup 代码到工程中。编写如下代码,保存为 main. c 文件,并添加到工程中。

```
1   #include <LPC21xx. H>
2   void delay (void)
3   {
4     unsigned volatile long i,j;
5     for(i=0;i<60000;i++)
6     for(j=0;j<5;j++)
7       ;
8   }
9   int main(void)
10  {
11    PINSEL2 = 0;
12    IO1DIR = 1<<16|1<<17;
13    while (1)
14    {
15      IO1CLR =1<<16|1<<17;
16          delay();
17      IO1SET = 1<<16|1<<17;
18          delay();
19    }
20  }
```

这段代码相对较为简单,主要完成对 GPIO 相关寄存器的操作。单击 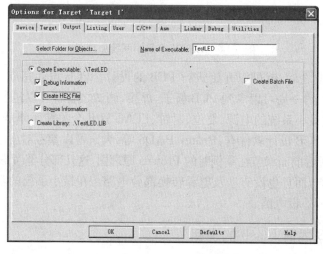,设置 Target 1 的属性,在 Output 选项卡中的 Create HEX File 前面打钩,单击 OK。设置之后,单击 📖 或单击菜单 Project→Rebuild all target files,如果没有错误,将生产 Hex 文件。

图 6-12　Keil 工程设置窗口

6.5.4.2　通过串口烧写 LPC2148 内置 Flash

现在的笔记本大都没有串口,可以使用 USB 转串口的线缆来得到一个串口。这里以 USB 转串口电缆为例来进行说明。安装驱动程序后,我们可以在设备管理器中看到这个串口的端口号,如图 6-13 所示,其端口号为 COM3。

图 6-13　查看 USB 转串口得到的串口端口号

当然，我们也可以根据需要来更改端口号，具体方法是双击上图中的 COM3，单击"端口设置"选项卡，再单击"高级"，在出现的"COM3 的高级设置"窗口中，在"COM 端口号"后面，可以选择其他端口号。如图 6-14 所示。

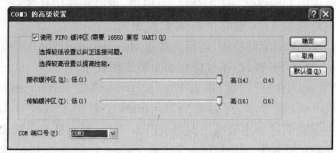

图 6-14　更改端口号

知道了端口号之后，我们可以使用软件通过串口来烧写 Flash 了，常见的可以烧写 LPC 系列 ARM 内部 Flash 的软件有：Flash Magic、LPC2000 Flash ISP Utility，我们以后面一个软件为例来进行说明。

LPC2000 Flash ISP Utility V2.2.3 是 Philips 推出的为 LPC2000 系列 ARM 芯片烧写内部 Flash 的程序，读者可以在其官网上下载安装包，安装过程不再详述。这个软件的主界面如图 6-15 所示。按图中所示基本设置来选择串口端口号，设置波特率为 38400，Time Out 设为 2s，同时，在 Use DRT/RST for Reset and Boot Loader Selection 前面打钩（这个前提是电路板上 DRT、RST 信号连接到 LPC 芯片上，如果由于种种原因，没有连接这两个信号，则此处不打钩，但后续识别芯片时，软件会提示手动复位，这时候要按下 RST 按键、EINT1 按键，要注意的是先松开 RST 按键，再松开 EINT1 按键，这时候系统将进入 ISP 模式，可参阅 PHILIPS 编号为 AN10302 的文档）。

将开发板或读者自己做的 LPC2000 系列 ARM 芯片板卡连接到串口，加电，再单击图中的"Read Device ID"，如果一切正常的话，将会识别到正确的 Device 信息、Part ID 信息以及 Boot Loader ID 信息。单击 ⋯ 可以添加生成的 HEX 文件，单击 ▢Erase▢ 可以擦除 LPC2000

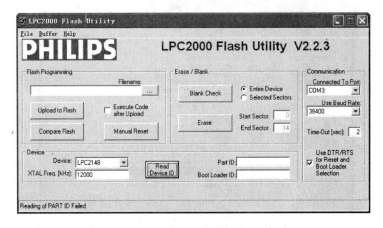

图 6-15 LPC2000 Flash Utility 基本设置

系列芯片内部 Flash 代码,单击 <u>Upload to Flash</u> 可以将选择的 HEX 文件烧写到 LPC2000 系列芯片的内部 Flash 中。读者可以根据该软件窗口最下面一行的状态栏来查看操作是否成功等信息。一旦烧写 Flash 成功,可以按一下 RST 按键,看看是否有期望的结果出现。

6.5.4.3 通过 J-Link 烧写 LPC2148 内置 Flash

J-Link 是一款通用的 USB 接口的 ARM 仿真电缆,可以在线仿真、烧写 Flash。功能较为强大。相对于功能更强的 U-Link 电缆,J-Link 价格更低。

首先,需要安装 J-Link 的驱动程序,运行光盘里面的 Setup_JLinkARM_V414c. exe,安装完成之后,将 J-Link 插入 USB 接口,系统将自动安装驱动程序。

下面在 Keil μVision 中进行设置,单击 Keil μVision 菜单 Project→Options for Target 'Target 1',选择 Utilities 选项卡,可以看到,Utilities 中列出了两种将 HEX 文件烧写到 Flash 中的方法,一种是我们这一小节要用到的 J-Link 方法,另一种就是前面介绍的通过串口利用外部软件烧写 Flash 的方法。选中 Use Target Driver for Flash Programming,在下面选中 J-Link/J-Trace,如图 6-16 所示。

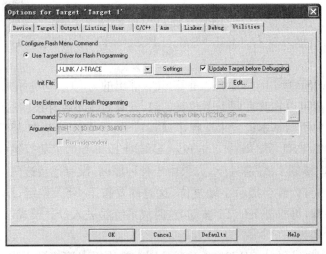

图 6-16 在 Keil 环境中设置 J-Link 电缆

单击 <u>Settings</u> 按钮,在出现的窗口中,进行目标 Flash 的设置。单击窗口中的 <u>Add</u>,添加 LPC2000 IAP2 512KB Flash,这个 512KB 的大小,可以通过为 Keil 工程添加目标器件时的描述里面可以得知。

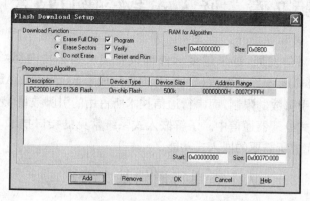

图 6-17　设置目标 Flash 器件

设置完成之后,回到 Keil 主界面,单击图标![LOAD],忽略系统提示的警告信息,可以从状态栏的输出知道是否成功烧写 HEX 到 Flash 中。图 6-18 为成功烧写后的状态栏。

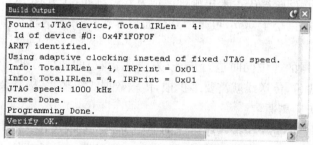

图 6-18　成功烧写 Flash 后的状态栏

如果在烧写过程中,出现图 6-19 所示的错误时,可以按下 RST、EINT1 连接的按键,然后先松开 RST 按键,再松开 EINT1 按键,再一次运行下载即可。如果仍有错误发生,检查一下电路连接和 J-Link 电缆是否完好。

图 6-19　Flash 烧写过程中出现的错误提示

6.6　本章小结

本章对 ARM 处理器的基本概念、应用领域、处理器的分类、应用选型等方面做了简单介绍,重点在于 ARM 微处理器的体系结构以及 ARM 处理器的工作流程。最后以 LPC214X 系列 ARM 为例,简要介绍了其软硬件设计开发流程,以及程序的固化。

第7章 嵌入式系统接口技术

随着嵌入式处理器的发展,越来越多的外部设备集成到芯片内部,如市场上主流的以ARM7、ARM9、ARM Cortex 系列为内核的芯片内部集成了 I²C、SPI、UART、LCD、USB 等诸多控制器。由于芯片引脚数的限制,而串行通信技术所占用的引脚数目较少,因此串行通信接口较多地应用于嵌入式处理器通信中。了解嵌入式系统常见的接口技术,有助于读者使用这些芯片接口,以顺利完成所需要的嵌入式功能。

7.1 串行通信基本概念

在实际工作中,计算机的 CPU 与外部设备之间常常要进行信息交换,一台计算机与其他计算机之间也往往要交换信息,所有这些信息交换均可称为通信。通信方式有两种,即并行通信和串行通信。

通常根据信息传送的距离决定采用哪种通信方式。例如,在 IBM-PC 机与外部设备(如打印机等)通信时,如果距离小于 30m,可采用并行通信方式;当距离大于 30m 时,则要采用串行通信方式。

并行通信是指数据的各位同时进行传送(发送或接收)的通信方式。其优点是传送速度快;缺点是数据有多少位,传送线就需要多少根,传输数据线较多,结构复杂,成本较高,抗干扰能力差,一般适合于近距离通信。

串行通信指数据是一位一位按顺序传送的通信方式。它的突出优点是只需一对传输线,大大降低了传送成本。串行通信速度低,但传输线少,通信距离远,特别适合于分级、分层和分布式控制系统及远程通信之中。随着差分传输的发展,串行通信的速度甚至达到了数 Gb/s,串行通信接口也适合于高速数据传输接口。

本节对串行通信中的基本概念给以描述。

7.1.0.1 串行通信方式

在串行通信中,以位为方式传输数据和时钟信号,按时钟同步方式,串行通信分为同步通信和异步通信两种方式。

(1) 同步通信方式

同步通信中,在数据开始传送前用同步字符来指示[常约定 1~2 个,如图 7-1 所示,(a)图为两个同步字符,(b)图为一个同步字符],并由时钟来实现发送端和接收端同步,即检测到规定的同步字符后,下面就连续按顺序传送数据。

同步传送时,字符与字符之间没有间隙,也不用起始位和停止位,仅在数据块开始时用同步字符 SYNC 来指示。同步字符的插入可以是单同步字符方式或双同步字符方式,然后是连续的数据块。按同步方式通信时,先发送同步字符,接收方检测到同步字符后,即准备接收数据。在同步传送时,要求用时钟来实现发送端与接收端之间的同步。发送方除了传送数据外,还要同时传送时钟信号。同步方式采用单独的时钟线路,与数据同时传送。发送端在通信过程中负责产生、控制时钟,在接收端,数据位与时钟位一起检测、接收。同步方式的数据准确率较高,适合短距离通信。

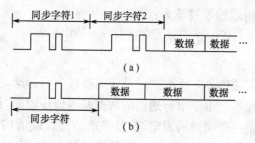

图 7-1   同步传输中的同步字符

（2）**异步通信方式**

在异步通信方式中，首先对要传输的数据打包成一帧一帧的格式，数据线上传输的就是打包后的帧数据。因此，异步通信中，最小的传输单位就是"帧"。在异步通信方式中，时钟与数据合二为一，没有单独的时钟线路，帧通常由起始位、数据位、停止位、校验位等按一定格式组织起来，帧之间是起止标识，起到时钟同步作用。

与同步通信方式相比，异步通信方式增加了起始位、停止位等额外信息，但去掉了时钟线路，降低了系统设计复杂度，传输距离较长。

7.1.0.2   串行通信的数据传送方式

按照发送方与接收方建立的数据通信方向以及通信链路的使用方法，串行通信可以分为如下三种模式。

（1）**单工（simplex）方式**

单工是指信息只能单向传输。通信双方一方为发送端，一方为接收端。单工也称为单向传输。

（2）**半双工（half-duplex）方式**

半双工是指信息可以双向传输，但在同一时刻，传输方向是单向传输。如电报、步话机通信。半双工也称为半双向传输。

（3）**全双工（full-duplex）**

全双工是指信息能同时双向传输。如电话通信。全双工也称为全双向。它要求两端的通信设备都具有完整和独立的发送和接收能力。

7.1.0.3   串行通信的奇偶校验

在通信过程中，通信线路等容易受到外界干扰而产生数据错误，为了确保传输的正确性，最简单且最常用的就是奇偶校验方法。如可以在传输帧中添加一位奇偶校验位，当数据中有奇数个"1"时，奇偶校验位为"1"，当有偶数个"1"时，奇偶校验位为"0"，接收端接收到数据后，对数据进行判断，当数据中"1"的个数与奇偶校验位不一致时，则认为数据传输出现错误，系统可以通知发送方，再次发送。

7.1.0.4   异步串行通信的波特率

波特率，即数据传送速率，表示每秒钟传送二进制代码的位数，它的单位是 b/s（或写为 b/s）。波特率是衡量串行数据传输速度的重要指标。在异步通信中，通信双方的波特率一般要求一致。国际上常用的标准的通信波特率有：110、300、600、1200、1800、2400、4800、9600、19200 等。

假设数据传送速率是 120 字符/s，而每个字符格式包含 10 个代码位（1 个起始位、1 个终止位、8 个数据位）。这时，传送的波特率为：

$$10b/字符 \times 120 字符/s = 1200b/s$$

7.1.0.5　串行接口标准

串行接口标准用于约束通信各方所要共同遵守的物理接口标准，例如电缆的机械特性、电气特性、信号功能、传送过程等。由于串行通信的数据是逐位传输的，且加入了诸多标志位，因此需要对传送的数据格式做一个明确的固定，这就是通信协议或通信规程。通信规程中规定了帧的格式（起始位、字符编码、奇偶校验位、停止位）、波特率等。

串行通信的接口标准非常多，常见的有：RS-232C、SPI、I²C、USB、SATA 等。

7.2　RS-232C 接口

RS-232C 接口是美国 EIA（Electronic Industries Association，电子工业学会）与 Bell 公司等一起开发的一个异步传输标准接口。RS 是英文"推荐标准"的缩写，232 为标识号，C 表示版本号。RS-232C 协议使用的数据传输速率为 0～20000b/s。

7.2.1　接口信号

严格的讲 RS-232 接口是 DTE（Date Terminal Equipment，数据终端设备）和 DCE（Data Communication Equipment，数据通信设备）之间的一个接口。远程数据终端设备（DTE）包括计算机、终端、串口打印机等。数据通信设备（DCE）通常有调制解调器（modem）和某些交换机 com 口。RS-232C 标准中提到的"发送"和"接收"，都是站在 DTE 立场上的。

RS-232C 规定的标准接口有 25 条线，4 条数据线、11 条控制线、3 条定时线、7 条备用和未定义线，这些信号及其功能如表 7-1 所示。

表 7-1　RS-232C 接口引线及其描述

引线	描　　　　述	引线	描　　　　述
1	保护地（protected GND）	14	辅信道发送数据
2	发送数据（transmitted data）	15	发送器时钟（DCE 为源）
3	接收数据（received data）	16	辅信道接收数据
4	发送请求（request to send）	17	接收器定时时钟
5	清除（允许）发送（clear to send）	18	没有定义
6	数据设备准备就绪（data set ready）	19	辅信道请求发送
7	信号地（signal GND）	20	数据终端准备就绪
8	载波信号检测（data carrier detection）	21	信号质量检测器
9	保留做数据设备测试	22	振铃指示
10	保留做数据设备测试	23	数据信号速率选择器
11	没有定义	24	发送定时时钟（DTE 为源）
12	辅信道载波检测	25	没有定义
13	辅信道清除发送		

而常用的只有 9 条,它们是:载波信号检测、接收数据、发送数据、数据设备准备就绪、信号地、数据终端准备就绪、请求发送、允许发送及振铃提示。这 9 条引线根据功能可以分为如下几类。

7.2.1.1　控制、状态类信号线

(1) 引线 6:数据设备准备就绪(data set ready,DSR),用来通知计算机,modem 已准备就绪。

(2) 引线 20:数据终端准备就绪(DTR),用来通知 modem,计算机已准备就绪。

(3) 引线 4:发送请求(request to send,RTS),用来通知 modem,计算机请求发送数据。

(4) 引线 5:允许发送(clear to send,CTS),用来通知计算机,modem 可以接收数据了。

DSR 和 DTR 两个信号有时连到电源上,一加电就立即有效。这两个设备状态信号有效,只表示设备本身可用,并不说明通信链路可以开始进行通信了,能否开始进行通信要由 RTS、CTS 两个控制信号决定。

7.2.1.2　与 modem 有关的信号

(1) 引线 8:载波信号检测(data carrier detection,DCD),用来通知计算机,modem 与电话线另一端的 modem 已经建立联系。该信号线也叫做接收线信号检出(Received Line Siynel detection-RLSD)。

(2) 引线 22:振铃指示,用来通知计算机,有来自电话网的信号。

7.2.1.3　地线

(1) 引线 1:保护地(PG),用来与机器外壳相连。

(2) 引线 7:信号地(SG),用来为电路提供参考电位。

7.2.1.4　基本的数据传输引线

(1) 引线 2:发送数据(transmitted data,TxD),终端通过它将串行数据发送到 modem,(DTE→DCE)。

(2) 引线 3:接收数据(Received data,RxD),终端通过它接收从 modem 发来的串行数据,(DCE→DTE)。

上述控制信号线何时有效,何时无效的顺序表示了接口信号的传送过程。例如,只有当 DSR 和 DTR 都处于有效状态时,才能在 DTE 和 DCE 之间进行传送操作。若 DTE 要发送数据,则预先将 DTR 线置成有效状态,等 CTS 线上收到有效状态的回答后,才能在 TxD 线上发送串行数据。

7.2.2　技术指标

(1) 适合于传输速度 0~20000b/s。

(2) 最大传输距离定为 100ft(约 30.5m)。

(3) 逻辑电平:逻辑 1 为−3~−15V,逻辑 0 为+3~15V。高低电平差距为 6~30V,噪声容限增大至 12V,因此具有较强的抗干扰能力,特别是抗共模噪声干扰的能力。接口的信号电平值较高,易损坏接口电路的芯片,又因为与 TTL 电平不兼容故需使用电平转换电路方能与 TTL 电路连接。

7.2.3 RS-232 的帧结构

RS-232 采用异步串行传输,是一种典型的 UART 传输,数据采用分帧的方式来进行传输。图 7-2 给出了一种帧结构。图(a)中,两个帧之间没有停顿,图(b)中,两个帧之间有一些空闲位。

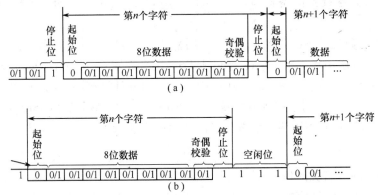

图 7-2 RS-232 帧结构

起始位(0)信号只占用 1 位,用来通知接收设备一个待接收的字符开始到达。线路上在不传送字符时应保持为 1。接收端不断检测线路的状态,若连续为 1 以后又测到一个 0,就知道发来一个新字符,应马上准备接收。

起始位后面紧接着是数据位,它可以是 5 位(D0~D4)、6 位、7 位或 8 位(D0~D7)。

奇偶校验(D8)只占 1 位,但在字符中也可以规定不用奇偶校验位,则这 1 位就可省去。也可用这 1 位(1/0)来确定这一帧中的字符所代表信息的性质(地址/数据等)。

停止位用来表征字符的结束,它一定是高电位(逻辑 1)。停止位可以是 1 位、1.5 位或 2位。接收端收到停止位后,知道上一字符已传送完毕,同时,也为接收下一个字符做好准备。

7.2.4 RS-232 的编程和使用

在嵌入式系统和计算机通过串口通信时,需要一些基本的设置:

(1) 嵌入式处理器串口引脚的设置,对于 8051 系列单片机,其用于串口通信的引脚是固定的。而对于引脚具有较多复用功能的单片机,需要首先设置引脚的功能为串口。

(2) 波特率设置,对于 8051 系列单片机,可以通过设置模式来设定串口的波特率,对于 ARM 内核的单片机,需要设置内部时钟,再进行波特率的设置。

(3) 串口帧格式设置,可以通过专门的寄存器来进行设置。

(4) 通信方式,可以选择查询方式、中断方式来进行通信。

7.2.5 LPC2106 串口的编程与应用

由于 8051 系列单片机已经内置了串口模块,读者可以参考单片机串口通信部分具体程序来分析理解串口通信及其应用。这里给出一个 ARM 内核 LPC2106 串口通信的例子。Proteus仿真原理图如图 7-3 所示。

下面给出 LPC2106 向计算发送字符串的代码。在 main()函数中,首先设置系统的时钟、初始化串口,然后不断地通过串口发送字符串。在发送字符串子函数中,通过查询方式检验发

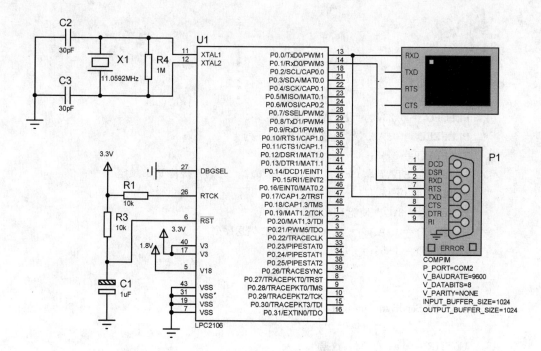

图 7-3　LPC2106 串口通信仿真原理图

送是否成功。源代码如下：

```
#include <LPC21xx.H>
#define Fosc 11059200 // 应与实际晶振频率一致,10MHz～25MHz
#define Fcclk (Fosc * 4) // 系统频率,必须为 Fosc 的整数倍(1～32),且≤60MHz
#define Fcco (Fcclk * 4) // CCO 频率,必须为 Fcclk 的 2 倍、4 倍、8 倍、16 倍,范围为 156
～320MHz
#define Fpclk (Fcclk / 4) * 1 // VPB 时钟频率,只能为(Fcclk / 4)的 1 倍、2 倍、4 倍
#define UART_BPS 9600 // 串口通信波特率

void DelayNS (unsigned int dly)
{
    unsigned int i;
    for ( ; dly>0; dly--)
    for (i=0; i<50000; i++);
}

void UART0_Init (void)
{
    signed    short Fdiv;
    U0LCR = 0x83; // DLAB=1,允许设置波特率    1000 0011
    Fdiv = (Fpclk / 16) / UART_BPS; // 设置波特率
    U0DLM = Fdiv / 256;
    U0DLL = Fdiv % 256;
    U0LCR = 0x03;
```

```
    }

void PLL_Init (void)
{
    PLLCON = 1;          // 使能 PLL
    PLLCFG = 0x23; // 设置 M 为 4,P 为 2
    PLLFEED = 0xAA; // 发送 PLL 馈送序列
    PLLFEED = 0x55;
    while((PLLSTAT & (1 << 10)) == 0);          // 等待 PLL 锁定
    VPBDIV = 0;
    PLLCON = 3; // 使能 PLL
    PLLFEED = 0xAA;          // 发送 PLL 馈送序列
    PLLFEED = 0x55;
}

void UART0_SendByte (unsigned char dat)
{
    U0THR = dat; // 写入数据
    while ((U0LSR & 0x40) == 0); // 等待数据发送完毕
}

void UART0_SendStr (unsigned char const * str)
{
    while (1)
    {
        if ( * str == '\0') break; // 遇到结束符,退出
        UART0_SendByte( * str++);
    }
}
int main (void)
{
    unsigned char snd[32];
    PINSEL0 = 0x00000005; // 设置 I/O  连接到 UART0
    PLL_Init();
    UART0_Init(); // 串口初始化
    DelayNS(10);
    DelayNS(10);
    while (1)
    {
        UART0_SendStr("Hello, ARM world!"); // 向串口发送字符串
    }
    return 0;
}
```

通过 Keil 编译程序之后,可以通过 Proteus、虚拟串口软件"virtual serial port driver"以及串口助手软件,来仿真 LPC2106 对 PC 发出的字符串,见图 7-4。

图 7-4　PC 端接收串口数据仿真

7.3　SPI 通信接口

7.3.1　什么是 SPI

SPI 接口的全称是"Serial Peripheral Interface",意为串行外围接口,是 Motorola 首先在其 MC68HCXX 系列处理器上定义的全双工三线同步串行外围接口。SPI 接口主要应用在 E^2PROM、Flash、实时时钟、AD 转换器,以及数字信号处理器和数字信号解码器之间。SPI 接口主要用于 CPU 和外围低速器件之间进行同步串行数据传输,SPI 采用主从模式(Master Slave)架构,支持多 Slave 模式应用,一般仅支持单 Master。时钟由 Master 控制,在主器件的移位脉冲下,数据按位传输,高位在前,低位在后,SPI 有两根单向数据线,为全双工通信,数据传输速度总体来说比 I^2C 总线要快,速度可达到几 Mb/s。

7.3.2　SPI 接口定义及通信原理

SPI 的通信原理较为简单,它以主从方式工作,这种模式通常有一个主设备和一个或多个从设备,全双工模式时需要至少 4 根线,半双工时需要 3 根线。所有基于 SPI 的设备共有的信号线是 SDI(数据输入),SDO(数据输出),SCK(时钟),CS(片选)。

（1）SDO：主设备数据输出，从设备数据输入，也称为 MOSI。

（2）SDI ：主设备数据输入，从设备数据输出，也称为 MISO。

（3）SCLK：时钟信号，由主设备产生。

（4）CS：从设备使能信号，由主设备控制。

其中 CS 是控制芯片是否被选中的，也就是说只有片选信号为预先规定的使能信号时（高电位或低电位），对此芯片的操作才有效。这就允许在同一总线上连接多个 SPI 设备成为可能。

SPI 主从设备内部结构如图 7-5 所示。

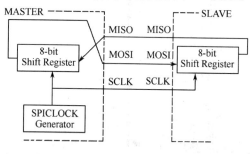

图 7-5 SPI 主从设备接口内部结构

从 SPI 主从设备接口内部结构可以看出，接口的核心在于内部的 8 位移位寄存器，数据是一位一位地传输，而每次发送或接收的数据都是通过这个 8 位移位寄存器，最终两个 8 位移位寄存器完成数据交换。SCK 提供时钟脉冲，SDI，SDO 则基于此脉冲完成数据传输。数据输出通过 SDO 线，数据在时钟上升沿或下降沿时改变，在紧接着的下降沿或上升沿被读取。完成一位数据传输，输入也使用同样原理。这样，在至少 8 次时钟信号的改变（上沿和下沿为一次），就可以完成 8 位数据的传输。

要注意的是，SCK 信号线只由主设备控制，从设备不能控制信号线。同样，在一个基于 SPI 的设备中，至少有一个主控设备。这样的传输方式有一个优点，与普通的串行通信不同，普通的串行通信一次连续传送至少 8 位数据，而 SPI 允许数据一位一位地传送，甚至允许暂停，因为 SCK 时钟线由主控设备控制，当没有时钟跳变时，从设备不采集或传送数据。也就是说，主设备通过对 SCK 时钟线的控制可以完成对通信的控制。SPI 还是一个数据交换协议：因为 SPI 的数据输入和输出线独立，所以允许同时完成数据的输入和输出。不同的 SPI 设备的实现方式不尽相同，主要是数据改变和采集的时间不同，在时钟信号上沿或下沿采集有不同定义，具体请参考相关器件的文档。

在点对点的通信中，SPI 接口不需要进行寻址操作，且为全双工通信，显得简单高效。在多个从设备的系统中，每个从设备需要独立的使能信号，硬件上比 I^2C 系统要稍微复杂一些。

7.3.3 DS1302 实时时钟及其应用

DS1302 是 DALLAS 公司推出的一种高性能、低功耗、带 RAM 的实时时钟芯片，可以对年、月、日、周、时、分、秒进行计时，具有闰年补偿功能，最大有效年份至 2100 年。DS1302 需外接晶体，与主机的接口为 SPI 总线。

DS1302 时钟部分的寄存器及其描述如图 7-6 所示。可以看出，其内部具有秒寄存器、分寄存器以及小时寄存器等。

DS1302 具有 31 个 8 位连续 RAM 空间。如图 7-7 所示。

DS1302 的地址/命令控制字如图 7-8 所示。其中，最低位为 0 时表示对 DS1302 进行写操作，即可调整时间或写 RAM；为 1 时，可以读出内部时间或 RAM 内容。第 1~5 位的 A0~A5 表示内部的时钟、RAM 寄存器的地址，如图 7-7 及图 7-8 中所示的地址。第 6 位为 1 时，表示对 RAM 进行操作，为 0 时表示对时钟相关寄存器操作。

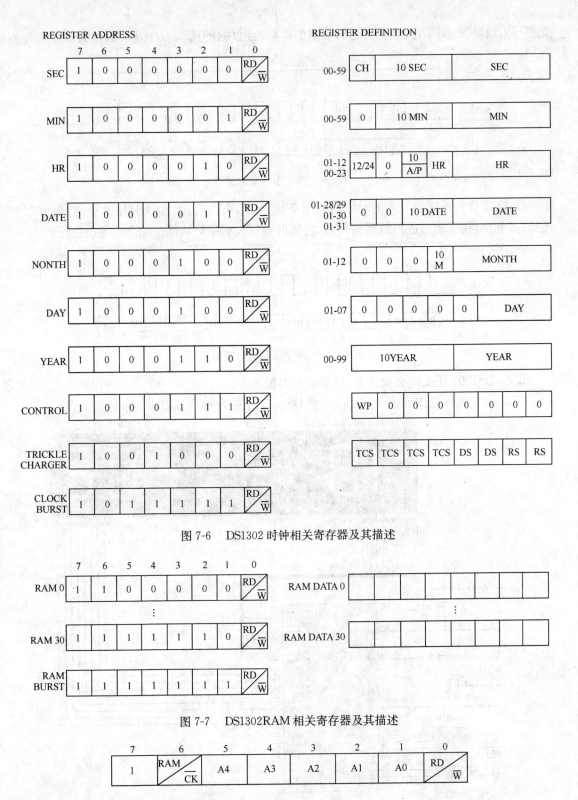

图 7-6　DS1302 时钟相关寄存器及其描述

图 7-7　DS1302 RAM 相关寄存器及其描述

7	6	5	4	3	2	1	0
1	RAM/$\overline{CK}$	A4	A3	A2	A1	A0	RD/$\overline{W}$

图 7-8　DS1302 地址/命令控制字

DS1302 进行单字节读取的时序图如图 7-9 所示,可以看出,要读取 DS1302 中的内容,首先要写入地址、控制字,接下来再进行数据的读取,且数据的读取顺序是从低位到高位逐位进行的。

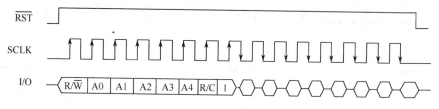

图 7-9　单字节读取时序图

DS1302 进行单字节写入的时序图如图 7-10 所示,可以看出,与读时序类似,首先要写入地址、控制字,接下来再进行数据的写入,且数据的写入顺序是从低位到高位逐位进行的。

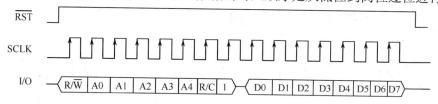

图 7-10　单字节写入时序图

此外,DS1302 还支持突发读取,这里就不再描述了。

Proteus 仿真原理图如图 7-11 所示,将 DS1302 中的时钟信息显示在数码管上。

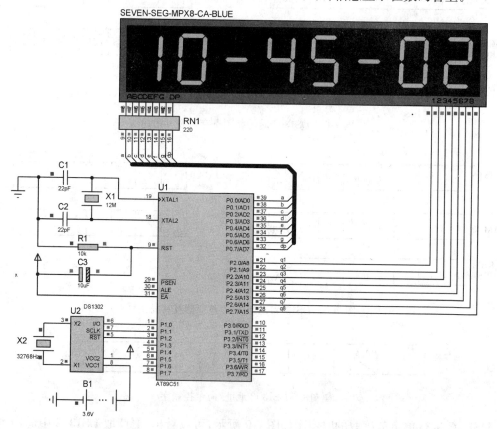

图 7-11　DS1302 仿真原理图

程序如下：

```
#include <reg51.h>
#define uchar unsigned char
#define uint unsigned int



sbit SDA = P1^0;
sbit CLK = P1^1;
sbit RST = P1^2;

uchar code DSY_CODE[] = {0xC0,0xF9,0xA4,0xB0,0x99,0x92,0x82,0xF8,0x80,0x90,0xFF};
uchar Display_Buffer[]={0x00,0x00,0xBF,0x00,0x00,0xBF,0x00,0x00};//间隔显示"-"
uchar Bit_Code[] = {0x01,0x02,0x04,0x08,0x10,0x20,0x40,0x80}; //数码管刷新选择
uchar Current_Time[7];

void DelayMS(uint x)
{
    uchar i;
    while(x--) for(i=0;i<120; i++);
}

void Write_A_Byte_To_DS1302(uchar x)
{
    uchar i;
    for(i=0;i<8;i++)
    {
        SDA = x&1; CLK =0; CLK = 1; x>>=1;
    }
}

uchar Get_A_Byte_FROM_DS1302()
{
    uchar i,b,t;
    for(i=0;i<8;i++)
    {
        b>>=1;t=SDA;b|=t<<7;CLK=1;CLK=0;
    }
    return b/16 * 10+b%16;
}
uchar Read_Data(uchar addr)
{
    uchar dat;
    RST=0;CLK=0;RST=1;
```

```
        Write_A_Byte_To_DS1302(addr);
        dat = Get_A_Byte_FROM_DS1302();
        CLK=1;RST=0;
        return dat;
    }
    void GetTime()
    {
        Current_Time[0] = Read_Data(0x81);          //读秒寄存器
        Current_Time[1] = Read_Data(0x83);          //读分钟寄存器
        Current_Time[2] = Read_Data(0x85);          //读小时寄存器
    }

    void main()
    {
        uchar i;
        while(1)
        {
            GetTime();
            Display_Buffer[0] = DSY_CODE[Current_Time[2]/10];
            Display_Buffer[1] = DSY_CODE[Current_Time[2]%10];
            Display_Buffer[3] = DSY_CODE[Current_Time[1]/10];
            Display_Buffer[4] = DSY_CODE[Current_Time[1]%10];
            Display_Buffer[6] = DSY_CODE[Current_Time[0]/10];
            Display_Buffer[7] = DSY_CODE[Current_Time[0]%10];
            for(i=0;i<8;i++)
            {
                P2 = Bit_Code[i];
                P0 = Display_Buffer[i];
                DelayMS(2);
            }
        }
    }
```

7.4　I²C 通信接口

7.4.1　什么是 I²C

I²C(Inter-Integrated Circuit)总线是由 Philips 公司开发的两线式串行总线,用于连接微控制器及其外围设备。由于嵌入式系统一般有处理器、通用电路(如 LCD 驱动器、RAM、E²PROM、AD 等)以及面向应用的电路(如传感器、特定应用的信号处理电路等)构成的,为了充分利用嵌入式系统的这种一般特性,Philips 开发的 I²C 总线就是使得不同应用的嵌入式系统采用相同的总线架构来驱动,Philips 已经推出了 150 多种具有 I²C 接口的芯片,已有超过50 余家公司获得 I²C 使用许可。因此,I²C 总线是微电子通信控制领域广泛采用的一种总线标准。它是同步通信的一种特殊形式,具有接口线少,控制方式简单,器件封装形式小,通信速率较高等优点。

I²C 总线规范具有两个主要版本,即 1.0-1992 和 2.0-1998。在 1.0 规范中,将位速率增加 4 倍,达到了 400kb/s,快速模式器件向下兼容,可以在 0～100kb/s 的 I²C 总线系统中使用。另外,1.0 规范增加了 10 位寻址,允许 1024 个额外的从机地址。I²C 总线已经成为一个国际标准,在超过 100 种不同的芯片上实现,现在较多的电路系统要求总线速度更高、电源电压更低,因此 2.0 规范增加了高速模式(Hs 模式),将速率提高到 3.4Mb/s,同时 2.0 规范将电源电压降低到 2.0V 以下。在 2.1-2000 规范中,针对 Hs 模式做了一些微小的修改,使得一些时序参数要求更宽松,并可以延长 Hs 模式重复起始条件后的时钟信号。

7.4.2　I²C 特性

(1) 只要求两条总线线路:一条串行数据线 SDA,一条串行时钟线 SCL;使得具有 I²C 接口的芯片信号引脚较少,封装较小,有效降低了 PCB 尺寸、功耗,芯片具有较强的抗干扰能力、工作温度宽、电源电压范围宽等特点。另外,由于芯片内置了 I²C 接口,系统设计时不需要任何的译码、组合逻辑等额外电路,使得设计较为简单。

(2) 每个连接到总线的器件都可以通过唯一的地址与一直存在的简单的主机/从机关系软件设定地址,主机可以作为主机发送器或主机接收器,从机也可以作为从机发送器或从机接收器,对应了 I²C 总线的 4 种工作模式。

(3) 它是一个真正的多主机总线,如果两个或更多主机同时初始化,数据传输可以通过冲突检测和仲裁防止数据被破坏,去掉 I²C 总线上的某一个或多个模块对系统整体没有影响,因此增加了系统的可扩展性,也使得系统的升级较为方便。

(4) 串行的 8 位双向数据传输位速率在标准模式下可达 100kb/s,快速模式下可达 400kb/s,高速模式下可达 3.4Mb/s;

(5) 连接到相同总线的 IC 数量只受到总线的最大电容 400pF 限制。

(6) 片上的滤波器可以滤去总线数据线上的毛刺,保证数据完整。

(7) 某一 I²C 接口芯片的开发经验可以迅速扩展到 I²C 接口的其他芯片,使设计时间降低。

7.4.3　I²C 的基本术语及协议分析

在 I²C 协议中,各个部件之间的连接关系非常简单,只要将其两根线挂在 I²C 总线上即可,如图 7-12 所示。

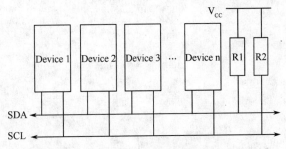

图 7-12　I²C 总线各部件之间连接示意图

从图中可以看出,I²C 总线由 SDA(串行数据)和 SCL(串行时钟)组成,有主机和从机之分。总线空闲时,SDA 和 SCL 要求为高电平,因此这两个信号均需要连接上拉电阻。I²C 总线基本术语见表 7-2。

表 7-2 I²C 总线基本术语

术语	描　　述
发送器	发送数据到总线的器件
接收器	从总线接收数据的器件
主机	初始化发送,产生时钟信号和终止发送的器件
从机	被主机寻址的器件
多主机	同时有多于一个主机尝试控制总线,但不破坏报文
仲裁	是一个在有多个主机同时尝试控制总线,但只允许其中一个控制总线并使报文不被破坏的过程
同步	两个或多个器件同步时钟信号的过程

在通信过程中,I²C 总线又有起始信号(Start)、终止信号(Stop)、重复起始信号(Repeat Start)三种控制状态。如图 7-13 所示。

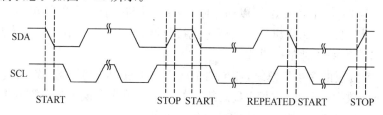

图 7-13 I²C 总线三种控制状态

起始信号是指 SCL 持续高电平时,SDA 从高电平变为低电平。终止信号是指 SCL 持续高电平时,SDA 从低电平变为高电平。重复起始信号是指在访问一个设备时,为了改变访问方向而不写入终止信号,第二次访问时的起始信号称为重复起始信号,如访问 I²C 接口的 E²PROM(如 24C04 等),在读其中内容时,需要先写入要寻址的器件以及待访问的地址,然后读取其中的内容,在读取内容之前的起始信号就为重复起始信号。

因此,根据起始信号、终止信号,我们可以编写 8051 单片机访问 I²C 的起始信号函数和终止信号函数如下:

```
void Start()
{
    SDA =1;
    SCL =1;
    NOP4();
    SDA = 0;
    NOP4();
    SCL = 0;
}

void Stop()
{
    SDA = 0;
```

```
        SCL = 0;
        NOP4();
        SCL = 1;
        NOP4();
        SDA = 1;
    }
```

当主机寻址从机时，需要发送寻址地址，即硬件地址，该地址包内容如图 7-14 所示。

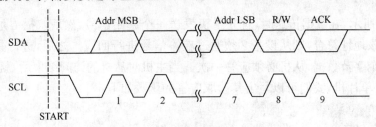

图 7-14 I^2C 总线寻址包格式

地址的传输是在起始条件 S 后发送了一个从机地址，这个地址共有 7 位，紧接着的第 8 位是数据方向位，R/W 为 0 表示写从机设备；为 1 表示读从机设备。第 9 位为应答（ACK）信号，当主机向总线发出硬件地址后，如果某一从机地址与该地址相同，则从机设备必须进行回应（Response），其回应的信号就是应答信号。如果从机的应答是拉低 SDA 信号，表明从机收到，如果没有对 SDA 反应，则表示从机没有收到或没反应、失败。

不同的从机设备都有不同的硬件地址，硬件地址是由硬件设备厂商设定的，我们以 ATMEL 公司的 24C02 信号的 E^2PROM 为例来进行说明，24C02 的原理图如图 7-15 所示。

其中，SDA 和 SCL 信号必须接上拉电阻，A0～A2 接地。查阅 24C02 的数据手册，我们可以看到厂商所制定的从机地址如图 7-16 所示。

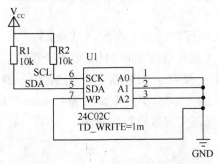

图 7-15   24C02 芯片连接原理图

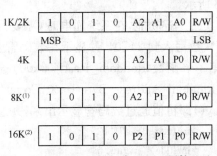

图 7-16   24C0X 系列 E^2PROM 硬件地址

其中 24C01A/02/04/08/16 的容量分别为 1024/2048/4096/8192/16384 位。以 24C02 为例，其容量为 2KB。因此其硬件地址的高 4 位是不可编程的，为 1010，低 4 位中的 A0～A2 为可编程地址，在上面原理图中，A0～A2 全部接地，因此 24C02 的硬件地址为 1010000X，当需要写数据到 24C02 时，其地址为 0xA0，当需要从 24C02 中读数据时，其地址为 0xA1。从原理图也可以看出，同一条 I^2C 总线上，最多接 8 个 24C0X 设备。

刚刚讨论的是 I^2C 总线传输地址，接下来看看 I^2C 总线传输数据的过程：一次传送一个字节，首先传送 MSB 位，最后传送 LSB 位。与传送地址时一样，也需要从机设备发送应答信号。I^2C 总线典型的数据传送如图 7-17 所示。

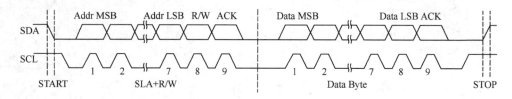

图 7-17 I²C 总线的典型数据传送

如图 7-17 所示,在数据传送时,首先主机发送一个起始信号,然后广播寻址地址,如果某个设备地址与该地址符合,则从设备必须通过应答信号进行回应。之后,进行数据的发送,每当主机发送一个字节数据,从机必须应答一次。当主机对从机的访问结束后,就会发送终止信号。对于 8051 单片机,我们可以写出其读取应答的函数如下:

```
void RACK()
{
        SDA = 1;
        NOP4();
        SCL = 1;
        NOP4();
        SCL = 0;
}
```

7.4.4 24C04 基本应用仿真

从上面 I²C 协议基本分析,结合 24C04 E²PROM 芯片,我们给出一个 I²C 芯片的基本应用。我们的目标是 24C04 记忆系统加电的次数,并显示在数码管上。Proteus 仿真原理图如图 7-18 所示。

要实现上述功能,在系统加电时,需要读出 24C04 所保存的加电次数,然后加 1 更新,然后将新次数写入到 24C04,并显示在数码管上。因此,主程序非常简单,只需要三个函数就可以了,第一个函数 Random_Read (0x00)读出 24C04 所保存的加电次数。然后加 1,通过 Write_Random_Address_Byte(0x00,Count);语句写入到 24C04,第三个函数为 Convert_And _Display()即将值通过数码管显示出来,并通过 while 循环实现数码管的刷新。

```
# include <reg51. h>
# include <intrins. h>
# define uchar unsigned char
# define uint unsigned int
# define NOP4() { _nop_();_nop_();_nop_();_nop_();}

sbit SCL = P1^0;
sbit SDA = P1^1;

uchar code DSY_CODE[] = {0xC0,0xF9,0xA4,0xB0,0x99, 0x92,0x82,0xF8,0x80,0x90,
0xFF};
```

```
uchar DISP_Buffer[] = {0,0,0};
uchar Count = 0;

void DelayMS(uint x)
{
    uchar i;
    while(x--) for(i=0;i<120; i++);
}

void Start()
{
        SDA =1;
        SCL =1;
        NOP4();
        SDA = 0;
        NOP4();
        SCL = 0;
}

void Stop()
{
        SDA = 0;
        SCL = 0;
        NOP4();
        SCL = 1;
        NOP4();
        SDA = 1;
}

void RACK()
{
        SDA = 1;
        NOP4();
        SCL = 1;
        NOP4();
        SCL = 0;
}

void Write_A_Byte(uchar b)
{
    uchar i;
    for(i=0;i<8;i++)
    {
        b<<=1;
```

```c
                    SDA = CY;
                    _nop_();
                    SCL = 1;
                    NOP4();
                    SCL = 0;
            }
            RACK();
}

void Write_IIC(uchar addr, uchar dat)
{
    Start();
    Write_A_Byte(0xa0);
    Write_A_Byte(addr);
    Write_A_Byte(dat);
    Stop();
    DelayMS(10);
}

uchar Read_A_Byte()
{
    uchar i,b;
    for(i=0;i<8;i++)
    {
        SCL = 1;
        b<<=1;
        b |= SDA;
        SCL = 0;
    }
    return b;
}

uchar Read_Current()
{
    uchar d;
    Start();
    Write_A_Byte(0xa1);
    d = Read_A_Byte();
    Stop();
    return d;
}

uchar Random_Read(uchar addr)
{
```

```c
    Start();
    Write_A_Byte(0xa0);
    Write_A_Byte(addr);
    return Read_Current();
}


void Write_Random_Address_Byte(uchar add, uchar dat)
{
    Start();
    Write_A_Byte(0xa0);
    Write_A_Byte(add);
    Write_A_Byte(dat);
    Stop();
    DelayMS(10);
}


void Convert_And_Display()
{
    DISP_Buffer[2] = Count /100;
    DISP_Buffer[1] = Count %100 /10;
    DISP_Buffer[0] = Count %100 %10;
    if(DISP_Buffer[2] ==0)
    {
        DISP_Buffer[2] = 10;
        if (DISP_Buffer[1] == 0)
            DISP_Buffer[1] = 10;
    }
    P2 = 0x80;
    P0 = DSY_CODE[DISP_Buffer[0]];
    DelayMS(2);
    P2 = 0x40;
    P0 = DSY_CODE[DISP_Buffer[1]];
    DelayMS(2);
    P2 = 0x20;
    P0 = DSY_CODE[DISP_Buffer[2]];
    DelayMS(2);
}


void main()
{
    Count = Random_Read(0x00) + 1;
    Write_Random_Address_Byte(0x00,Count);
    while(1) Convert_And_Display();
}
```

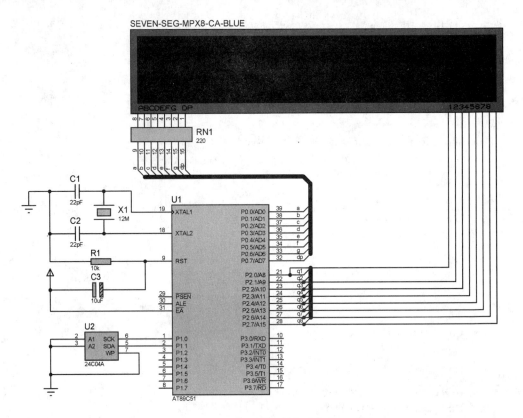

图 7-18　24C04 基本仿真实验仿真原理图

在仿真之前,首先要通过 UltraEdit 等软件以十六进制建立 Proteus 中 24C04 的内容,并保存为 24C04. bin,然后在 Proteus 中选择 24C04 的初始化数据为 24C04. bin。每次退出 Proteus 时,Proteus 会提示是否保存,保存之后,当前的仿真值会自动保存到 24C04. bin 文件中。

7.5　USB 通信接口

7.5.1　什么是 USB

USB 是英文 Universal Serial BUS 的缩写,意为通用串行总线,是一个外部总线标准,用于规范计算机与外部设备的连接和通信。UBS 是应用在计算机领域的接口技术,USB 接口支持设备的即插即用和热插拔功能。USB 是在 1994 年底由英特尔、康柏、IBM、Microsoft 等多家公司联合提出的。1994 年, Intel、Compaq、Digital、IBM、Microsoft、NEC、Northern Telecom 等 7 家世界著名的计算机和通信公司成立了 USB 论坛。1995 年 11 月正式制订了 USB 0.9 规范,1997 年开始有真正符合 USB 技术标准的外设出现。1999 年初,在 Intel 开发者论坛大会上,与会者介绍了 USB 2.0 规范,该规范的支持者除了原有的 Compaq、Intel、Microsoft 和 NEC 等 4 个成员外,还有 HP、Lucent 和 Philips 三个新成员。USB 版本经历了多年的发展,到现在已经发展为 3.0 版本,成为目前计算机中的标准扩展接口。目前主板中主要是采用 USB1.1 和 USB2.0,各 USB 版本间能很好的兼容。USB 具有传输速度快(USB1.1 是 12Mb/s,USB2.0 是 480Mb/s,USB3.0 是 5Gb/s),使用方便,支持热插拔,连接灵活,独立供电等优点,可以连接鼠标、键盘、打印机、扫描仪、摄像头、闪存盘、MP3 机、手机、数码相机、移动硬盘、外置光驱、USB 网卡、ADSL Modem、Cable Modem 等几乎所有的外部设备。USB

接口可用于连接多达 127 个外设,如鼠标、调制解调器和键盘等,但它们将共享 USB 带宽。USB 自从 1996 年推出后,已成功替代串口和并口,并成为当今个人计算机和大量智能设备的必配的接口之一。USB 各版本区别如表 7-3 所示。

表 7-3　USB 各版本及其区别

推出时间	版本	最大传输速率	最大输出电流
1996 年 1 月	USB1.0	1.5Mb/s(192Kb/s)低速(Low-Speed)	500mA
1998 年 9 月	USB1.1	12Mb/s(1.5Mb/s)全速(Full-Speed)	500mA
2000 年 4 月	USB2.0	480Mb/s(60Mb/s)高速(High-Speed)	500mA
2008 年 11 月	USB3.0	5Gb/s(640Mb/s)超速(Super-Speed)	900mA

USB 设备之所以能被大量应用,主要具有以下优点:

① 可以热插拔。

② 携带方便。

③ 标准统一。

④ 可以连接多个设备,理论上可以最多连接 127 个设备。

⑤ 速度快。

⑥ 无须外接电源。

⑦ 良好的兼容性,USB 接口标准有良好的向下兼容性。

7.5.2　USB 协议简析

7.5.2.1　USB 拓扑结构

USB 采用 4 线电缆,其中两根是用来传送数据的串行通道,另两根为设备提供电源。对于高速且需要高带宽的外设,USB 以全速 12Mb/s 传输数据;对于低速外设,USB 则以 1.5Mb/s 的传输速率来传输数据。USB 总线会根据外设情况在两种传输模式中自动地动态转换。USB 是基于令牌(token-based)的总线。USB 主控制器广播令牌,总线上设备检测令牌中的地址是否与自身相符,通过接收或发送数据给主机来响应。USB 通过支持挂起/恢复操作来管理 USB 总线电源。USB 系统采用级联星形拓扑,该拓扑由三个基本部分组成:主机(Host),集线器(Hub)和功能设备。USB 总线结构如图 7-19 所示。

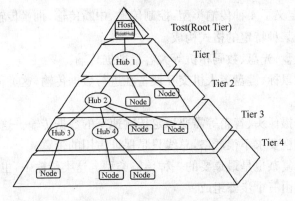

图 7-19　USB 总线拓扑结构

主机,也称为根,根结或根 Hub,它做在主板上或作为适配卡安装在计算机上,主机包含有主控制器和根集线器(Root Hub),控制着 USB 总线上的数据和控制信息的流动,每个 USB 系统只能有一个根集线器,它连接在主控制器上。

集线器是 USB 结构中的特定成分,它提供叫做端口(Port)的点,将设备连接到 USB 总线上,同时检测连接在总线上的设备,并为这些设备提供电源管理,负责总线的故障检测和恢复。

7.5.2.2 USB 传输方式

USB 是一种轮询方式的总线,主机控制器初始化所有的数据传送。USB 协议反映了 USB 主机与 USB 设备进行交互时的语言结构和规则。每次传送开始时,主机控制器将发送一个描述传输的操作种类、方向、USB 设备地址和端口号的 USB 数据包,被称为标记包(PID,Packet Identifier),USB 设备从解码后的数据包的适当位置取出属于自己的数据。传输开始时,由标记包来设置数据的传输方向,然后发送端发送数据包,接收端则发送一个对应的握手数据包以表明是否发送成功。消息数据采用 USB 所定义的数据结构、信道与数据带宽、传送服务类型和端口特性(如方向、缓冲区大小等)有关。多数信道在 USB 设备设置完成后才会存在,而默认控制信道当设备一启动后即存在,从而为设备的设置、状况查询和输入控制信息提供了方便。

7.5.2.3 包的类型

USB 总线的数据传输包含一个或多个交换(Transaction),而交换是由包(Packet)组成的,因此包是组成 USB 交换的基本单位。包分为三类:数据包、标记包和信息交换包。

包实质上是一连串的二进制数,由更小的单位"域"构成。其域有如下类。

同步域:位于每一个包的开始处,代表一个包的开始。

标识域:位于同步域之后,用于标识包的类型和格式,也是检测包出错的手段之一。

地址域:保存的是一个设备在主机上的唯一地址。

端点域:是 USB 中用于存放发送和接收数据的一系列缓冲区。

帧号域:在 USB 协议中,1 帧为 1ms,又分为若干份,一份就是一个 USB 传输动作。

数据域:用于表示数据长度单位,在不同类型的传输中,其长度在 1~1023 个字节之间。

循环冗余校验域:用于数据包、标识包中的非标识域信息的一种校验方法。

7.5.2.4 USB 数据传输类型

在 USB 协议中,定义了 4 种传输类型:控制传输、中断传输、批量传输、同步传输。每种传输都以包为基础,按照某种特定的格式构成。

批量传输:用于硬盘、光盘、数码相机等大容量数据传输。

中断传输:用于像鼠标、键盘等人机交互设备在进行数据传输,这类传输数据量小、无周期性,但要求相应速度快。

同步传输:常用语摄像头、音箱等需要恒定传输速率的数据传输。这类传输不需要信息交换,对传输数据的准确性要求不很严格,总线只是保证占用的带宽。

控制传输:是最为复杂也是最重要的一种传输类型。这类传输中,主机和设备之间需要进行数据交换,数据交换由三个步骤组成。

① 初始设置步骤:控制传输均由初始设置步骤开始,把信息发送给目标设备;

② 可选数据步骤:如果有需要读/写的数据,进行数据交换,否则可省略;

③ 状态信息步骤:用于报告操作结果。

7.6　CAN 总线接口

7.6.1　CAN 总线概述

控制器局域网络(Controller Area Network,CAN)主要用于各种过程(设备)监测及控制。CAN 最初是由德国的 Bosch 公司为汽车的监测与控制设计,但由于 CAN 总线本身的突出特点,其应用领域目前已不再局限于汽车行业,而向过程工业、机械工业、机器人、数控机床、医疗器械及传感器等领域发展。由于其高性能、高可靠性及独特的设计,使得 CAN 总线越来越受到人们的重视,国际上已经有很多大公司的产品采用了这一技术。CAN 已经形成国际标准(ISO11898),并已成为工业数据通信的主流技术之一。

一个理想的由 CAN 总线构成的单一网络中可以连接任意多个节点,但在实际应用中,节点个数受网络硬件的电气特性限制。CAN 可提供 1Mb/s 的数据传输速率,CAN 总线是一个多主方式的串行总线。CAN 总线规范要求 CAN 具有高的传输速率、高抗电磁干扰性以及能检测任何错误。CAN 总线具有很高的实时性和高的可靠性,已广泛应用于工业自动化、船舶、医疗设备、工业设备等方面。现场总线是当今自动化领域技术发展的热点之一,被誉为自动化领域的计算机局域网。它的出现为分布式控制系统实现各节点之间实时、可靠的数据通信提供了强有力的技术支持。

CAN 总线的通信介质可采用双绞线、同轴电缆、光纤等,最常用的是双绞线。最大通信距离为 10km,最大通信波特率为 1Mb/s,通信距离与波特率有较大的关系,当在 10km 通信距离时,其波特率为 50kb/s。CAN 总线的仲裁采用 11 位标识和非破坏性位仲裁总线结构机制,可以确定数据块的优先级,保证在网络节点冲突时最高优先级的节点不需要冲突等待。CAN 总线采用多主竞争式总线结构,具有多主站运行和分散仲裁的串行总线以及广播通信的特点。CAN 总线上任意节点可在任意时刻主动向网络上其他节点发送信息而不分主次,因此可以在各节点之间实现自由通信。

CAN 总线信号使用差分电压传送,两条信号线被称为 CAN_H、CAN_L,静态时均为 2.5V 左右,此时压差较小,表示逻辑 1,也称为隐性;当 CAN_H 为 3.5V、CAN_L 为 1.5V 时,压差为 2V,表示逻辑 0,也称为显性。

CAN 总线的一个位时间可以分为 4 个部分:同步段、传播时间段、相位缓冲段 1 和相位缓冲段 2。每段的时间可以通过 CAN 总线控制器编程控制。各个段的设定和 CAN 总线的同步、仲裁等信息有关,基本原则是要求各个节点在一定误差范围内保持同步。正确设置 CAN 总线各个时间段,是保证 CAN 总线良好工作的关键。

7.6.2　CAN 总线特性及优点

7.6.2.1　CAN 总线特性

✦ 废除传统的站地址编码,代之以对通信数据块进行编码,可以多主方式工作;

✦ 采用非破坏性仲裁技术,当两个节点同时向网络上传送数据时,优先级低的节点主动停止数据发送,而优先级高的节点可不受影响继续传输数据,有效避免了总线冲突;

✦ 采用短帧结构,每一帧的有效字节数为 8 个,数据传输时间短,受干扰的概率低,重新发送的时间短;

✦ 每帧数据都有 CRC 校验及其他检错措施,保证了数据传输的高可靠性,适于在高干扰环境下使用；

✦ 点在错误严重的情况下，具有自动关闭总线的功能，切断它与总线的联系，以使总线上其他操作不受影响；

✦ 可以点对点，一对多及广播集中方式传送和接收数据。

7.6.2.2　CAN 总线的优点

✦ 具有实时性强、传输距离较远、抗电磁干扰能力强、成本低等优点；

✦ 采用双线串行通信方式，检错能力强，可在高噪声干扰环境中工作；

✦ 具有优先权和仲裁功能，多个控制模块通过 CAN 控制器挂到 CAN-bus 上，形成多主机局部网络；

✦ 可根据报文的 ID 决定接收或屏蔽该报文；

✦ 可靠的错误处理和检错机制；

✦ 发送的信息遭到破坏后，可自动重发；

✦ 节点在错误严重的情况下具有自动退出总线的功能。

7.6.3　CAN 的报文传输

CAN 总线是一个基于报文而不是基于站点地址的协议。也就是说报文不是按照地址从一个节点传送到另一个节点。CAN 总线上报文所包含的内容只有优先级标志区和欲传送的数据内容。所有节点都会接收到在总线上传送的报文，并在正确接收后发出应答确认。至于该报文是否要做进一步的处理或被丢弃将完全取决于接收节点本身。同一个报文可以发送给特定的站点或许多站点，具体情况取决于用户对于网络和系统的设计。因此，CAN 总线核心就是其用于报文传输而定义的帧结构。

7.6.3.1　帧类型

CAN 总线传输时都有以下 4 种不同类型的帧。

① 数据帧(Data)：数据帧将数据从发送器传输到接收器。

② 远程帧(Remote)：总线单元发出远程帧，请求发送具有同一标识符的数据帧。

③ 错误帧(Error)：任何单元检测到总线错误就发出错误帧。

④ 过载帧(Overload)：过载帧用在相邻数据帧或远程帧之间提供附加的延时。

数据帧或远程帧与前一个帧之间都会有一个隔离域，即帧间间隔。数据帧和远程帧可以使用标准帧及扩展帧两种格式。

4 种传输帧的传输请求分别在以下情况发起。

① 数据帧携带数据由发送器至接收器；

② 远程帧通过总线单元发送，以请求发送具有相同标识符的数据帧；

③ 出错帧由检测出总线错误的任何单元发送；

④ 超载帧用于提供当前的和后续的数据帧的附加延迟。

7.6.3.2　数据帧

数据帧由 7 个不同的位场组成，即帧起始、仲裁场、控制场、数据场、CRC 场、应答场和帧结束。数据长度可为 0。CAN 技术规范 2.0B 数据帧的组成如图 7-20 所示。

7.6.3.3　远程帧

远程帧由 6 个不同位场组成，即帧起始、仲裁场、控制场、CRC 场、应答场和帧结束。远程

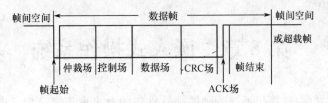

图 7-20　CAN 协议数据帧组成

帧和数据帧的结构基本相同,其 RTR 位为隐性位,且不存在数据场,远程帧组成如图 7-21 所示。

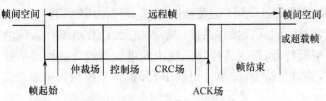

图 7-21　CAN 协议远程帧组成

7.6.3.4　出错帧

出错帧由两个不同场组成,第一个由来自各站的错误标识叠加而得到,后随的第二个场是出错界定符,(包括 8 个隐性位)。如图 7-22 所示。

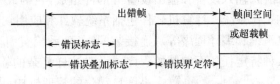

图 7-22　CAN 协议出错帧组成

7.6.3.5　超载帧

超载帧包括两个位场:超载标志和超载界定符,如图 7-23 所示。存在两种导致发送超载标志的超载条件:一个是要求延迟下一个数据帧或远程帧的接收器的内部条件;另一个是在间隙场检测到显性位。超载标志由 6 个显性位组成,超载界定符由 8 个隐性位组成。

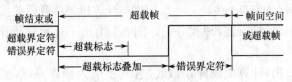

图 7-23　CAN 协议超载帧组成

7.7　本章小结

本章首先介绍了串行通信的基本概念,对 RS-232、SPI、I²C、USB、CAN 等常见的嵌入式系统接口进行了简要介绍,并给出了 RS-232、SPI、I²C 接口在 ARM 或 8051 系统中的应用给出了简单的例子。希望读者以这些例子为基础,掌握嵌入式系统接口的控制与使用方法。

第8章　嵌入式操作系统

随着计算机的发展,计算机系统的硬件和软件资源愈来愈丰富。为了提高这些资源的利用率、增强系统的处理能力、使用户更容易地使用计算机,从个人计算机到巨型计算机系统,都配置一种或多种操作系统。在嵌入式系统领域,随着硬件水平的进步,针对应用,用户提出了更多、更高的要求,特别是工业领域的实时处理要求、消费领域的易用性及多功能要求等对应用设计提出了挑战,而嵌入式操作系统则是降低应用开发复杂度、提升硬件使用效率的一种有效手段。

本章主要介绍常见的嵌入式操作系统的基本概念、计算机操作系统的形成和发展过程、计算机操作系统的类型及特点、嵌入式操作系统中的进程管理及进程通信等,最后介绍几种常见的嵌入式操作系统,并对支持 8051 单片机的 RTX 操作系统给出了简单应用。

8.1　计算机操作系统的基本概念

8.1.1　什么是计算机操作系统

现代计算机系统都是由硬件和软件两大部分构成的。计算机硬件通常是由中央处理机(运算器和控制器)、存储器、输入设备和输出设备等部件组成,它构成了系统本身和用户作业赖以活动的物质基础和工作系统。计算机软件包括系统软件和应用软件。系统软件如操作系统、多种语言处理程序(汇编和编译程序等)、连接装配程序、系统实用程序、多种工具软件等;应用软件是用来实现某种特定任务而编制的程序。面对这样复杂的软硬件系统,需要有一个高度自动化的管理机构,由该机构组织各种硬件资源的利用,实现各类软件资源的查找和调用,以及方便用户使用计算机。操作系统(Operating System)正是扮演了这一重要角色,操作系统是诸多系统软件中最重要的一种系统软件,它处在计算机硬件和计算机应用程序之间,除了起着应用程序与计算机硬件联系的接口之外,还要负责对计算机的资源在应用程序之间进行管理和分配。图 8-1 给出了计算机操作系统与软硬件之间的关系。

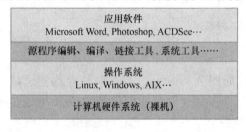

图 8-1　操作系统与软硬件的关系

从图 8-1 中可以看出,计算机硬件在最底层,其上层为操作系统,通过操作系统提供的资源管理功能和便于用户使用的各种工具,展现给用户一个功能强大、更易使用的机器,通常称之为虚拟机(Virtual Machine),各种实用程序和应用程序运行在操作系统之上,它们以操作系统为支撑环境,同时又向用户提供完成其作业所需的各种服务。

8.1.2　操作系统的作用及定义

操作系统的作用可以从不同的观点来观察。从一般用户的观点,操作系统将计算机系统变为一个虚拟机,屏蔽了硬件的复杂性,用户通过接口函数与底层硬件打交道,而不必知道硬件细节,可把操作系统看作是用户与计算机硬件系统之间的接口;从资源管理观点,可把操作系统视为计算机系统资源的管理者。因此,操作系统有以下两个重要的作用。

8.1.2.1 为用户提供良好的界面

通常,计算机用户使用高级语言来编写应用程序,但计算机的硬件却是按照机器码指令来执行操作的。如果系统中具备了对所有硬件进行操作的程序功能模块,则应用程序设计人员所面对的不再是陌生的硬件电路,而是一些熟悉的软件接口。这种提供了一些例程接口,从而使应用程序可通过这些接口对计算机硬件进行操作的软件,就叫做计算机硬件抽象层(Hardware Abstraction Layer,HAL)。这个层次为操作系统的最底层,是对计算机硬件的第一次软件封装。

高级语言编写一些与硬件有关的程序模块加上一些与硬件无关的通用程序模块(如数学运算函数),并将这些模块组织成函数库,以供应用程序调用,这些函数(模块)也叫做 API(Application Programming Interface)函数。

从计算机的角度来看,操作系统扩充了计算机硬件的功能,使得带有操作系统的计算机比只有硬件的计算机功能更强,更容易编程。从应用程序设计人员来看,操作系统是计算机硬件系统和应用程序之间的接口。

因此,操作系统是对计算机硬件的一个软件包装,为应用程序设计人员提供了一个更便于使用的虚拟计算机。

8.1.2.2 管理系统中的各种资源

在计算机系统中,通常都包含了各种各样的硬件和软件资源,如处理器的时间、内存空间、外部设备等。为有效利用计算机的各种资源,操作系统要能管理和分配这些资源,合理地去组织计算机工作流程,保证系统中的各种资源得以有效的利用。

8.1.2.3 操作系统的定义

根据前面对操作系统地位和操作系统作用的描述。可以给出关于操作系统的一个描述性定义:操作系统是计算机系统中的一个系统软件,它是一组用于控制和管理计算机系统中的所有资源的程序集合。其任务是合理地组织计算机的工作流程,有效地组织各种资源协调一致地工作,为用户提供一个功能强、使用方便的工作环境。从而达到充分发挥资源效率、方便用户使用计算机的目的。

8.2 计算机操作系统的历史

由于操作系统完成了对硬件的封装,操作系统与底层硬件紧密相关,伴随着计算机的发展,操作系统也经历着较大的变化,总体看来,计算机硬件及操作系统的发展过程可分为4个阶段:

✦ 1946 至 20 世纪 50 年代末:第一代,电子管时代,无操作系统。

✦ 20 世纪 50 年代末至 20 世纪 60 年代中期:第二代,晶体管时代,批处理系统。

✦ 20 世纪 60 年代中期至 20 世纪 70 年代中期:第三代,集成电路时代,多道程序设计。

✦ 20 世纪 70 年代中期至今:第四代,大规模和超大规模集成电路时代,分时系统。

随着现代计算机正向着巨型、微型、并行、分布、网络化和智能化几个方面发展,操作系统经历了如下的发展过程:手工操作阶段(无操作系统)、批处理、执行系统、多道程序系统、分时系统、实时系统、通用操作系统、网络操作系统、分布式操作系统等。

8.2.1 手工操作阶段

在第一代计算机时期(20 世纪 40 年代),构成计算机的主要元器件是电子管,计算机运算速度慢(只有几千次/秒),没有操作系统,甚至没有任何软件。用户直接用机器语言编制程序,并在上机时独占全部计算机资源。用户既是程序员，又是操作员。上机完全是手工操作：先把程序纸带（或卡片）装上输入机，然后启动输入机把程序和数据送入计算机，接着通过控制台开关启动程序运行。计算完毕，打印机输出计算结果，用户取走并卸下纸带（或卡片）。第二个用户程序上机，照此办理。

20世纪50年代后期，计算机的运行速度有了很大提高．从每秒几千次、几万次发展到每秒几十万次、上百万次。这时，由于手工操作的慢速度和计算机的高速度之间形成矛盾。唯一的解决办法就是摆脱人的手工操作，实现作业的自动过渡。这样就出现了成批处理。

另外，早期的计算机应用仅局限于个别部门的科学计算。使用者都是熟悉机器的专业人员。随着计算机应用日益广泛，非专业人员使用计算机的不方便性就非常突出了。

8.2.2 早期批处理阶段

如上所述，在计算机发展的早期阶段，用户上机时需要自己建立和运行作业，并做结束处理，并没有任何用于管理的软件，所有的运行管理和具体操作都由用户自己承担。每个作业都由许多作业步组成，任何一步的错误操作都可能导致该作业需从头开始。在当时，计算机的价格极其昂贵，计算机（CPU）的时间是非常宝贵的，尽可能提高CPU的利用率成为十分迫切的任务。

解决的途径有两个：首先配备专门的计算机操作员，程序员不再直接操作机器，减少操作机器的错误。另一个重要措施是进行批处理，操作员把用户提交的作业分类，把一批中的作业编成一个作业执行序列。每一批作业将有专门编制的监督程序（Monitor）自动依次处理，监督程序管理作业的运行——负责装入和运行各种系统处理程序，如汇编程序、编译程序、链接装配程序、程序库（如I/O标准程序等），完成作业的自动过渡。

早期批处理阶段（20世纪50年代）的批处理方式可分为如下两种。

8.2.2.1 联机批处理

联机处理方式的基本思路是：操作员有选择地把若干作业汇合成一批，由监督程序控制将它们逐个地输入到磁带上；执行开始后，监督程序按一定算法从磁带上选择第一个作业装入主存，并对该作业进行汇编或编译，经装配链接成为目标程序，然后启动程序运行；运行结束将其结果进行输出。第一个作业全部完成之后，监督程序自动地取出该批作业的第二个作业执行。执行过程同上。

监督程序按照上述步骤逐个地完成一批作业的处理后。又从输入设备上把下一批作业输入到磁带中，并重复上述步骤，完成新的一批作业。如此往复。就实现了作业间的自动切换，从而缩短了作业建立和人工介入时间。

这种联机批处理方式解决了作业自动转接和人工操作时间。但是在作业的输入和执行结果的输出过程中，主机CPU仍处在停止等待状态，这一慢速的输入/输出设备和快速主机之间仍处于串行工作，CPU的时间仍有很大的浪费。因此，引进了下一种批处理方式。

8.2.2.2 脱机批处理

脱机批处理方式的显著特征是增加一台不与主机直接相连而专门用于与输入/输出设备打交道的卫星机，它专门负责与慢速外设打交道。即把操作员选中的一批作业从卡片机上逐个地经卫星机读进磁带机中；主机运行时，只需从快速的磁带机上逐个读入作业进行处理，并把处理的结果输出到快速的输出磁带上就可以了。输入磁带上的一批作业处理完了，输出磁带上也就记录了这批作业的对应结果。然后，在卫星机的控制下，再把输出磁带上的结果顺序地在慢速打印机上打印出来。可见,主机只需与快速磁带机直接打交道,而不必过问慢速的I/O设备了(此为脱机的由来),并且主机是与卫星机并行工作的。因此提高了主机的运行效率和处理能力。

批处理系统实现了作业的自动过渡,它的出现改善了 CPU 和外设的使用情况,从而使整个计算机系统的处理能力得以提高。但它也存在着一些缺点,如磁带需人工拆卸。这样既麻烦又容易出错;另一重要的问题是系统的保护问题。在进行批处理的过程中,所涉及的监督程序、系统程序和用户程序之同是一种互相调用的关系,对于用户程序没有任何检查,若目标程序执行一条非法停机指令时,机器就会错误地停止运行。此时,只有当操作员进行干预,在控制台上按启动按钮后程序才会重新启动运行。另一种情况是,如果一个程序进入死循环,系统就会踏步不前,更严重的是无法防止用户程序破坏监督程序和系统程序。

8.2.3 执行系统阶段

20 世纪 60 年代初期,硬件获得了两方面的进展,即通道和中断技术,导致了操作系统进入执行系统阶段(20 世纪 50 年代至 60 年代初期)。

通道是一种专用处理部件,它能控制一台或多台 I/O 设备工作,负责 I/O 设备与主存之间的信息传输。它一旦被启动就能独立于 CPU 运行,这样可使 CPU 和通道并行操作,而且CPU 和多种 I/O 设备也能并行操作。中断是指当主机接到外部信号(如 I/O 设备完成信号)时,马上停止原来工作,转去处理这一事件,处理完毕后,主机回到原来的断点继续工作。

借助于通道,中断技术和输入输出可在主机控制下完成。这时,原来的监督程序的功能扩大了,它不仅要负责作业运行的自动调度,而且还要提供输入输出控制功能。这个发展了的监督程序常驻内存,称为执行系统(Executive System)。执行系统实现的也是 I/O 联机操作,与早期批处理系统不同的是:I/O 工作是由在主机控制下的通道完成的。主机和通道、主机和I/O 设备都可以并行操作。用户程序的输入输出工作都是由系统执行而没有人工干预,由系统检查其命令的合法性,以避免不合法的 I/O 命令造成对系统的影响,从而提高系统的安全性。此时,除了 I/O 中断外,其他中断如算术溢出和非法操作码中断等可以克服错误停机,而时钟中断可以解决用户程序中出现的死循环等。

许多成功的批处理系统在 20 世纪 50 年代末和 20 世纪 60 年代初出现,典型的操作系统是 FMS(Fortran Monitor system 即 FORTRAN 监督系统)和 IBM/7094 机上的 IBM 操作系统 IBSYS。执行系统实现了主机、通道和 I/O 设备的并行操作,提高了系统效率,方便用户对I/O 设备的使用。但是,这时计算机系统运行的特征是单道顺序地处理作业,即用户作业仍然是一道一道作业顺序处理。那么可能会出现两种情况:对于以计算为主的作业,输入输出量少,外围设备空闲;然而对于以输入输出为主的作业,主机又会造成空闲。这样总体来说,计算机资源使用效率仍然不高。因此操作系统进入了多道程序阶段:多道程序合理搭配交替运行,充分利用资源,提高效率。

8.2.4 多道程序系统阶段

批处理系统和执行系统有一个共同之处,就是每次调一个用户程序进入内存。这种运行方式称为单道运行。在单道程序运行时过程中,首先用户程序在 CPU 上进行计算,当它需要进行 I/O 传输时,向监督程序提出要求,由监督程序提供服务,并帮助启动相应的外部设备进行传输工作,这时 CPU 空闲等待。当外部设备传输结束时发出中断信号,由监督程序中负责中断处理的程序作处理。然后把控制权交给用户程序，让其继续计算。因此，当外部设备进行传输工作时，CPU 处于空闲等待状态；反之，当 CPU 工作时，I/O 设备也处于空闲状态。这样，计算机系统各部件的效能没有得到充分的发挥，其原因在于内存中只有一道程序。在计算机价格十分昂贵的 20 世纪 60 年代，提高设备的利用率是首要目标。为此，人们设想能否在系统中同时存放几道程序，这就引入了多道程序设计的概念。

假设有两个用户程序 A、B，程序 A 首先在处理机上运行，当它需要从磁带输入机输入新的数据而转入等待时，系统帮助它启动输入机进行传输工作，并让用户程序 B 开始计算。程序 B 经过一段计算后需要从打印机输出一批数据，系统接受请求并帮助启动打印机工作。如果此时程序 A 的输入尚未结束，也无其他用户程序需要计算，处理机就处于空闲状态，直到程序 A 在输入结束后重新运行。若当程序 B 的打印工作结束时，程序 A 仍在运行，则程序 B 继续等待，直到程序 A 计算结束再次请求 I/O 传输时，程序 B 才能占用处理机。

多道程序设计是一种软件技术，该技术使同时进入计算机内存的几个相互独立的程序，在主管程序控制之下相互穿插地运行。当某道程序因某种原因不能继续运行下去时（如等待外部设备传输数据），管理程序便将另一道程序投入运行。这样可以使中央处理机及各外部设备尽量处于忙碌状态，从而大大提高了计算机的使用效率。

多道程序设计技术使得几道程序在系统内同时工作，这一软件技术的实施环境被称为存储程序式的计算机［又称冯·诺依曼（Von Neumann）计算机］。这种计算机的结构是由运算器、控制器、输入部件、输出部件、控制台组成的。现在正广泛使用着的各种计算机的结构正是由上述部分所组成。存储程序式计算机的特点是：集中控制，即整个计算机的活动是由控制部件实行集中控制的。人们通常把运算器和控制器做在一起，称为中央处理机（简称 CPU）。CPU 严格地按照指令计数器的内容顺序地执行每一个操作。那么，几道程序怎么能在系统内同时执行呢？应该看到：计算机系统中除了中央处理机外，还有各种不同的输入设备、输出设备，虽然对中央处理机而言，一个时刻只能有一道程序在上面运行，但从整个计算机系统来看，CPU、输入设备、输出设备是有可能同时操作的。例如，正在处理机上运行的程序 A 因为要进行输入操作而让出 CPU 给程序 B 运行，当程序 B 运行一段时间后又要求做输出操作，这时，CPU 让程序 C 运行。若程序 A 的输入操作、程序 B 的输出操作没有结束，从整个计算机系统来看，程序 A 正在做输入工作，程序 B 正在做输出工作。程序 C 的计算工作正在进行。从宏观上说，这几道程序都处于执行状态，称这几道程序在并发执行。当然，就 CPU 而言，这几道程序实际上是在轮流使用它，当一道程序运行不下去时，CPU 才让另一道程序运行。这种处理方式，在内存中总是同时存在几道程序，系统资源得到比较充分的利用。

综上所述，多道运行的特征是：

（1）多道。即计算机内存中同时存放几道相互独立的程序。

（2）宏观上并行。同时进入系统的几道程序都处于运行过程中，即它们先后开始了各自的运行，但都未运行完毕。

（3）微观上串行。从微观上看，内存中的多道程序轮流地或分时地占用处理机，交替执行。

多道程序系统中，需要解决这样一些技术：

（1）并行运行的程序要共享计算机系统的硬件和软件资源，既有对资源的竞争，但又须相互同步。因此同步与互斥机制成为操作系统设计中的重要问题。

（2）多道程序的增加，出现了内存不够用的问题，提高内存的使用效率也成为关键。因此出现了诸如覆盖技术、对换技术和虚拟存储技术等内存管理技术。

（3）多道程序存在于内存，保证系统程序存储区和各用户程序存储区的安全可靠，提出了内存保护的要求。

多道程序系统的出现标志着操作系统渐趋成熟的阶段，先后出现了作业调度管理、处理机管理、存储器管理、外部设备管理、文件系统管理等功能。

8.2.5 操作系统的形成

8.2.5.1 分时操作系统

在批处理方式下，用户以脱机操作方式使用计算机，用户在提交作业以后就完全脱离了自己的作业，在作业运行过程中，不管出现什么情况都不能加以干预，只有等该批作业处理结束，用户才能得到计算结果。根据结果再做下一步处理，若有错，还得重复上述过程。它的好处是计算机效率高。不过，从用户体验来看，用户希望联机工作方式，独占计算机，并直接控制程序运行。但独占计算机方式会造成资源效率低。既能保证计算机效率，又能方便用户使用，成为一种新的追求目标。20 世纪 60 年代中期，计算机技术和软件技术的发展使这种追求成为可能。由于 CPU 速度不断提高和采用分时技术，一台计算机可同时连接多个用户终端，而每个用户可在自己的终端上联机使用计算机，好像自己独占机器一样。因此，在多道程序系统出现不久就出现了分时系统。

分时系统是在一台计算机上连接若干个终端，用户通过这些联机终端设备采用问答方式控制和干预自己程序的运行。系统把处理机时间划分为若干个时间片，轮流地分配给各终端作业。使得每个终端上的用户的每次请求都能得到快速地响应，结果每个用户都感到好像只有他自己在单独使用计算机。所以分时系统是一种高级的联机操作方式。多用户分时操作系统是当今计算机操作系统中最普遍使用的一类操作系统。

8.2.5.2 实时操作系统

20 世纪 60 年代中期计算机进入第三代，计算机的性能和可靠性有了很大提高，造价亦大幅度下降，导致计算机应用越来越广泛。计算机由于用于工业过程控制、军事实时控制等形成了各种实时处理系统。针对实时处理的实时操作系统是以在允许时间范围之内做出响应为特征的，它要求计算机对于外来信息能以足够快的速度进行处理，并在被控对象允许时间范围内做出快速响应。其响应时间要求在秒级、毫秒级甚至微秒级或更小。

8.2.5.3 通用操作系统

多道批处理系统和分时系统的不断改进、实时系统的出现及其应用日益广泛，得使操作系统日益完善。在此基础上，出现了通用操作系统。它可以同时兼有多道批处理、分时、实时处理的功能，或其中两种以上的功能。例如，将实时处理和批处理相结合构成实时批处理系统。在这样的系统中，它首先保证优先处理任务，插空进行批作业处理。通常把实时任务称为前台作业，批作业称为后台作业。将批处理和分时处理相结合可构成分时批处理系统。在保证分时用户的前提下，没有分时用户时可进行批量作业的处理。同样，分时用户和批处理作业可按前后台方式处理。

从 60 年代中期，国际上开始研制一些大型的通用操作系统。这些系统试图达到功能齐全、可适应各种应用范围和操作方式变化多端的环境的目标。但是这些系统本身很庞大，不仅付出了巨大的代价，而且由于系统过于复杂和庞大，在解决其可靠性、可维护性和可理解性等方面都遇到很大的困难。相比之下，UNIX 操作系统却是一个例外。这是一个通用的多用户分时交互型的操作系统。它首先建立的是一个精干的核心，而其功能却足以与许多大型的操作系统相媲美,在核心层以外可以支持庞大的软件系统,它很快得到应用和推广并不断完善,对现代操作系统有着重大的影响。

至此,操作系统的基本概念、功能、基本结构和组成都已形成并渐趋完善。

8.2.6　操作系统的发展

进入 20 世纪 80 年代,大规模集成电路工艺技术的飞跃发展,微处理机的出现和发展,掀起了计算机大发展大普及的浪潮。一方面迎来了个人计算机的时代;另一方面又向计算机网络、分布式处理、巨型计算机和智能化方向发展。操作系统也随着计算机的发展有了进一步的发展。

8.2.6.1　微型计算机操作系统

随着大规模集成电路的发展和性价比的提高,8 位、16 位、32 位微机广泛地使用在社会的各个领域,尤其是个人计算机(PC)已进入了千家万户。开始时的微机操作系统规模较小,不讲究资源的充分利用,只注重使用方便。现在,世界上已有几百种不同的微机系统,相应的微机操作系统种类很多,性能很强,并且越来越复杂。

微机应用的另一个极端是单片机(把 CPU 存储器和 I/O 接口集成在单个晶片上),它像雨后春笋般地出现在各行各业的工业控制领域,从简单的智能控制仪表到大型分布式控制系统,以及数据采集和处理系统,无不留下它们的足迹。单片机的电路性能可靠,价格极其便宜,控制简单,使用方便,受到广大技术人员的高度信赖。尽管在大系统中,它可能只是一个控制点,但其作用并不亚于一台单用户微机的威力。由于存储容量有限,日前单片机只配置了适于具体应用环境的专用监控系统。但随着 16 位单片机的问世,其操作系统会得到逐渐完善,必将日益显示出它强大的生命力。

8.6.2.2　网络操作系统

微机出现后,为了充分利用各机资源,并进行机间通信,往往把多个独立的计算机以某种拓扑结构互连起来,形成计算机网络。通常使用较多的是一个楼群及其附近的微机组成一个局域网,广泛地用于办公室自动化以及图书管理、企业管理等系统之中。系统内的各计算机用户可以共享网络中的信息资源和昂贵的设备资源。提高了资源的利用率,也大大方便了用户。

网络操作系统除了应具备一般操作系统的功能外,还应具有通信软件和网络管理软件,以有效地实现机间通信、资源共享和信息保护。

8.6.2.3　分布式操作系统

分布式计算机系统是把物理上分散的若干计算机或计算机站,通过网络连接起来,协同完成一个总任务。也就是说,系统中的每个计算机被分配完成一个子任务,各子任务间需要通信、协调,也要进行资源共享,这一切需要分布式操作系统来管理。所以说,分布式操作系统就是在多机环境下,负责管理以协作方式同时工作的大量的系统资源(处理机、存储器和外部设备)以及负责执行进程、处理机间的通信、同步、调度等控制事务的高级软件系统。

8.6.2.4　多处理机操作系统

提高计算机性能和可靠性的重要途径,是改善计算机的体系结构。在 1975 年前后,计算机系统终于打破了以单处理机体系结构为主的格局,形成了由多台处理机通过网络连接在一起的计算机系统。近年来所推出的大、中、小型计算机,大多数都采用多处理机体系结构,甚至在高档微型计算机中也出现了这种趋势。

8.3 操作系统的分类

通过上一节的讨论可知,随着计算机技术和软件技术的发展,已形成了各种类型的操作系统,以满足不同的应用要求。操作系统有多种分类方法,我们根据其使用环境和对作业处理方式来考虑,操作系统的基本类型有以下几种:

(1) 批处理操作系统(Batch Processing Operating System);

(2) 分时操作系统(Time Sharing Operating System);

(3) 实时操作系统(Real Time Operating System);

(4) 个人计算机操作系统(Personal Computer Operating System);

(5) 网络操作系统(Network Operating System);

(6) 分布式操作系统(Distributed Operating System)。

8.3.1 批处理操作系统

所谓"批处理"包括两个含义:一个是指系统内可同时容纳多个作业,它们被存放在外存(存放输入作业的外存部分称为输入井)中,组成一个后备作业队列。运行前由系统按一定调度算法,从后备作业队列中选取一个作业或一个作业子集投入主存运行。运行结束退出系统时,由系统进行善后处理,并再次从后备作业队列中调出其他作业运行……从而在系统中形成一个自动切换的连续处理的作业流。批处理的另一个含义是指系统向用户提供一种脱机操作方式,即用户把他对作业的控制意图以某种形式,如作业说明书,与作业一起提交系统,在作业运行的过程中,用户不能以交互方式干预其作业的运行。批处理系统的主要特征是:

(1) 用户脱机使用计算机。用户提交作业之后直到获得结果之前就不再和计算机打交道。作业提交的方式可以直接交给计算中心的管理操作员,也可以是通过远程通信线路提交。提交的作业由系统外存收容成为后备作业。

(2) 成批处理。操作员把用户提交的作业分批进行处理。每批中的作业将由操作系统或监督程序负责作业间自动调度执行。

(3) 多道程序运行。按多道程序设计的调度原则,从一批后备作业中选取多道作业调入内存并组织它们运行,成为多道批处理。

多道批处理系统的优点是由于系统资源为多个作业所共享,其工作方式是作业之间自动调度执行。并在运行过程中用户不干预自己的作业,从而大大提高了系统资源的利用率和作业吞吐量。其缺点是无交互性,用户一旦提交作业就失去了对其运行的控制能力;有时批处理的作业周转时间长,用户使用不方便。

值得一提的是不要把多道程序系统(Multiprogramming)和多重处理系统(Multi-Processing)相混淆。一般讲,多重处理系统配置多个 CPU,因而能真正同时执行多道程序。当然,要想有效地使用多重处理系统,必须采用多道程序设计技术。反之不然,多道程序设计原则不一定要求有多重处理系统的支持。多重处理系统相比单处理系统,虽增加了硬件设施,却换来了提高系统吞吐量、可靠性、计算能力和并行处理能力等好处。

批处理操作系统具有如下的优点:

(1) 资源利用率高。由于在内存中装入了多道程序,使它们共享资源。保持资源处于忙碌状态,从而使各种资源得以充分利用。

(2) 系统吞吐量大。系统吞吐量是指系统在单位时间内所完成的总工作量。能提高系统吞吐量的原因可归结为:第一,CPU 和其他资源保持"忙碌"状态;第二,仅当作业完成时或运行不下去时才进行切换,系统开销小。

但其缺点也是显而易见的:

(1) 平均周转时间长。作业的周转时间是指从作业进入系统开始,直至其完成并退出系统为止所经历的时间。在批处理系统中,由于作业要排队,依次进行处理,因而作业的周转时间较长,通常需要几个小时甚至几天。

(2) 无交互能力。用户一旦把作业提交给系统后直至作业完成,用户都不能与自己的作业进行交互,这对修改和调试程序都是极不方便的。

8.3.2 分时操作系统

分时系统也称为交互式系统。它与批处理系统有着明显的区别,而且它们追求的目标也不相同。在批处理系统中,主要考虑的是系统资源的利用率和吞吐量;而在分时系统中,必须注意用户的响应时间。

一般采用时间片轮转的方式,使一台计算机为多个终端用户服务。对每个用户能保证足够快的响应时间,并提供交互会话能力。因此它具有下述特点。

(1) 交互性:交互会话工作方式给用户带来了许多好处。首先,用户可以在程序动态运行情况下对其加以控制,从而加快调试过程,提供了软件开发的良好环境。其次,用户上机提交作业方便。特别对于远程终端用户,不必将其作业交给机房,在自己的终端上就可以提交、调试、运行其程序。再次,分时系统还为用户之间进行合作提供方便。他们可以通过文件系统、电子邮件或其他通信机制彼此交换数据和信息,共同完成某项任务。

(2) 多用户同时性:多个用户同时在自己的终端上上机。共享 CPU 和其他资源,充分发挥系统的效率。

(3) 独立性:由于采用时间轮转方式使一台计算机同时为多个终端服务,对于每个用户的操作命令又能快速响应。因此,客观效果上用户彼此之间都感觉不到有别人也在使用该台计算机,如同自己独占计算机一样。

分时操作系统是一个联机的(on-line)多用户(multiuser)交互式(interactive)的操作系统。

UNIX 是当今最流行的一种多用户分时操作系统,但 CTSS(Compatible Time-Sharing System)和 MUTICS(Multiplexed Information and Computing Serveice)两个系统也是值得一提的。前者是一个实验性的分时系统,在 1963 年由 MIT 研制成功的。后者是由 MIT Bell 实验室和 GE 公司联合在 1965 年开始设计的,尽管它并没有取得最后成功,但对 UNIX 的研制是有影响的。

8.3.3 实时操作系统

实时系统是随着计算机的广泛、深入的应用而出现的。实时的含义是指系统能够及时响应随机发生的外部事件,并能以足够快的速度完成对事件的处理。"及时响应"与"快速处理"是与被控应用系统事件的变化速度紧密相关的。因此,根据被控对象的速率变化要求,实时系统必须为其定义一个固定的时间约束,处理过程必须在此定义的时间内完成,否则系统将会失控。这是与分时系统的要求不同的,分时系统只是希望而不是强迫(mandatory)快速响应。在计算机应用中,除了过程控制外,信息处理也具有"实时性"要求,故往往把实时系统分成如下两类。

8.3.3.1 实时控制

当把计算机用于生产过程控制,形成以计算机为中心的控制系统时,系统要求能实时采集现场数据,并对所采集的数据进行及时处理,进而自动地控制相应的执行机构,使某些(个)参数(如温度、压力、方位等)能按预定的规律变化,以保证产品的质量和提高产量。类似地,也可将计算机用于武器的控制,如火炮的自动控制系统、飞机的自动驾驶系统以及导弹的制导系统等。通常把要求进行实时控制的系统统称为实时控制系统。

8.3.3.2 实时信息处理

通常,把要求对信息进行实时处理的系统称为实时信息处理系统。该系统由一台或多台主机通过通信线路连接成百上千个远程终端。计算机接收从远程终端发来的服务请求,根据用户提出的问题,对信息进行检索和处理,并在很短的时间内为用户做出正确的回答。典型的实时信息处理系统有:飞机订票系统、情报检索系统等。

通常,把实时控制系统和实时信息处理系统,称为实时系统。所谓"实时",是表示"及时"、"即时";而实时系统是指系统能及时(或即时)响应外部事件的请求,在规定的时间内完成对该事件的处理,并控制所有实时任务协调一致地运行。

8.3.3.3 实时系统的特征及设计实时操作系统时应考虑的因素

（1）实时系统具有的特征

实时系统具有以下特征。

① 及时性:实时系统的及时性是非常关键的。主要反映在对用户的响应时间要求上,对于实时信息系统,其对响应时间的要求类似于分时系统。分时系统对响应时间的要求是由人所能接受的等待时间来确定的,通常为秒级;而对于实时控制系统,则是以控制对象所能接受的延迟来确定的,它可以是秒级,也可以是毫秒级,甚至是微秒级。

② 交互性:实时系统的交互性根据应用对象的不同和应用要求的不同,对交互操作的方便性和交互操作的权限性有着特殊的要求。由于实时系统绝大多数都属于专用系统,其交互性较差,对于实时控制系统来说,在某些情况下不允许用户干预,也仅允许用户在其权限范围内访问有限的专用服务性程序。

③ 多路性:与分时系统一样,它允许多个终端用户同时向实时信息系统提出服务请求。系统仍按分时原则为每个终端用户服务。对于实时控制信息,也经常具有多路采集现场信息和控制多个执行机构的功能。

④ 独立性:每个用户均可通过各自的询问终端,向实时信息系统提出服务请求,互不干扰,使每个用户都能感到系统是专门为他们服务的。

综上所述,实时系统是与具体的应用领域分不开的,它具有一定的专用性。与批处理系统和分时系统相比,实时系统的资源利用率可能较低。

（2）设计实时操作系统时应考虑的因素

在设计实时操作系统时还应考虑以下几个方面的因素。

① 高可靠性:这是实时系统最重要的设计目标之一。对实时控制系统,尤其是用于带有很大危险性的控制时。任何故障都可能导致灾难性的后果,如核反应、航空航天器、武器控制等。因此,在这种系统中都必须采用相应的硬件及软件的容错技术来提高系统的可靠性。常用的技术之一是采用双工体制,即用两台相同的计算机同时(并行)工作。其中一台作为主机,实现实时控制或信息处理;另一台作为备用机,一旦主机出现故障,后备机可立即接管主机工作。

② 连续的人机对话,这对实时控制往往是必要的。简单的人机对话,一问一答后对话便结束。在复杂的人机对话中,每当一终端发出一询问并得到回答后,可以再发有关该问题的补

充询问。因此,要求计算机必须能够记住终端上次发来的询问,再根据本次收到的消息,形成第二次回答。类似地,用户还可以发送第三次、第四次有关该问题的询问。

③ 过载保护:在实时系统中进入系统的实时任务的时间和数目有很大的随意性,因而在某一时刻有可能超出系统的处理能力,这就是所谓过载问题,要求采取过载保护措施。例如,对于短期过载,可以把输入任务按一定的策略在缓冲区排队,等待调度;对于持续性过载,可能要拒绝某些任务的输入;在实时控制系统中,则及时处理一些任务,放弃一些任务或降低对一些任务的服务频率。

8.3.4 其他操作系统

8.3.4.1 个人计算机操作系统

个人计算机上的操作系统是一联机的交互式的单用户操作系统,它提供的联机交互的功能与分时系统所提供的很相似。由于是个人专用,因此在多用户和分时所要求的对处理机调度、存储保护方面将会简单得多。然而,由于个人计算机的应用普及,对于提供方便友好的用户接口的要求会越来越迫切。

多媒体技术正在迅速进入微型机系统,多媒体计算机将给办公室、家庭、个人提供声、文、图、数据并茂的全面的信息服务。它要求计算机具有高速信号处理、大容量的内存和外存、大数据量宽频带传输等能力,能同时处理多个实时事件。这将需要有一个具有高速数据处理能力的实时多任务操作系统。目前在个人计算机上使用的操作系统以 DOS 和 Windows 占优势。

8.3.4.2 网络操作系统

计算机网络是通过通信设备将地理上分散的、具有自治功能的多个计算机系统互连起来,实现信息交换、资源共享、可互操作和协作处理的系统。它具有以下特征:

① 计算机网络是一个互连的计算机系统的群体。这些计算机系统在地理上是分散的,可在一个房间里、在一个单位里、在一个城市或几个城市里,甚至在全国或全球范围。

② 这些计算机是自治的,每台计算机有自己的操作系统。各自独立的工作,它们是在网络协议控制下协同工作。

③ 系统互连要通过通信设施(硬件、软件)来实现。

④ 系统通过通信设施执行信息交换、资源共享、互操作和协作处理,实现多种应用要求。互操作(interoperation 或 interoperability)和协作处理(interworking)是计算机网络应用中更高层次的要求特征。它需要有一个环境支持互连的网络环境下的异种计算机系统之间的进程通信,实现协同工作和应用集成。

网络操作系统的研制开发是在原来各自计算机操作系统的基础上进行的。按照网络体系结构的各个协议标准进行开发,包括网络管理、通信、资源共享、系统安全和多种网络应用服务等达到上述诸方面的要求。

8.3.4.3 分布式操作系统

粗看起来,分布式系统与计算机网络系统没有多大区别。分布系统也可以定义为通过通信网络将物理上分布的具有自治功能的数据处理系统或计算机系统互连起来,实现信息交换和资源共享,协作完成任务。

分布式操作系统是网络操作系统的更高级形式,它保持网络系统所拥有的全部功能,同时具备如下特征:

① 统一的操作系统。对于网络操作系统来说。不同主机上所配置的网络操作系统其界面形式可能是不同的；而在分布式操作系统中，所有主机的系统统一，其界面相同。

② 资源的进一步共享。在网络操作系统中，由于各主机操作系统不统一，因而一个计算任务不能由一台主机任意迁移到另一台主机上运行；而在分布式操作系统中，所有主机的操作系统一致，作业可以由一台主机任意迁移到另一台主机上处理，即可实现处理机资源的共享，从而达到整个系统的负载平衡。

③ 自治性。构成分布式系统的不同主机处于等同的地位，即没有主从关系，任何一个主机的失效都不会影响整个系统。

④ 透明性。网络用户能够感觉到本地主机与非本地主机地理位置的差异；而在分布式系统中，所有主机构成一个完整的、功能更加强大的计算机系统，操作系统掩盖了不同主机地理位置上的差异。

8.4　操作系统功能

如前面所述，操作系统的职能是管理和控制计算机系统中的所有硬、软件资源，合理地组织计算机工作流程，并为用户提供一个良好的工作环境和友好的接口。计算机系统的主要硬件资源有处理机、存储器、外存储器、输入/输出设备。信息资源往往以文件形式存在外存储器。下面我们从资源管理和用户接口的观点从 5 个方面来说明操作系统的基本功能。

8.4.0.1　处理机管理

在单道作业或单用户的情况下，处理机为一个作业或一个用户所独占，对处理机的管理十分简单。但在多道程序或多用户的情况下，要组织多个作业同时运行，就要解决对处理机分配调度策略、分配实施和资源回收等问题。这就是处理机管理功能。正是由于操作系统对处理机管理策略的不同，其提供的作业处理方式也就不同，例如成批处理方式、分时处理方式和实时处理方式。从而呈现在用户面前的就是具有不同性质功能的操作系统。

操作系统对处理机资源的管理一般是通过中断来实现的，通过硬件发现外部中断申请或定时器中断，而对中断的管理和处理由操作系统进行。由于现代计算机应用程序大多是并发的，操作系统要能够保证并发程序能协调、有序地运行。

8.4.0.2　存储管理

存储管理的主要工作是对内部存储器进行分配、保护和扩充。

① 内存分配。在内存中除了操作系统、其他系统软件外，还要有一个或多个用户程序。如何分配内存，以保证系统及各用户程序的存储区互不冲突，这就是内存分配所要解决的问题。

② 存储保护。系统中有多个程序在运行，如何保证一道程序在执行过程中不会有意或无意地破坏另一道程序？如何保证用户程序不会破坏系统程序？这就是存储保护问题。

③ 内存扩充。当用户作业所需要的内存量超过计算机系统所提供的内存容量时。如何把内部存储器和外部存储器结合起来管理，为用户提供一个容量比实际内存大得多的虚拟存储器，而用户使用这个虚拟存储器和使用内存一样方便，这就是内存扩充所要完成的任务。

8.4.0.3　设备管理

① 通道、控制器、输入/输出设备的分配和管理。现代计算机常常配置有种类很多的输入/输出设备。这些设备具有很不相同的操作性能，特别是它们对信息传输、处理速度差别很大。并且，它们常常是通过通道控制器与主机发生联系的。设备管理的任务就是根据一定的

分配策略,把通道、控制器和输入/输出设备分配给请求输入/输出操作的程序,并启动设备完成实际的输入/输出操作。为了尽可能发挥设备和主机的并行工作能力,常需要采用虚拟技术和缓冲技术。

② 设备独立性。输入/输出设备种类很多,使用方法各不相同。设备管理应为用户提供一个良好的界面,而不必去涉及具体的设备特性,以使用户能方便、灵活地使用这些设备。

8.4.0.4　信息管理(文件系统管理)

上述三种管理都是针对计算机的硬件资源的管理。信息管理(文件系统管理)则是对系统的软件资源的管理。

我们把程序和数据统称为信息或文件。一个文件当它暂时不用时,就把它放到外部存储器(如磁盘、磁带、光盘等)上保存起来,这样,就在外存上保存了大量的文件。对这些文件如不能很好管理,就会引起混乱,甚至遭受破坏。这就是信息文件管理需要解决的问题。

信息的共享、保密和保护,也是文件系统所要解决的。如果系统允许多个用户协同工作,那么就应该允许用户共享信息文件。但这种共享应该是受控制的,应该有授权和保密机制。还要有一定的保护机制以免文件被非授权用户调用和修改,即使在意外情况下,如系统失效、用户对文件使用不当,也能尽量保护信息免遭破坏。也就是说,系统是安全可靠的。

8.4.0.5　用户接口

前面的四项功能是操作系统对资源的管理。除此以外,操作系统还为用户提供使用计算机方便灵活的手段,即提供一个友好的用户接口。一般来说,操作系统提供两种方式的接口来和用户发生关系,为用户服务。

一种用户接口是程序一级的接口,即提供一组广义指令(或称系统调用、程序请求)供用户程序和其他系统程序调用。当这些程序要求进行数据传输、文件操作或有其他资源要求时,通过这些广义指令向操作系统提出申请,并由操作系统代为完成。

另一种接口是作业一级的接口,提供一组控制操作命令(或称作业控制语言,或像 UNIX中的 Shell 命令语言)供用户去组织和控制自己作业的运行。作业控制方式典型地分为两大类:脱机控制和联机控制。操作系统提供脱机控制作业语言和联机控制作业控制语言。

8.5　实时操作系统基本概念

前面几节介绍了计算机操作系统的基本概念、发展历史、分类及计算机的功能,所介绍的是一般计算机上运行的操作系统,本节开始介绍嵌入式实时操作系统的基本概念,以及嵌入式实时操作系统中非常重要的进程、进程管理以及进程通信等基本概念。由于嵌入式系统本身为计算机系统的一种嵌入式实现,与应用的结合程度远大于传统的计算机系统,因此其上运行的嵌入式操作系统也与应用紧密结合,有其自身的特点。

8.5.1　实时系统及其特点

简而言之,嵌入式实时系统可以定义为对外部事件及时响应的系统。回忆一下嵌入式系统的基本定义和特点,我们可知,并不是所有的嵌入式系统都要求实时特性,而实时系统也不一定都是嵌入式的,只有两者的组合才构成嵌入式实时系统(real-time embedded systems)。由于嵌入式系统本身也是计算机系统的一种实现,我们以计算机实时系统为例来进行说明。

大多数情况下,人们使用计算机来解决问题时,主要关注的是计算机的计算结果是否正确,而对运算时间并不十分在意。但在一部分实际应用中,计算机系统得到结果所花费时间的长短与结果的正确性同等重要,甚至有时更为重要。例如,汽车中的安全气囊控制系统,如果该系统的计算判断时间过长,则运算结果没有任何意义。

如果一个系统能及时响应外部事件的请求,并能在规定的时间内完成对事件的处理,这种系统称为实时系统(real time system)。

因此,对实时系统的两个基本要求是:

① 实时系统的计算必须产生正确的结果,称为逻辑或功能正确(logical or functional correctness)。

② 实时系统的计算必须在预定的时间内完成,称为时间正确(timing correctness)。

对计算机系统来说,主要靠软件来保证系统的实时性。因此,在计算机系统中所说的实时性,指的是计算机的软件是否能够充分发挥计算机硬件的潜力,从而使计算机解决某一问题所需的时间在可能的情况下最短。从工程应用的角度来讲,如果计算机系统完成任务所需的时间可预知,并且小于完成任务所要求的最低时限的系统就叫实时系统。

实时系统可以划分为硬实时系统(hard real-time system)和软实时系统(soft real-time system),硬实时系统对时间要求更为严格,超过时间的运算结果是没有意义的,而且可能会导致巨大灾难,例如导弹导航系统、武器防御系统等。而软实时系统对时限的要求则宽松一些,超过时间也不会导致更大的代价,例如 DVD 播放器控制系统。

实时系统具有如下特点:

① 实时任务具有确切的完成时限。必须在有限的时间内完成的任务称实时任务,用来完成实时任务的系统称实时系统,相对来说,如果系统完成任务的期限要求不十分严格,这种系统称软实时系统。

② 实时任务的活动是不可逆的。

③ 实时任务大多数由外部事件激活的。

④ 实时系统的基本要求:功能正确、时间正确。

8.5.2　计算机实时操作系统及相关概念

在一个系统中保证系统实时性的主要是软件,特别是操作系统。为提高系统的实时性,实时操作系统的设计应满足 5 个条件:

① 实时操作系统必须是多任务系统;

② 实时操作系统内核是可剥夺型的;

③ 进程调度的延时可预测并尽可能小;

④ 系统提供的服务时间可预知;

⑤ 中断延时尽可能小。

8.5.2.1　可剥夺型内核

可剥夺型内核是指当一个进程正在被处理器所运行时,其他就绪进程可以按照事先规定的规则,强行剥夺正在运行进程的处理器使用权,而使自己获得处理器使用权并得以运行。可剥夺型内核的一个重要特点就是,系统中的每个进程都有一个表示其紧急程度的优先级别,以使调度器可根据等待进程的优先级别来决定是否要剥夺当前进程的处理器使用权。

而对于非可剥夺型内核,除进程自己让出处理器使用权,或该进程的处理器使用时间片到达外,其他进程无法取得处理器使用权。

8.5.2.2 实时调度算法

调度是指如何分配处理器资源给各个任务。实时操作系统一般采用实时调度策略,实时操作系统的调度器必须采用基于优先级的调度算法。有两类基于优先级的调度算法:静态优先级调度算法和动态优先级调度算法。

静态优先级调度算法在一开始为任务分配好一个静态的优先级,以后不再更改优先级。优先级的分配可以根据应用的属性来进行,如可以根据进程的执行周期来进行任务优先级的分配(执行频率高的,可以认为该任务更重要,系统更为关注,因此优先级高)、可以根据用户优先级来进行分配(经常和用户打交道的任务,可以设置为高优先级,以降低用户的等待)等。典型算法为:RM(Rate-Monotonic,单调速率)算法,该算法主要用来处理周期性实时进程,它根据进程执行的频度来决定进程的优先级别,进程优先级别判别:$prio = k \times 1/T$,其中 prio 为进程的优先级别,k 为比例系数,T 为进程的周期。

动态优先级调度算法根据进程的资源需求动态地分配进程的优先级。其目的在于资源分配和调度时有更大的灵活性。典型算法有:截止期限最早优先算法、可达截止期限最早优先算法。

截止期限最早优先算法认为,进程截止期限越近,则该进程紧急程度越高。因此,在确定系统中进程优先级别时是按照进程截止期限的远近来确定的,在具体实现时也按照优先级来排队。如图 8-2 所示,共有三个进程 A、B、C,时间轴给出了三个进程的截止时间,由于进程 A 的截止时间最早,因此,为进程 A 分配最高优先级别,进程 B 次之,进程 C 优先级别最低。从图中可以看出,按照设定的优先级,三个进程都可以在各自的截止时间到达之前完成。

这种算法较为简单,但没有考虑进程运行时间的影响。这种算法的一个明显的缺点就是进程获得的处理器使用权限时间必须在截至期限到达前运行完毕,否则该进程不能完整的运行。当有一个进程超过其截止时间时,会造成后续其他进程也超过各自的截止时间。如图 8-3所示,进程 A 运行超时,导致后续的进程 B 和进程 C 也超过了各自的截止时间。

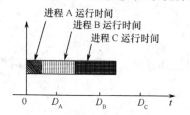

图 8-2　截止期限最早优先算法示意图

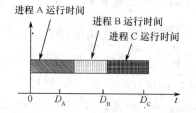

图 8-3　截止期限最早优先算法中一个
任务超时造成后续任务超时

在图 8-3 中,进程 A 超过其截止期限,造成进程 B、进程 C 都超出了各自的截止期限,使得三个进程的时间正确性都无法保证。如何进行改进,以使代价降低到最小?可以将调度算法改进为:可达截止期限最早优先算法。该算法在调度时,先观察所有被激活的进程里是否有进程在该进程的截止期限内无法执行完毕,如果有,那么这种进程就不运行,而去运行那些能把工作做完的进程。该算法根据下式判断进程是否有可能超出截止期限的算法:

$$d = D - (t_1 + E) \geqslant 0$$

式中,D 为进程的截止期限;t_1 为系统当前时间;E 为进程执行所需要的时间;d 为进程的截止裕度。

如果 $d \geqslant 0$,意味着该进程在截止期限到来之前可以运行完毕,其计算结果时间正确,这种进程叫做截止期限可达的进程,否则叫做截止期限不可达的进程。以图 8-3 为例,在系统当前时刻,计算各进程的截止裕度可知,D_A 小于 0,进程 A 为截至期限不可达,进程 B、C 均为截至期限可达。因此夭折进程 A,并按优先级别运行进程 B 和进程 C。保证有两个进程正确运行。当进程 B 运行结束时,再计算进程 C 的截止裕度,以此类推。

8.5.2.3 实时系统的时钟

实时时钟为实时系统工作的节拍,是由定时器来产生的,实时时钟在系统中具有重要意义。在按时间片实施调度的实时系统中,时钟中断控制进程调度,实现并发运行。在每次中断服务程序中,通过时钟对进程状态进行切换处理。时钟周期越小,时钟计时就越细密,越精确。由于实时操作系统中的系统时钟是通过时钟中断来实现的,当时钟周期小到一定程度,处理器只处理时钟中断而不能进行其他处理了。

时钟中断的频率越高,时钟的精度就会越高,但处理器付出的时间代价就越大。实时操作系统的实时时钟设计时,要根据具体情况具体分析。通常,实时操作系统实时时钟的频率应比同类的通用操作系统的时钟频率高 5 倍左右。

8.5.3 进程和线程

为了解决在并发系统中,如何合理地分配计算机的硬件和软件资源,从而使应用程序高效、安全地运行的问题,引入了进程的概念。在进程的基础上,为了进一步提高系统的并发性能,引入了更小的运行单位——线程。

8.5.3.1 进程基本概念

在操作系统中,进程是使用系统资源的对象,是资源分配的基本单位。通常把程序的一次运行过程叫做进程。一个进程对应一个程序,但一个程序可以有多个进程。由于并发活动的复杂性,到目前为止,各个操作系统对进程的定义尚未统一,有的操作系统把进程叫做任务,有的操作系统把进程叫做活动。

在国内,一般把进程理解为:"可并发执行且具有独立功能的程序在一个数据集合上的运行过程,它是操作系统进行资源分配和保护的基本单位。"进程是一个程序运行的动态过程,而且该程序必须具有并发运行的程序结构;进程具有动态性、并发性、独立性、异步性、结构性等五大特征。动态性是指进程是程序的一次运行,有其诞生、运行、消亡的过程。并发性是指在一个系统内可以同时存在多个进程,它们交替使用处理器资源,并按各自独立的进度推进。异步性是指各进程在交替使用计算机资源时没有强制的顺序。在多个进程使用一些共享资源时,为了防止资源被破坏,计算机和操作系统应提供保证进程之间能协调工作的硬件和软件机制。独立性是指进程在系统中是一个可独立运行的并具有独立功能的基本单元,也是系统分配资源和进行调度的独立单位。结构性是指为了记录、描述、跟踪进程运行时的状态变化以便对进程进行控制,系统建立的一套数据结构。系统中每个进程都有对应的数据结构及其数据表项。系统根据这些数据来感知系统的存在,程序通过这些数据结构不停地循环交替更新而活动的。

在存储器中,进程由程序代码、数据集合、进程控制块三部分组成。程序代码是进程执行的依据,进程通过执行程序代码来完成用户的任务。数据集合是进程在运行时所需要的数据全体。进程控制块是操作系统为记录和描述进程基本信息及状态,由操作系统创建并分配给进程的一个数据结构。

8.5.3.2 进程的状态

进程具有动态性,存在不同的状态,且会在不同状态之间进行转换。不同的操作系统里,进程所能具有的状态不尽相同,但不论什么种类的操作系统,进程至少有三种状态:就绪状态、运行状态、阻塞状态。

就绪状态是指如果一个进程获得了除处理器以外的所有必须资源,则进程就处于就绪状态,即进程已经具备了运行的条件。运行状态是指就绪的进程一旦获得了处理器的使用权,则进程就进入了运行状态。

一个正在运行的进程,可以有两个原因被暂停运行:系统根据某种规则而暂停其运行,进程进入就绪状态;进程自身的需要,需要等待一个事件而暂停运行,进程进入阻塞状态,一旦事件发生,进程重新进入就绪状态。

调度是指从就绪进程中,选择一个进程进入运行状态的工作就叫做进程调度。

不同的操作系统中,进程状态的名称也不尽相同,运行状态有时也称为执行状态,阻塞状态有时也称为挂起状态和等待状态。

8.5.3.3　进程的控制块

操作系统在控制和管理进程时,需要记录和跟踪进程的相关信息。操作系统用来记载进程的这些信息的表(数据结构)叫做进程控制块(Process Control Block,PCB)。进程控制块就是操作系统来感知和控制一个进程的依据。进程控制块相当于进程在操作系统中的身份证或档案。操作系统通常用一个结构类型的数据来作为进程控制块。不同的操作系统,根据系统的复杂度,进程控制块的结构和大小都有很大的区别。仔细了解一个操作系统的进程控制块,是了解该操作系统管理方式的重要方法。

进程是程序在系统中的运行过程,每个进程都有一个进程控制块(PCB)、进程的数据存储区域(进程数据块)、进程本身使用的私有堆栈(进程堆栈)。

为了指明该进程的进程堆栈和进程数据块,在PCB中应有指向这两部分的指针。

在并发系统中,各进程的状态时刻都在发生变化。操作系统为了便于对这些进程进行管理,常用某种数据结构按进程的当前状态把系统中的所有进程分类组织起来。这样操作系统可以查询所有处于某一状态的链表。

8.5.3.4　线程的概念

随着软件设计技术的发展,以进程为基础的并发技术出现问题:系统的并发程度过低,系统在进行进程切换时的时间和空间开销过大。根本原因在于以进程作为分配处理器资源的基本单位显得过于庞大和笨重。解决方法:可以把程序的运行过程再分割为更小的单位——线程。

把一个进程划分为多个线程,类似于进程有进程控制块,线程也有线程控制块。因此,一个程序,既有一个代表进程的进程控制块,也有多个代表线程的线程控制块。线程控制块归属于进程控制块。

进程和线程的关系可以看作是"家庭"和"家庭成员"的关系。进程是线程的家庭,线程总是在某个进程的环境被创建,它不可以脱离进程而存在,而且线程的整个生命周期都存在于进程中。如果进程被结束,其中的线程也就自然结束了。

操作系统在进行资源分配时,对于存储空间资源,系统仍以进程为单位进行分配,但对于处理器资源则以线程为单位进行分配,因此操作系统在调度切换线程时,仅需要考虑给线程分配处理器,而无须考虑其他资源的分配,调度工作所需的时间开销很小。

拥有多个线程的进程叫做多线程进程。在多线程操作系统中,进程是系统分配资源的基本单位,而线程是系统调度的基本单位。线程是进程的组成部分,同一个进程中所有线程共享该进程获得的资源。

8.5.3.5　进程调度及调度算法

进程是并发机制的实体和基础，调度是实现并发机制的手段。进程成为资源分配和管理的对象，线程成为调度的对象。但调度的策略和方法没有实质性的变化。在系统中所有就绪进程里，按照某种策略确定一个合适的进程并让处理器运行它，称进程调度。

调度一般采用两种方式：可剥夺调度方式、不可剥夺调度方式。可剥夺调度方式是指当一个进程正在被处理器所运行时，其他就绪进程可以按照事先规定的规则，强行剥夺正在运行进程的处理器使用权，而使自己获得处理器使用权并得以运行。不可剥夺调度方式是指一旦某个进程获得了处理器使用权，则该进程就不再出让处理器，其他就绪进程只有等到该进程结束，或因某个事件不能继续运行自愿出让处理器时，才有机会获得处理器使用权。

调度器一般由两部分组成：调度部分、进程切换部分。调度部分把当前进程的状态信息记录到进程控制块中，按某种策略确定应获得处理器使用权的就绪进程。进程切换部分中止当前运行的进程，让处理器运行调度部分确定的进程。

调度策略依靠调度算法来实现，典型的调度算法有时间片轮转法、优先级调度法以及多级反馈队列调度法。

（1）时间片轮转法

将就绪的进程排列为一个先进先出队列，调度器每次把处理器分配给处在队列首部的进程，并使之运行一个规定的时间（称之为时间片）。当时间片结束时，强迫当前进程暂停运行并让出处理器，并将其插入队列尾部，将处理器分配给就绪队列首部的进程。

（2）优先级调度法

系统中每个进程各自设置一个优先级别，调度器在调度时，选择就绪队列中优先级最高的进程分配给处理器运行，在调度时，也可对进程的优先级进行动态调整，如：可根据前一次运行占用处理器时间的长短来改变优先级、可根据进程在队列中的等待时间来改变优先级、可根据与外围设备打交道的频繁程度改变优先级、可根据任务的重要程度改变优先级、可根据是否是交互式用户进程改变优先级等。

（3）多级反馈队列调度法

把系统中所有进程分成若干个具有不同优先级别的组，同一组的进程优先级别相同，并组成一个先进先出队列，优先级别高的组优先得到处理器使用权，同一组的进程按时间片轮转法轮流使用处理器，当在优先级别高的队列中找不到就绪进程时，才到低优先级别的就绪队列中选取。

8.5.3.6　进程切换

进程切换就是从正在运行的进程中收回处理器，然后再使待运行的进程来占用处理器。从某个进程收回处理器，实质是把进程存放在处理器寄存器中的中间数据存放在进程的私有堆栈中，从而把处理器的寄存器空出来让其他进程使用。一个进程存储在处理器的各个寄存器中的数据称进程的上下文。

进程的切换实质是被中止运行的进程与待运行进程上下文的切换。进程的切换过程是一个软中断处理过程。进程切换应具有如下的功能：

✦ 保存处理器 PC 寄存器值到旧进程私有堆栈
✦ 保存处理器 PSW 寄存器的值到私有堆栈
✦ 保存处理器 SP 寄存器的值到私有堆栈

- 保存处理器其他寄存器的值到私有堆栈
- 取新进程的 SP 值存入 SP 寄存器
- 取新进程的私有堆栈恢复处理器各寄存器
- 取新进程的私有堆栈 PSW 值到 PSW 寄存器
- 取新进程的私有堆栈 PC 值到 PC 寄存器

8.5.3.7　进程的同步与通信

系统以并发方式运行的各个进程,不可避免地要共同使用一些共享资源以及相互之间的通信。多进程操作系统必须具有完备的同步和通信机制。进程之间具有两种制约关系:直接制约关系,源于进程之间的合作;间接制约关系,源于对资源的共享。

各进程间应具有互斥关系,即对某个共享资源,如果一个进程正在使用,其他进程只能等待,等到该进程释放资源后,等待的进程之一才能使用它。相关的进程在执行上要有先后次序,一个进程只有建立了某个条件之后,才能继续执行,否则只能等待。

进程之间这种制约性的合作运行机制称进程间的同步。

8.5.4　嵌入式实时操作系统

运行在嵌入式平台上,对整个系统及其部件、装置等资源进行统一协调指挥和控制的系统软件叫做嵌入式操作系统。嵌入式操作系统具有如下特点:微型化、实时性、可剪裁性、高可靠性和易移植性。

由于嵌入式操作系统的用户群、功能要求等具有某种程度的"专用"性,在一个特定的应用中,嵌入式操作系统需要哪些功能、不需要哪些功能是固定的。由于内存是嵌入式系统中的珍贵资源,作为需要常驻内存的操作系统的内核,在满足应用的前提下,越小越好,这就是嵌入式操作系统的微内核结构。为了满足不同的应用需要,嵌入式实时操作系统应支持可裁剪性,在结构设计上应高度模块化,并提供非常灵活的手段,让系统开发者能根据实际需要进行选用。对一个规模大且功能齐全的操作系统,在结构上保证了用户可在其中有选择地保留某些模块,而删减掉一些模块的功能,称为操作系统的可剪裁(可配置)性,一般通过两种方法进行裁剪配置。

① 在系统进行编译连接时进行配置:在操作系统中设一个配置文件,通过修改一些配置常数来选择使用或不使用的模块;

② 在系统运行时进行配置:依靠系统在初始化运行时执行一些条件转移语句来实现配置。

微内核并不是通过减少内核的服务功能模块而变小的,而是把内核中应提供的部分服务功能模块放到内核外来实现的。当进程有服务要求时,通过系统调用接口向内核提出申请,然后通过向内核外的服务程序发送一个消息来启动这个服务进程。

8.5.5　常见嵌入式实时操作系统

8.5.5.1　μC/OS-II

μC/OS 由美国人 Jean J.Labrosse 于 1992 开始编写的一个嵌入式多任务实时操作系统,经过多年修改,已发展到 μC/OS-II 版本。通过严格的测试,获得了美国航空管理局的认证。可用于与人性命攸关的安全紧要系统,从而证明了它具有足够的稳定性和安全性。该操作系统源码完全开放,且可读性很强。但其仅仅支持优先级调度算法,且最多 64 个优先级。μC/OS-II具有如下特点:

① 绝大部分代码是由 C 语言编写,只有极少部分与处理器相关的代码是由汇编语言编

写。所以只要做很少的工作就可以移植到 8 位、16 位、32 位处理器上；

② 支持多任务；

③ 基于优先级的可剥夺内核；

④ 可剪裁；

⑤ 区分用户空间和系统空间,适合应用在比较简单的处理器上。

8.5.5.2　RTLinux

Linux 是一个源码开放的通用操作系统,不支持实时进程。由于其多年的发展,具有较完善的服务,人们一直对它进行改造以支持实时任务。目前有多种在 Linux 基础上开发起来的嵌入式实时操作系统,RTLinux 是其中较为成功的一种支持硬实时进程的嵌入式操作系统。New Mexico Tech(新墨西哥理工大学)的 RTLinux 研制者开发了一个精巧的可剥夺型微内核,而把原来的 Linux 内核作为微内核的一个进程,并赋予其一个最低优先级别,使所有实时进程可以随时剥夺 Linux 内核的微处理器使用权。当没有就绪实时进程时,才运行普通Linux 进程。

8.5.5.3　其他 Linux 系列

由于 ARM 的成功,Linux 也被成功移植到 ARM 体系的芯片上。AMR-Linux 就是在ARM 芯片上应用的嵌入式操作系统。KURT 也是在 Linux 基础上改造的面向硬实时应用的嵌入式实时操作系统,时钟精度大幅度提高,可达 us 级。此外,美国 TimeSys 公司在 Linux基础上开发的一种比较完备的实时内核 TimeSys Linux。这些操作系统都是源码开放的。

8.5.5.4　VxWorks

VxWorks 操作系统是美国风河(WindRiver)公司于 1983 年设计开发的一种嵌入式实时操作系统(RTOS),是嵌入式开发环境的关键组成部分。良好的持续发展能力、高性能的内核以及友好的用户开发环境,在嵌入式实时操作系统领域占据一席之地。

它以其良好的可靠性和卓越的实时性被广泛地应用在通信、军事、航空、航天等高精尖技术及实时性要求极高的领域中,如卫星通信、军事演习、弹道制导、飞机导航等。在美国的 F-16、F/A-18 战斗机、B-2 隐形轰炸机和爱国者导弹上,甚至连 1997 年 7 月在火星表面登陆的火星探测器中,2008 年 5 月在火星表面上登陆的凤凰号火星探测器中也都使用到了VxWorks。

8.5.5.5　QNX

QNX 是由加拿大 QNX 软件系统有限公司开发的一个建立在微内核和完全地址空间保护基础之上的 QNX 实时操作系统,具有模块化程度高、裁剪自如、易于扩展的特点。QNX 是一种商用的类 Unix 实时操作系统,遵从 POSIX 规范,目标市场主要是嵌入式系统。

POSIX 表示可移植操作系统接口(Portable Operating System Interface)。电气和电子工程师协会(Institute of Electrical and Electronics Engineers,IEEE)最初开发 POSIX 标准,是为了提高 UNIX 环境下应用程序的可移植性。然而,POSIX 并不局限于 UNIX。许多其他的操作系统,例如 Microsoft Windows NT,都支持 POSIX 标准。

QNX 被用于帮助控制保时捷跑车的音乐和媒体功能,同时也可用于核电站和美国陆军无人驾驶 Crusher 坦克的控制系统。而后还将用于 RIM 公司的 PlayBook 平板电脑。

8.5.5.6　pSOS

pSOS 是美国系统集成公司(Integrated Systems Inc. 简称 ISI 公司)根据几十年从事嵌入

式实时系统理论研究与实践活动而设计开发的。该产品推出时间比较早,因此比较成熟,可以支持多种处理器,曾是国际上应用最广泛的产品,主要应用领域是远程通信、航天、信息家电和工业控制。但该公司已经被风河公司(WindRiver)兼并,从 VxWorks5.5 开始,已将 PSOS 的主要特点融入 VxWorks 中。

作为嵌入式系统微内核设计的先驱者之一,ISI 公司将 pSOSystem 构造成适于嵌入式应用系统开发、在嵌入式实时领域具有领导地位的实时操作系统。pSOSystem 从 ISI 公司和许多第三方厂家得到大量的支持。

8.5.5.7 **Windows CE**

Windows CE 是微软公司嵌入式、移动计算平台的基础,它是一个开放的、可升级的 32 位嵌入式操作系统,是基于掌上型电脑类的电子设备操作系统,它是精简的 Windows 95,Windows CE 的图形用户界面相当出色。其中 CE 中的 C 代表袖珍(Compact)、消费(Consumer)、通信能力(Connectivity)和伴侣(Companion);E 代表电子产品(Electronics)。

Windows CE 是所有源代码全部由微软自行开发的嵌入式新型操作系统,其操作界面虽来源于 Windows 95/98,但 Windows CE 是基于 Win32 API 重新开发、新型的信息设备的平台。Windows CE 具有模块化、结构化和基于 Win32 应用程序接口和与处理器无关等特点。

Windows CE 不仅继承了传统的 Windows 图形界面,并且在 Windows CE 平台上可以使用 Windows 95/98 上的编程工具(如 Visual Basic、Visual C++等)、使用同样的函数、使用同样的界面风格,使绝大多数的应用软件只需简单的修改和移植就可以在 Windows CE 平台上继续使用。

8.6   RTX 嵌入式操作系统

由于实时操作系统(RTOS)需占用一定的系统资源(尤其是 RAM 资源),只有 $\mu C/OS\text{-}II$、embOS、salvo、FreeRTOS(飞拓)、RTX-51、ucLinux、Small RTOS51 等少数实时操作系统能在小 RAM 单片机上运行。本节以 Keil 自带的 RTX-51 操作系统为例进行说明。

8.6.1   RTX-51 简介

RTX 是 Real-Time eXecutive 的缩写,是一个实时操作系统内核。"RTX 内核"支持 C51、ARM7、ARM9、Cortex-M3 等处理器,其中支持 ARM 系列处理器的内核又称为 RL-ARM。

RTX-51 是一个适用于 8051 家族的实时多任务操作系统。RTX-51 使复杂的系统和软件设计以及有时间限制的工程开发变得简单。RTX-51 是一个强大的工具,它可以在单个 CPU 上管理几个作业(任务)。RTX-51 有两种不同的版本:RTX-51 Full 和 RXT-51 Tiny。

RTX-51 Full 全功能版本允许 4 个优先权任务的循环和切换,并且还能并行地利用中断功能,支持信号传递,以及与系统邮箱和信号量进行消息传递。RTX-51 的核心函数 os_wait()可以等待以下事件:中断、时间到、来自任务或中断的信号、来自任务或中断的消息、信号量。

RXT-51 Tiny 是 RTX-51 Full 的一个子集,可以很容易地运行在没有扩展外部存储器的单片机系统上。但使用 RTX-51 Tiny 的程序可以访问外部存储器。RTX-51 Tiny 允许循环任务切换,并且支持信号传递,还能并行地利用中断功能。RTX-51 Tiny 的 os_wait 函数可以等待以下事件:时间到、时间间隔、来自任务或者中断的信号。

表 8-1 给出了 RTX-51 两种不同版本的技术参数。

表 8-1　RTX-51 技术参数

描述	RTX-51 Full	RTX-51 Tiny
任务数量	最多 256 个;可同时激活 19 个	16 个
RAM 需求	40~46 字节 DATA 空间,20~200 字节 IDATA 空间(用户堆栈),最小 650 字节 XDATA 空间	7 字节 DATA 空间,3 倍于任务数量的 IDATA 空间
代码要求	6~8KB	900 字节
硬件要求	定时器 0 或定时器 1	定时器 0
系统时钟	1000~40000 个周期	1000~65535 个周期
中断请求时间	小于 50 个周期	小于 20 个周期
任务切换时间	70~100 个周期(快速任务),180~700 个周期(标准任务),取决于堆栈的负载	100~700 个周期,取决于堆栈的负载
邮箱系统	8 个分别带有整数入口的信箱	不提供
内存池	最多 16 个内存池	不提供
信号量	8×1 位	不提供

8.6.2　RTX-51 特点

RTX-51 实时多任务操作系统完全不同于一般的单任务单片机 C51 语言程序。RTX-51 有以下 5 个独特的概念和特点。

任务调度:支持 4 种任务调度方式,即循环任务调度、事件任务调度、信号任务调度、抢先任务调度。

信息传递:支持任务之间的信息交换。通过 isr_recv_message、isr_send_message、os_send_message、os_wait 函数来实现。

BITBUS 通信:RTX-51 集成了 BITBUS 主控制器和从控制器。BITBUS 任务用于支持与 Intel8044 之间的信息传递。

RTX-51 不需要有一个主函数。它将自动开始执行任务 0,如果有一个主函数,则必须利用 RTX-51 Tiny 中的 os_create_task 函数或 RTX-51 中的 os_start_system 函数手工启动 RTX-51。

CAN 通信:RTX-51 中集成了一个 CAN 总线通信模块 RTX-51/CAN,可以轻松实现 CAN 总线通信,该模块作为一个任务来使用,可以通过 CAN 网络实现信息的传递。

中断:RTX-51 的中断以并行方式工作。中断函数可以与 RTX-51 内核通信,并可将信号或消息发送到 RTX-51 的指定任务中。在 RTX-51 中,中断一般配置为一个任务。(RTX-51 工作在与中断功能相似的状态下,中断函数可以与 RTX-51 通信并且可以发送信号或信息给 RTX-51 任务。RTX-51 Full 允许将中断指定给一个任务。)

8.6.3　RTX-51 任务管理

实时或多任务应用程序由一个或多个完成具体的操作的任务组成。RTX-51 Tiny 允许最多 16 个任务。任务是使用下面的格式定义的返回值类型和参数列表均为空的 C 语言函数。

```
void func (void) _task_ num,其中 num 是一个从 0~15 的任务标识号
```

例子:

```
void job0 (void) _task_ 0
{
    while (1)
    {
        counter0++ ; /* increment counter */
    }
}
```

该例子定义函数 job0 为任务号 0,这个任务所做的是增加一个计数器的计数值并重复。在这种方式下全部的任务是用无限循环实现的。

RTX-51 Tiny 主要运行在没有外部存储器扩展的 51 单片机系统中,支持 5 种任务状态,任何一个任务必须处于其中一个确定的状态。

✦ Ready:就绪状态,只差获得 CPU 资源,根据任务调度算法来选择哪个就绪任务获得 CPU 资源进入运行状态。

✦ Runing:运行状态,每一时刻只能有一个任务处于运行状态。

✦ Waiting:等待状态,当指定的事件发生时进入就绪状态。

✦ Deleted:删除状态,没有开始的任务处于删除状态。

✦ Timeout:超时状态,被时间片轮转超时中断的任务处于 time-out 状态,该状态与 Ready 状态相同。

各个状态的含义如表 8-2 所示。

表 8-2　RTX-51 中任务状态及其描述

状　态	描　　述
Deleted	尚未启动的任务处于删除状态
Ready	等待执行的任务处于准备状态。当正在进行的任务结束后,RTX 启动下一个处在准备状态下的任务
Running	当前正在运行的任务处于运行状态,在同一时刻,仅仅有一个任务处于运行状态
Timeout	被循环任务切换时间到事件所中断的任务处于时间到状态,这个状态与等待状态等价;但是,循环任务切换是根据内部的操作过程被标记的
Waiting	等待事件的任务处于等待状态。如果一个任务正在等待的事件发生了,该任务就进入准备状态

RTX-51 Tiny 能完成时间片轮转多重任务,而且允许准并行执行多个无限循环或任务。任务并不是并行执行的而是按时间片执行的。

可利用的中央处理器时间被分成时间片,由 RTX-51 Tiny 分配一个时间片给每个任务。每个任务允许执行一个预先确定的时间,然后 RTX-51 Tiny 切换到另一准备运行的任务,并且允许这个任务执行片刻。一个时间片的持续时间可以用配置变量 TIMESHARING 定义。

也可以使用 os_wait 系统函数通知 RTX-51,它可以让另一个任务开始执行。os_wait 中止正在运行的当前任务,然后等待一指定事件的发生,在这个时候任意数量的其他任务仍可以执行。

如果出现以下情况,当前运行任务中断:

✦ 任务调用 os_wait 函数并且指定事件没有发生;

✦ 任务运行时间超过定义的时间片轮转超时时间。

如果出现以下情况,则开始另一个任务:

✦ 没有其他的任务运行;

✦ 将要开始的任务处 Ready 或 time-out 状态。

8.6.4　RTX-51 事件

RTX-51 Tiny 的 os_wait 函数支持以下事件类型。

Signal:任务间通信位,信号可以使用 RTX-51 Tiny 系统函数来设定或清除。一个任务可以等待信号被设定后继续执行,如果一个任务调用 os_wait 函数来等待一个信号,并且信号没有设定,则任务将一直挂起到信号设定,然后任务返回到 Ready 状态且可以开始执行。

Timeout:一个从 os_wait 函数开始的时间延迟,延迟的持续时间为指定的时间片。使用一个超时值调用 os_wait 函数的任务将中止到时间延迟结束,然后任务返回到 Ready 状态,而且可以开始执行。

注意事件 Signal 可以与事件 Timeout 结合,此时 RTX-51 Tiny 将等待信号和时间周期全部发生。

8.6.5　RTX-51 Tiny 系统函数

RTX-51Tiny 共有如下 9 个系统函数,这是 RTX-51 Tiny 的核心,掌握这几个函数非常重要。

✦ 信号发送函数 isr_send_signal
✦ 信号清除函数 os_clear_signal
✦ 任务启动函数 os_create_task
✦ 任务删除函数 os_delete_task
✦ 当前运行任务号函数 os_running_task_id
✦ 信号发送函数 os_send_signal
✦ 等待函数 os_wait
✦ 等待函数 1 os_wait1
✦ 等待函数 2 os_wait2

所有这些系统函数以库文件的形式存放在:C:\Keil\C51\LIB\RTX-51TNY.LIB 中。上述函数有两种前缀:

"os_"开头的函数,表示只用于任务;

"isr_"开头的函数,表示只能用于中断函数中。

8.6.5.1　信号发送函数 isr_send_signal

```
extern unsigned char isr_send_signal      (unsigned char task_id);
```

isr_send_signal 函数向任务 task_id 发送一个信号。如果指定任务已经在等待一个信号,这个函数调用会把任务准备好用于运行。另外信号保存在任务的信号标志位。

isr_send_signal 函数只可以从中断函数中调用,如果成功,isr_send_signal 函数的返回值为 0。如果规定的任务不存在则返回值为－1。

举例:

```
#include <RTX-51tny.h>
void tst_isr_send_signal (void) interrupt 2
{
        isr_send_signal (8); / * signal task #8 * /
}
```

8.6.5.2　信号清除函数 os_clear_signal

```
extern unsigned char os_clear_signal      (unsigned char task_id);
```

os_clear_signal 函数清除用 task_id 表示的任务的信号标志位。返回值:如果信号标志位成功地清除 os_clear_signal,函数的返回值为 0 ,如果规定的任务不存在,返回值为－1。

举例:

```
#include <RTX-51tny.h>
#include <stdio.h> / * for printf * /
void tst_os_clear_signal (void) _task_ 8
{
os_clear_signal (5);/ * clear signal flag in task 5  * /
}
```

8.6.5.3　任务启动函数 os_create_task

```
extern unsigned char os_create_task        (unsigned char task_id);
```

os_create_task 函数启动使用用 task_id 表示的任务号定义的任务函数。任务被标记为 ready 状态并且依据 RTX-51 Tiny 的规定运行。

如果任务成功地开始 os_create_task 函数的返回值为 0,如果任务不能被开始或如果没有使用规定任务号定义的任务,返回值为-1。

```
#include <RTX-51tny. h>
#include <stdio. h> / * for printf */
void new_task (void) _task_ 2
{
}
void tst_os_create_task (void) _task_ 0
{
if (os_create_task (2))
    {
        printf ("Couldn't start task 2\n");
    }
}
```

8.6.5.4　任务删除函数 os_delete_task

```
extern unsigned char os_delete_task        (unsigned char task_id);
```

os_delete_task 函数停止用 task_id 表示的任务的信号标志位。指定的任务被从任务列表中删除。

返回值:如果任务成功地停止和删除,os_create_task 函数的返回值为 0,如果规定的任务不存在或没有开始,返回值为-1。

```
#include <stdio. h> / * for printf */
void tst_os_delete_task (void) _task_ 0
{
  if (os_delete_task (2))
  {
    printf ("Couldn't stop task 2\n");
  }
    }
```

8.6.5.5　当前运行任务号函数 os_running_task_id

```
extern unsigned char os_running_task_id (void);
```

os_running_task_id 函数判断当前执行的任务函数的任务标识符,返回值:os_running_task_id 函数返回当前执行的任务函数的任务标识符。返回值的范围为 0~15。

```
#include <RTX-51tny. h>
#include <stdio. h> / * for printf */
void tst_os_running_task (void) _task_ 3
{
  unsigned char tid;
```

```
      tid = os_running_task_id ( );
      /*  tid = 3  */
   }
```

8.6.5.6 信号发送函数 os_send_signal

os_send_signal 函数向任务 task_id 发送一个信号。如果指定任务已经在等待一个信号,这个函数调用会把任务准备好用于运行,另外信号保存在任务的信号标志位。

os_send_signal 函数只可以从任务函数中调用。

返回值:如果成功,os_send_signal 函数的返回值为 0,如果规定的任务不存在,返回值为−1。

```
#include <RTX-51tny. h>
#include <stdio. h> /* for printf */
void signal_func (void) _task_ 2
{
  os_send_signal (8); /* signal task #8 */
}
void tst_os_send_signal (void) _task_ 8
{
  os_send_signal (2); /* signal task #2 */
}
```

8.6.5.7 等待函数 os_wait

os_wait 函数停止当前任务并等待一个或几个事件,比如一个时间间隔、一个超时或从一个任务或中断发送给另一个任务或中断的信号。

参数 event_sel 确定事件或要等待的事件,并且可以综合(见表 8-3)。

上述事件可以用字符"|"进行逻辑或,例如 K_TMO | K_SIG 规定任务等待一个超时或一个信号;参数 ticks 规定等待一个间隔事件 k_ivl 或一个超时事件 k_tmo 的时间片数目;参数 dummy 是为了提供与 RTX-51 的兼容性,在 RTX-51 Tiny 中没有使用。

返回值:当一个指定的事件发生时,任务允许运行。运行被恢复并且 os_wait 函数返回一个用于识别重新启动任务的事件的识别常数。可能的返回值如表 8-4 所示。

表 8-3 os_wait 事件常数

事件常数	文字说明
K_IVL	等待一个时间片间隔
K_SIG	等待一个信号
K_TMO	等待一个超时(time-out)

表 8-4 os_wait 函数返回值

返回值	描述
SIG_EVENT	接收到一个信号
TMO_EVENT	一个超时(time-out)已经完成或一个间隔(interval)已经期满
NOT_OK	参数 event_sel 的值无效

```
#include <RTX-51tny. h>
#include <stdio. h> /* for printf */
void tst_os_wait (void) _task_ 9
```

```
{
    while (1)
    {
        char event;
        event = os_wait (K_SIG + K_TMO, 50, 0);
        switch (event)
        {
            default:
            /* this should never happen */
            break;
            case TMO_EVENT: /* time-out */
            /* 50 tick time-out occurred */
            break;
            case SIG_EVENT: /* signal recvd */
            /* signal received */
            break;
        }
    }
}
```

8.6.5.8　等待函数 1 os_wait1

```
extern unsigned char os_wait1 (unsigned char typ);
```

os_wait1 函数停止当前任务,并等待一个事件的
发生。os_wait1 函数是 os_wait 函数的一个子
集。event_sel 参数规定要等待的事件并且只可
以使用值 K_SIG 等待一个信号。当一个信号事
件发生时任务允许运行,os_wait1 函数返回一个
用于识别重新启动任务的事件的识别常数。

表 8-5　os_wait1 函数返回值

返回值	文字说明
SIG_EVENT	接收到一个信号
NOT_OK	参数 event_sel 的值无效

　　返回一个用于识别重新启动任务的事件的识别常数。可能的返回值见表 8-5。

8.6.5.9　等待函数 2 os_wait2

```
extern unsigned char os_wait2 ( unsigned char typ, unsigned char ticks);
```

　　os_wait2 函数停止当前任务并等待一个或几个事件,比如一个时间间隔、一个超时或从
一个任务或中断发送给另一个任务或中断的信号。

　　参数 event_sel 为确定事件或要等待的事件并且可以联合使用下述常数:K_IVL(等待一
个报时信号间隔)、K_SIG(等待一个信号)或 K_TMO(等待一个超时(time-out))。上述事件
可以用字符"|"进行逻辑或,例如 K_TMO | K_SIG 规定任务等待一个超时或一个信号。

　　参数 ticks 规定等待一个间隔事件 K_IVL,或一个超时事件 K_TMO 的时间片数目。

　　返回值:当一个指定的事件发生时,任务允许运行,os_wait2 函数返回一个用于识别重新
启动任务的事件的识别常数。

　　可能的返回值如表 8-6 所示。

表 8-6　os_wait2 函数返回值

返回值	描　述
SIG_EVENT	接收到一个信号
TMO_EVENT	一个超时(time-out)已经完成或一个间隔(interval)已经期满
NOT_OK	参数 event_sel 的值无效

8.6.6　RTX-51 Tiny 程序设计仿真

传统编程采用循环(while(1)或 for(;;))+中断方式,而面向 OS 的编程则采用多任务和任务之间的通信的方式。

RTX-51 程序不需要有 main()函数,自动从 task0 开始执行。各任务之间按照时间片轮转的方式进行工作。在 RTX-51 中,可以使用 os_send_signal 函数来向另一个任务发送信号,接收信号的任务使用 os_wait 函数等待信号。当任务接收到信号后,便结束等待状态,开始运行。

本小节采用传统方式和面向 OS 方式来完成 8 个七段数码管的显示任务,来体会一下面向 OS 方式的优势。

原理图如图 8-4 所示,我们希望 8 个数码管显示一个递增的计数值。图中,8 个数码管共用数据线,为了显示不同的数值,需要进行刷新操作,如果采用传统计数方式,在刷新过程中,判断显示计数值是否累加,如果采用中断,则可以分两部分进行,主循环一直刷新,中断处理程序累加。

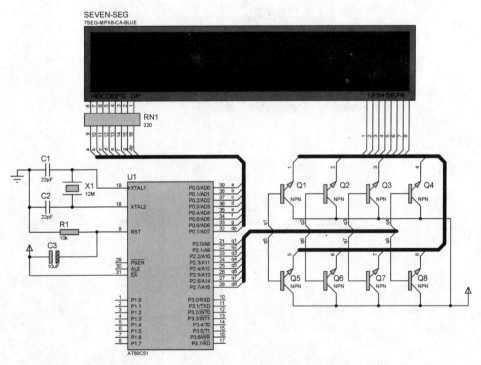

图 8-4　单片机连接 8 个七段数码管原理图

8.6.6.1　基于传统计数方式

采用传统计数方式,一个主计数变量不断计数,后面需要进行判断,何时显示值加 1。另外,在主计数过程中,要不断根据条件判断何时刷新。其程序如下:

```c
#include<AT89X51.H>
#include<intrins.h>
unsigned char Disp[16]={0xc0,0xf9,0xa4,0xb0,0x99,0x92,0x82,0xf8,
          0x80,0x90,0x88,0x83,0xc6,0xa1,0x86,0x8e};
unsigned char Seg[8];
unsigned char Sec_Count = 0;
unsigned long Main_Count = 0;
void DdelayX1ms(unsigned int x);
void main()
{
    unsigned char i = 0,k=0x80;
      while(1)
      {
          for(i=0;i<8;i++)
          {
              P2 = 0x00;
              k = _crol_(k,1);
              P0 = Disp[Seg[i]];
              P2=k;
              DdelayX1ms(2);
              if(++Sec_Count == 200)
              {
                  Main_Count = (Main_Count+1)%(100000000);
                  Sec_Count = 0;
                  Seg[7] = Main_Count%10;
                  Seg[6] = (Main_Count%100)/10;
                  Seg[5] = (Main_Count%1000)/100;
                  Seg[4] = (Main_Count%10000)/1000;
                  Seg[3] = (Main_Count%100000)/10000;
                  Seg[2] = (Main_Count%1000000)/100000;
                  Seg[1] = (Main_Count%10000000)/1000000;
                  Seg[0] = (Main_Count%100000000)/10000000;
              }
          }
      }
}

void DdelayX1ms(unsigned int count)
{
  unsigned int i,j;
  for(i=0;i<count;i++)
      for(j=0;j<120;j++)
        ;
}
```

编译之后,通过 Proteus 仿真,我们可以看到 8 个 7 段数码管显示的计数值在不断递增。但如果要在这个基础上添加其他功能,则比较麻烦。

8.6.6.2 基于循环＋中断的方式

首先需要初始化计数器/定时器,设置如下:

```
TMOD = 0x00;  //计数器工作模式 0,13 位计数
TH0 = (8192-5000)/32; //对于 12MHz 晶振,5ms 产生一次中断
TH1 = (8192-5000)%32;
IE = 0x82;      //打开总中断,计数器 0 中断
TR0 = 1;  //开始计数
```

程序如下:

```
#include<AT89X51. H>
#include<intrins. h>
unsigned char Disp[16]={0xc0,0xf9,0xa4,0xb0,0x99,0x92,0x82,0xf8,
0x80,0x90,0x88,0x83,0xc6,0xa1,0x86,0x8e};
unsigned char Seg[8];
unsigned char Sec_Count = 0;
unsigned long Main_Count = 0;
void DdelayX1ms(unsigned int x);
void main()
{
    unsigned char i = 0,k=0x80;
    TMOD = 0x00;
    TH0 = (8192-5000)/32;
    TH1 = (8192-5000)%32;
    IE = 0x82;
    TR0 = 1;

    while(1)
    {
        for(i=0;i<8;i++)
        {
            P2 = 0x00;
            k = _crol_(k,1);
            P0 = Disp[Seg[i]];
            P2=k;
            DdelayX1ms(2);
        }
    }
}

void DdelayX1ms(unsigned int count)
{
```

```
    unsigned int i,j;
    for(i=0;i<count;i++)
        for(j=0;j<120;j++)
            ;
}


void Timer_Interrupt() interrupt 1
{
    TH0 = (8192-5000)/32;
    TH1 = (8192-5000)%32;
    if(++Sec_Count == 2)
    {
        Main_Count = (Main_Count+1)%(100000000);
        Sec_Count = 0;
        Seg[7] = Main_Count%10;
        Seg[6] = (Main_Count%100)/10;
        Seg[5] = (Main_Count%1000)/100;
        Seg[4] = (Main_Count%10000)/1000;
        Seg[3] = (Main_Count%100000)/10000;
        Seg[2] = (Main_Count%1000000)/100000;
        Seg[1] = (Main_Count%10000000)/1000000;
        Seg[0] = (Main_Count%100000000)/10000000;
    }
}
```

从这个程序看出,其结构性较强,各函数各自有所分工。

8.6.6.3 基于 RTX-51Tiny 操作系统的设计

系统分为三个任务,任务一完成系统初始化,任务二刷新,任务三显示值计数。其程序如下:

```
#include<AT89X51.H>
#include<intrins.h>
#include<rtx51tny.h>


unsigned char Disp[16]={0xc0,0xf9,0xa4,0xb0,
0x99,0x92,0x82,0xf8,0x80,0x90,0x88,0x83,0xc6,
0xa1,0x86,0x8e};
unsigned char Seg[8];
unsigned char Sec_Count = 0;
unsigned long Main_Count = 0;
#define delay 1          //刷新频率
#define delay2 400    //计数间隔
//void DdelayX1ms(unsigned int x);


void job0(void)_task_ 0{
```

```
os_create_task(1);
os_create_task(2);
os_delete_task(0);
}

void job1(void)_task_ 1
{
    unsigned char i = 0,k=0x80;
      while(1)
      {
          for(i=0;i<8;i++)
          {
              P2 = 0x00;
              k = _crol_(k,1);
              P0 = Disp[Seg[i]];
              P2=k;
              os_wait(K_IVL,delay,0);
          }
      }
}

void job2(void)_task_ 2
{   while(1)
      {
          os_wait(K_IVL,delay2,0);
          Main_Count = (Main_Count+1)%(100000000);
          Seg[7] = Main_Count%10;
          Seg[6] = (Main_Count%100)/10;
          Seg[5] = (Main_Count%1000)/100;
          Seg[4] = (Main_Count%10000)/1000;
          Seg[3] = (Main_Count%100000)/10000;
          Seg[2] = (Main_Count%1000000)/100000;
          Seg[1] = (Main_Count%10000000)/1000000;
          Seg[0] = (Main_Count%100000000)/10000000;
      }
}
```

从仿真结果可以看出,8 个数码管闪烁较为严重,这应该是刷新电路的问题。由于刷新间隔已经是 RTX-51 Tiny 的最小默认时间间隔了,因此要解决这个问题,需要修改 RTX 内核默认的时间间隔。具体方法如下:

① 打开 C:\Keil\C51\RtxTiny2\SourceCode\RtxTiny2. uvproj 工程文件

② 打开:C:\Keil\C51\RtxTiny2\SourceCode\Conf_tny. A51

③ 修改 INT_CLOCK 参数为 1000(默认为 10000)(Conf_tny. A51 文件的第 36 行)

④ 对操作系统重新编译,以生成 RTX51TNY. LIB 文件
⑤ 重新编译刚刚建立的点亮数码管的工程,生成 HEX 文件。
再进行 Proteus 仿真,我们可以看到,数码管的闪烁现象消失了。

8.6.7　使用 OS 编程的优势

通过上一小节几种编程方法的比较,我们可以看出,使用 OS 编程具有如下的优势:

- ✦ 任务划分清晰
- ✦ 任务划分独立
- ✦ 不再面向硬件,而是面向接口(函数),更容易实现所需功能

嵌入式实时操作系统应用并不难,掌握之后,可以更好地完成应用设计工作。

8.7　本章小结

本章首先介绍了计算机操作系统的基本概念、发展历史、分类及功能,在此基础上,对嵌入式系统中最常用的实时操作系统进行了简要介绍。最后,以 RTX 为例,给出了如何在单片机中实现嵌入式实时操作系统的使用方法,希望读者了解使用嵌入式实时操作系统带来的优势,并尝试去使用嵌入式实时操作系统这一强大的系统开发方法。

第9章 嵌入式系统 BSP、移植及驱动开发

9.1 嵌入式系统 BSP

由于嵌入式实时系统应用环境的特殊性,因此在设计实现过程中存在着许多特殊问题。其中,操作系统及其他系统软件模块与硬件之间的接口形式是嵌入式实时系统的主要特征和系统设计过程中的必须环节,也是影响嵌入式系统应用前景的关键问题。经过近些年的发展,随着通用嵌入式操作系统技术的日趋成熟和应用的不断扩大,一种统一的接口形式得到广泛的认可和应用,这就是通常所说的板级支持包,即 BSP(Board Support Package)。BSP 的作用是支持操作系统,使之能够更好的运行于硬件平台,不同的操作系统对应于不同定义形式的 BSP。SoC/CPU 厂商应向其芯片的用户提供一个基本的 BSP 包,以支持主板厂商或整机制造厂商在此基础上定制和开发各种商用终端产品。

9.1.1 嵌入式系统 BSP 的原理

(1) BSP 的引入

嵌入式实时系统作为一类特殊的计算机系统自底向上包含三个部分,如图 9-1 所示。

(1) 硬件环境:它是整个嵌入式实时操作系统实时应用程序运行的硬件平台,不同的应用通常有不同的硬件环境,硬件平台的多样性是嵌入式系统的一个主要特点。

(2) 嵌入式实时操作系统(RTOS):完成嵌入式实时应用的任务调度和控制等核心功能,具有内核较精简、可配置、与高层应用紧密关联等特点。嵌入式操作系统具有相对不变性。

(3) 嵌入式实时应用程序:运行于操作系统之上,利用操作系统提供的实时机制完成特定功能的嵌入式应用。不同的系统需要设计不同的嵌入式应用程序。由于嵌入式系统应用的硬件环境差异较大,因此,如何简洁有效地使嵌入式系统能够应用于各种不同的应用环境是嵌入式系统发展中所必须解决的关键问题。

经过不断的发展,原先嵌入式系统的三层结构逐步演化成为一种四层结构。这个新增加的中间层次位于操作系统和硬件之间,包含了系统中与硬件相关的大部分功能(见图 9-2)。通过特定的上层接口与操作系统进行交互,向操作系统提供底层的硬件信息,并根据操作系统的要求完成对硬件的直接操作。由于引入了一个中间层次,屏蔽了底层硬件的多样性,操作系统不再直接面对具体的硬件环境,而是面向由这个中间层次所代表的、逻辑上的硬件环境。因此,把这个中间层次叫做 HAL(Hardware Abstraction Layer,硬件抽象层)。在目前的嵌入式领域中通常也把 HAL 叫做 BSP(Board Support Package,板级支持包)。BSP 的引入大大推动了嵌入式实时操作系统的通用化,从而为嵌入式系统的广泛应用提供了可能。

(2) BSP 的特点

BSP 的提出使通用的嵌入式操作系统及高层的嵌入式应用能够有效地运行于特定的、应用相关的硬件环境之上,使系统和应用程序能够控制和操作具体的硬件设备,完成特定的功能。因此,在绝大多数的嵌入式系统中,BSP 是一个必不可少的层次。

由于在系统中的特殊位置,因此 BSP 具有以下主要特点。

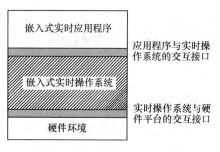

图 9-1 嵌入式系统的基本结构

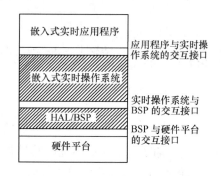

图 9-2 引入 BSP 后的嵌入式系统结构

① 硬件相关性：因为嵌入式实时系统的硬件环境具有应用相关性，所以，作为高层软件与硬件之间的接口，BSP 必须为操作系统提供操作和控制具体硬件的方法。

② 操作系统相关性：不同的操作系统具有各自的软件层次结构，因此，不同的操作系统具有特定的硬件接口形式。在实现上，BSP 是一个介于操作系统和底层硬件之间的软件层次，包括了系统中大部分与硬件相关的软件模块。在功能上包含两部分：系统初始化及与硬件相关的设备驱动。

（3）BSP 的功能

一个完整的 BSP 需要完成以下两部分工作，即设计初始化过程，完成嵌入式系统的初始化和设计硬件相关的设备驱动，完成操作系统及应用程序对具体硬件的操作。

具体来说，BSP 的任务包括以下内容：

- ✦ 建立让操作系统运行的基本环境。主要包括初始化 CPU 内部寄存器，设定 RAM 工作时序，时钟驱动及中断控制器驱动，加载串口驱动等；
- ✦ 完善操作系统运行的环境。主要包括完善高速缓存和内存管理单元的驱动，指定程序起始运行位置，完善中断管理，完善系统总线驱动等。

（4）BSP 和 PC 机主板上的 BIOS 区别

BSP 和计算机主板上的 BIOS 区别很大，BIOS 主要是负责在计算机开启时检测、初始化系统设备（设置栈指针，中断分配，内存初始化）、装入操作系统并调度操作系统向硬件发出的指令，它的 Firmware 代码是在芯片生产过程中固化的，一般来说用户是无法修改。其实是为下载运行操作系统做准备，把操作系统由硬盘加载到内存，并传递一些硬件接口设置给系统。在 OS 正常运行后，BIOS 的作用基本上也就完成了，这就是为什么更改 BIOS 一定要重新关机开机。

计算机 BIOS 的作用更像嵌入式系统中的 Bootloader（最底层的引导软件，初始化主板的基本设置，为接收外部程序做硬件上的准备）。与 Bootloader 不同的是 BIOS 在装载 OS 系统的同时，还传递一些参数设置（中断端口定义等），而 Bootloader 只是简单的装载系统。

BSP 是和操作系统绑在一起运行在主板上的，尽管 BSP 的开始部分和 BIOS 所做的工作类似，可是大部分和 BIOS 不同，作用也完全不同。此外，BSP 还包含和系统有关的基本驱动（串口、网口等）；程序员可以编程修改 BSP，在 BSP 中任意添加一些和系统无关的驱动或程序。

而 BIOS 程序是用户不能更改、编译编程的，只能对参数进行修改设置。更不会包含一些基本的硬件驱动。

9.1.2 BSP 的工作流程

9.1.2.1 嵌入式系统初始化

嵌入式系统的初始化过程是一个同时包括硬件初始化和软件（主要是操作系统及系统软

件模块)初始化的过程,而操作系统启动以前的初始化操作是 BSP 的主要功能之一。由于嵌入式系统不仅具有硬件环境的多样性,同时具有软件的可配置性,因此,不同的嵌入式系统初始化所涉及的内容各不相同,复杂程度也不尽相同。但是初始化过程总是可以抽象为三个主要环境,按照自底向上、从硬件到软件的次序依次为:片级初始化、板级初始化和系统级初始化。

(1) 片级初始化

主要完成 CPU 的初始化,包括设置 CPU 的核心寄存器和控制寄存器,CPU 核心工作模式以及 CPU 的局部总线模式等。片级初始化把 CPU 从上电时的缺省状态逐步设置成为系统所要求的工作状态。这是一个纯硬件的初始化过程。

(2) 板级初始化

完成 CPU 以外的其他硬件设备的初始化。除此之外,还要设置某些软件的数据结构和参数,为随后的系统级初始化和应用程序的运行建立硬件和软件环境。这是一个同时包括软硬件两部分在内的初始化过程。

(3) 系统级初始化

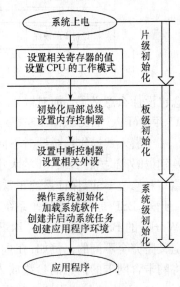

图 9-3　嵌入式系统初始化过程

这是一个以软件初始化为主的过程,主要进行操作系统初始化。BSP 将控制转交给操作系统,由操作系统进行余下的初始化操作。包括加载和初始化与硬件无关的设备驱动程序,建立系统内存区,加载并初始化其他系统软件模块,比如网络系统、文件系统等,最后,操作系统创建应用程序环境并将控制权转交给应用程序。

经过以上三个层次的操作,嵌入式系统运行所需要的硬件和软件环境已经进行了正确设置,从这里开始,高层的应用程序可以运行了。

需要指出:系统级初始化不是 BSP 的工作。但是,系统级初始化成功与否的关键在于 BSP 的前两个初始化过程中所进行的软件和硬件的正确设置,而且系统级初始化也是由 BSP发起的。因此,设计 BSP 中初始化功能的重点主要集中在前两个环节。图 9-3 显示了嵌入式系统的初始化过程。

9.1.2.2　硬件相关的设备驱动程序

BSP 另一个主要功能是硬件相关的设备驱动。与初始化过程相反,硬件相关的设备驱动程序的初始化和使用通常是一个从高层到底层的过程。

尽管 BSP 中包含硬件相关的设备驱动程序,但是这些设备驱动程序通常不直接由 BSP 使用,而是在系统初始化过程中由 BSP 把它们与操作系统中通用的设备驱动程序关联起来,并在随后的应用中由通用的设备驱动程序调用,实现对硬件设备的操作。设计与硬件相关的驱动程序是 BSP 设计中另一个关键环节。图 9-4 显示了调用设备驱动程序时系统各个层次之间的关系。

9.1.2.3　设计实现 BSP 的方法

(1) 设计 BSP 的必要性

其实运行于计算机上的 Windows 或 Linux 系统也是有 BSP 的。只是计算机均采用统一的 x86 体系架构,这样一定操作系统(Windows、Linux)的 BSP 相对 x86 架构是单一确定的,不需要做任何修改就可以很容易支持 OS 在 x86 上正常运行,所以在计算机上谈论 BSP 这个

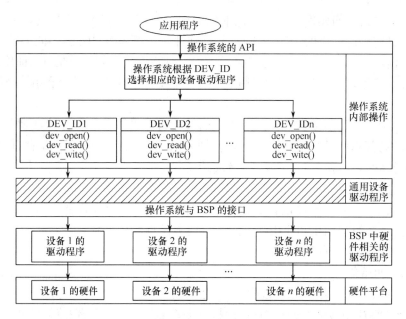

图 9-4　系统调用通用设备驱动程序与 BSP 之间的关系

概念也没什么意义了。而对嵌入式系统来说情况则完全不同,目前市场上多种结构的嵌入式 CPU 并存(PPC、ARM、MIPS 等),为了(满足应用的)需要,外围设备也会有不同的选择和定义。一个嵌入式操作系统针对不同的 CPU,会有不同的 BSP,即使同一种 CPU,由于外设的一点差别(如外部扩展 DRAM 的大小、类型改变),BSP 相应的部分也不一样。所以根据硬件设计编写和修改 BSP,保证系统正常的运行是非常重要的。

此外,BSP 是相对于操作系统而言的,不同的操作系统对应于不同定义形式的 BSP,例如 VxWorks 的 BSP 和 Linux 的 BSP 相对于某一 CPU 来说尽管实现的功能一样,可是写法和接口定义是完全不同的。例如:在 VxWorks 中的网卡驱动,首先在 config. h 中包含该网卡,然后将网卡含网卡的信息的参数放入数组 END_TBL_ENTRY endDevTbl［］中,系统通过函数 muxDevLoad( ) 调用这个数组来安装网卡驱动。

而在 Linux 中的网卡驱动,是在 space. c 中声明该网络设备,再把网卡驱动的一些函数加到 dev 结构中,由函数 ether_setup( ) 来完成网卡驱动的安装。

所以针对不同的系统,BSP 的修改内容是不尽相同的。

(2) **设计实现 BSP 的一般方法**

BSP 同时具硬件相关性和操作系统相关性,是一个介于硬件与软件之间的中间层次。因此,BSP 的开发不仅需要具备一定的硬件知识,例如 CPU 的控制、中断控制器的设置、内存控制器的设置及有关的总线规范等,同时还要求掌握操作系统所定义的 BSP 接口。另外,在 BSP 的初始化部分通常会包含一些汇编代码,因此,还要求对所使用的 CPU 汇编指令有所了解,例如 x86 的汇编和 PowerPC 的汇编指令等。对于某些复杂的 BSP 还要了解所使用的开发工具,例如 GNU、Diab Data 等。

总之,开发 BSP 要求具备比较全面的软、硬件知识和必要的编程经验。由于设计实现的复杂性,在设计特定 BSP 时很少从零开始,而是采用以下两种快捷方法。

方法一:以经典 BSP 为参考

在设计 BSP 时,首先选择与应用硬件环境最为相似的参考设计,例如 Motorola 公司的

ADS 系列评估板等。针对这些评估板，不同的操作系数都会提供完整的 BSP，这些 BSP 是学习和开发自己 BSP 的最佳参考。针对具体应用的特定环境对参考设计的 BSP 进行必要的修改和增加，就可以完成简单的 BSP 设计。

下面以设计 PSOS 操作系统的 BSP 初始化过程为例。PSOS 系统初始化的层次非常清晰，与初始化过程相对应的是以下三个文件。

① init. s：对应于片级初始化，完成 CPU 的初始化操作，设置 CPU 的工作状态；

② board. c：对应于板级初始化，继续 CPU 初始化，并设置 CPU 以外的硬件设备；

③ sysinit. c：对应于系统级初始化，完成操作系统的初始化，并启动应用程序；

以参考 BSP 为切入点，针对初始化过程的具体环节，在对应的文件中进行某些参数的修改及功能的增加就可以实现 BSP 的系统初始化功能。因为 BSP 具有操作系统相关性，因此，不同的操作系统会使用不同的文件完成类似的初始化操作。BSP 中硬件相关的设备驱动程序随操作系统的不同而具有比较大的差异，设计过程中应参照操作系统相应的接口规范。

方法二：使用操作系统提供的 BSP 模板

除了提供某些评估板的 BPS 以外，很多操作系统还提供相应的 BSP 模板（一组需要编写的文件），根据模板的提示也可以逐步完成特定 BSP 的设计。

相比较而言，第一种方法最为简单快捷。因此，在实际的设计过程中，通常以第一种方法为主，同时结合使用第二种方法。

在设计实现 BSP 两部分功能时应采用以下两种不同方法：

①"自底向上"地实现 BSP 中的初始化操作，从片级初始化开始到系统初始化。

②"自顶向下"地设计硬件相关的驱动程序，从 API 开始，到操作系统内部的通用设备驱动程序，再到 BSP 内部的硬件相关的设备驱动程序，最后到底层具体的硬件设备。

（3）BSP 设计方法的发展趋势

从以上介绍的两种设计方法可以看出：目前 BSP 的设计与实现主要是针对某些特定的文件进行修改。这种方法比较原始，它不仅要求设计人员了解 BSP 的各个组成部分及所对应的文件和相关参数的具体含义，还要求具备比较全面的软硬件知识。直接修改相关文件容易造成代码的不一致性，增加软件设计上的隐形错误，从而增加系统调试和代码维护的难度。随着底层硬件功能的日益复杂，开发 BSP 所涉及的内容也越来越多，这种原始方法的不足之处也越来越突出。进行 BSP 设计方法和工具的创新成为一个日益突出的问题。

解决这个问题的一个可行办法是：设计实现一种具有图形界面的 BSP 开发设计向导，由该向导指导设计者逐步完成 BSP 的设计和开发，并最终由向导生成相应的 BSP 文件，而不再由设计人员直接对源文件进行修改。这样不仅可以大大缩短 BSP 的开发周期，减少代码不一致性，而且系统排错、调试以及维护都很简单。因此，这种方法是目前嵌入式领域中 BSP 设计的一个趋势和研究方向。但是，由于嵌入式系统硬件环境的多样性，设计向导的实现仍需解决若干关键问题。

9.2 嵌入式操作系统移植

嵌入式硬件的更新往往造成相应软件系统需要重新开发。为解决这一问题，可以将嵌入式软件系统建立在嵌入式操作系统之上，通过移植操作系统达到移植整个软件系统的目的。

所谓嵌入式操作系统移植，就是使一个实时内核能在某个微处理器或微控制器上运行。为了方便移植，大部分的源代码是用 C 语言写的；但仍需要用 C 和汇编语言写一些与处理器相关的代码，这是因为嵌入式操作系统在读/写处理器寄存器时只能通过汇编语言来实现。由于大部分操作系统在设计时就已经充分考虑了可移植性，所以系统的移植相对来说是比较容易的。

9.2.1　操作系统移植条件

要使操作系统在处理器上正常运行，处理器必须满足以下要求：

- ✦ 处理器的 C 编译器能产生可重入代码。
- ✦ 用 C 语言就可以打开和关闭中断。
- ✦ 处理器支持中断，并且能产生定时中断（通常在 10～100Hz 之间）。
- ✦ 处理器支持能够容纳一定量数据（可能是几千字节）的硬件堆栈。
- ✦ 处理器有将堆栈指针和其他 CPU 寄存器读出和存储到堆栈或内存中的指令。

根据处理器的不同，一个移植实例可能需要编写或改写 50～300 行的代码，需要的时间从几个小时到一星期不等。

一旦代码移植结束，下一步工作就是测试。测试一个像 μC/OS-Ⅱ 一样的多任务实时内核并不复杂。甚至可以在没有应用程序的情况下测试。换句话说，就是让内核自己测试自己。这样做有两个好处：第一，避免使本来就复杂的事情更加复杂；第二，如果出现问题，可以知道问题出在内核代码上，而不是应用程序中。刚开始的时候可以运行一些简单的任务和时钟节拍中断服务例程。一旦多任务调度成功地运行，再添加应用程序的任务就是非常简单的工作了。

9.2.2　操作系统移植工具

如前所述，移植嵌入式操作系统通常需要一个 C 编译器，并且是针对用户用的 CPU。因为如果被移植的操作系统内核是一个可剥夺型内核，用户只有通过 C 编译器来产生可重入代码；C 编译器还要支持汇编语言程序。绝大部分的 C 编译器都是为嵌入式系统设计的，它包括汇编器、连接器和定位器。连接器用来将不同的模块（编译过和汇编过的文件）连接成目标文件。定位器则允许用户将代码和数据放置在目标处理器的指定内存映射空间中。所用的 C 编译器还必须提供一个机制来从 C 中打开和关闭中断。一些编译器允许用户在 C 源代码中插入汇编语言。这就使得插入合适的处理器指令来允许和禁止中断变得非常容易了。还有一些编译器实际上包括了语言扩展功能，可以直接从 C 中允许和禁止中断。

9.2.3　硬件初始化

硬件初始化从 CPU 上电开始到操作系统接管所有资源，（该过程由 Boot loader 完成）。经过总结，嵌入式系统硬件初始化部分主要包括 Memory 控制器初始化，时钟初始化，内存管理单元（MMU）及 Cache 初始化，操作系统代码搬移和堆栈初始化等几大步骤。虽然不同硬件的初始化步骤大致相同，但由于具体实现存在较大差别，所以移植操作系统时需要在保证主要步骤不变的前提下重写硬件初始化模块。下面逐个介绍硬件初始化的主要步骤。

（1）初始化 Memory 控制寄存器

因为程序代码在 Memory（SDRAM 或 Fiash）中执行，若初始化错误将影响代码的正确执行。Memory 控制寄存器的初始化主要包括：初始化静态 Memory（Fiash）和初始化动态 Memory（SDRAM）。初始化代码主要配置 Memory 控制器的数据宽度、寻址方式、访问速度、等待周期等参数。

（2）配置硬件系统时钟及操作系统时钟

时钟初始化包括：硬件时钟使能，为 CPU、Memory、设备控制器提供时钟；操作系统时钟初始化,为软件特别是操作系统提供时钟。另外,在该步骤中可以对处理器的运行频率和运行模式进行初始化。

(3) 初始化 MMU 和 Cache

在具备 MMU 单元的 CPU 初始化过程中该步骤比较重要,关系到整个软件系统的正确运行。MMU 和 Cache 初始化包含 TLB 地址映射表的建立、MMU 及 Cache 使能、代码跳转,其主要通过控制协处理器完成。TLB 是一个表结构,被保存在 SDRAM 中。TLB 包含了从实地址到虚地址的映射以及地址空间相应的 Cache,Buffer 等属性信息。此外,MMU 和 Cache 初始化部分还负责安排 CPU 地址空间的使用。最后,MMU 使能过程中要考虑 PC 指针的问题,如果处理不好,在 MMU 使能后,由于地址发生改变,PC 指针指向的位置可能不是正确的代码。解决办法是将存放代码的空间映射成其自身的地址。

(4) 搬运代码

在初始化好主要硬件之后,需要将代码从静态 Memory(Flash)搬到 SDRAM 中运行,这是因为 SDRAM 的访问速度通常比 Flash 快。代码搬运与软件编译选项紧密相关,由于我们使用的是 ADS 1.2 版本的 ARM 编译器,且操作系统与应用软件编译在同一个映像中,所以代码搬运包括只读代码搬运、常量搬运、静态变量搬运。通常在搬运完成后还要对代码和变量进行重定位,比较麻烦。通常采用的办法是在完成代码从 Flash 搬运到 SDRAM 之后,通过 MMU 将 Flash 地址与 SDRAM 地址互换,从而省掉了代码重定位的步骤。

(5) 初始化堆栈

最后需要针对 CPU 的几种状态,即 USER,SUP,IRO,FIO 设定相应的堆栈。

9.2.4　操作系统移植的其他工作

(1) 中断处理

由于中断模块的接口经常被操作系统其他模块及应用程序调用,所以在移植操作系统时必须保持原有中断模块的接口不变。中断模块的接口包括中断响应、中断申请、中断使能/屏蔽等。

ARM 体系结构 CPU 的中断处理函数入口地址相同,从起始开始依次为 RST,UNDEF,SWI,PABORT,DABORT,IRO,FIO。我们通过编译器将该地址定义为一个跳转指令,使其跳转到 INT_IRO_PARSE 执行,保存 CPU 状态、通用寄存器、栈指针等;然后区分是否操作系统时钟中断兼容。

(2) 调度

调度模块是操作系统的核心,如果处理不好会造成系统崩溃。调度模块的主要任务是正确处理 CPU 的各种状态,其核心工作是保存和恢复 CPU 状态。调度模块的移植工作量较大,需要统筹安排 CPU 状态、堆栈等,主要包括以下工作:

① 中断过程中 CPU 运行模式的切换、CPU 当前状态的保存与恢复、栈的保存与恢复以及 CPU 中断开关等操作。

② 进程调度模块中由进程创建、退出、切换等引起的 CPU 运行模式切换、CPU 当前状态保存与恢复、栈保存与恢复。

③ 核心程序及用户程序交替运行过程中引起的 CPU 运行模式切换、CPU 当前状态保存与恢复、栈保存与恢复。

(3) 操作系统时钟中断

操作系统时钟中断是操作系统运行的脉动,它负责驱动核心的各种定时器、触发进程调度、产生信号等。正确的时钟中断处理是核心正常运行的保证,对该模块的任何改动都有可能影响整个操作系统的运行,所以在移植的过程中应尽量保持原有的接口。

9.3 嵌入式驱动程序开发

驱动程序的目的是驱动内部和外围的硬件设备，或者为他们提供接口，将设备的功能导出给应用程序和操作系统的其他部分。嵌入式驱动程序是嵌入式操纵系统内核中不可或缺的部分，下面以 μC Linux 系统来简单讲解以下嵌入式操作系统驱动程序开发的相关事项。

μC Linux 是 Lineo 公司的主打产品，同时也是开放源码的嵌入式 Linux 的典范之作。μC Linux 主要是针对目标处理器没有存储管理单元（Memory Management Unit，MMU）的嵌入式系统而设计的。它已经被成功地移植到了很多平台上。由于没有 MMU，其多任务的实现需要一定技巧。μC Linux 是一种优秀的嵌入式 Linux 版本，是 micro-Control-Linux 的缩写。虽然它的体积很小，却仍然保留了 Linux 的大多数的优点：稳定、良好的移植性、优秀的网络功能、对各种文件系统完备的支持和标准丰富的 API。它专为嵌入式系统做了许多小型化的工作，目前已支持多款 CPU。

设备驱动程序的任务就是控制设备的硬件完成指定的 I/O 操作。所以在设备管理中驱动程序是直接和设备硬件打交道的。驱动程序包含了对设备进行各种操作的代码，在操作系统的控制下，CPU 通过执行驱动程序来实现对设备底层硬件的处理和操作。Linux 的设备驱动程序的主要功能是：对设备进行初始化；启动或停止设备的运行；把设备上的数据传送到内存；把数据从内存传送到设备；检测设备状态等。Linux 有两种方式使用设备驱动程序：直接编译到内核中；在运行时加载（也就是内核模块）。第二种方式比较灵活，所以我们建议在嵌入式系统中采用第二种方式使用设备驱动程序。和普通 Linux 一样，μC Linux 也将设备分为字符设备、块设备和网络接口三类。

下面以字符型设备脉宽调制器（PWM）为例，介绍嵌入式 μC linux(2.4. x)下编写字符型设备驱动的一般方法。嵌入式微处理器 LPC2290 内集成的 PWM 基于标准的定时器模块，具有定时器所有的特性。定时器对外设时钟进行计数，其控制是基于 7 个匹配寄存器，在达到指定的定时值时可选择产生中断或执行其他操作。

9.3.1 编写命令号

首先编写一个名为 pwm 的编译头文件，在 pwm. h 头文件中利用可以构造命令号的宏如：_IO( )、_IOR( )等编写供 ioctl( )方法使用的命令号。该文件的部分清单如下：

```
#ifndef __PWM_H
#define __PWM_H
#include <linux/ioctl. h>
#define PWM_IOC_MAGIC 0xd1/ * 魔幻数 */
/ * 下面的宏定义一个命令号 */
#define PWM_SET_CYC _IO(PWM_IOC_MAGIC, 0)
......
#define PWM_MAXNR 20 / * 命令号个数 */
#endif
```

9.3.2 驱动程序的初始化函数及清除函数

初始化函数在利用命令"insmod 模块名称"加载驱动程序时被调用，本例中该函数的伪代码如下：

```
int pwm_init(void)
{
    //模块初始化；
    return register_chrdev(MAJOR,DEVICE_NAME,&fops)；
}
```

其中，register_chrdev( )注册函数，其原形为 int register_chrdev（unsigned int，const char＊，struct file_operations＊）。

三个参数依次为主设备号，驱动程序名称和 file_operations 结构体的指针。清除函数在利用命令"rmmod 模块名称"卸载驱动程序时被调用。本例中该函数的伪代码如下：

```
void pwm_cleanup(void)
{
    //释放在初始化函数中的申请的资源；
    unregister_chrdev(MAJOR,DEVICE_NAME)；
}
```

其中，unregister_chrdev( )为注销函数，其原形为 int unregister_chrdev(unsigned int，constchar＊)，参数同上。

μCLinux 2.4. x 中，分别使用 module_init( )和 module_exit( )两个宏来注册驱动程序的初始化函数和清除函数。例如：module_init(pwm_init)和 module_exit(pwm_cleanup)。

9.3.3　file_operations 结构体

file_operations 结构体是文件操作函数指针的集合。在设备管理中该结构体各个成员项指向的操作函数就是设备驱动程序的各个操作例程。所以 Linux 的驱动程序的结构和组建是十分简单可行的。编制某种驱动程序的工作就是使用汇编或者 C 语言编写控制设备完成各种操作的例程，然后把这些操作例程的入口地址赋予 file_operations 构体的有关成员项即可。

file_operations 结构体是各种不同设备驱动程序口可以使用的统一接口，对不同的设备可以配备其中全部或部分操作函数，未指定的成员项使用默认值进行初始化。

本驱动程序中仅实现了 open()，release()和 ioctl()方法，其他成员项均使用默认值，所以该 file_operations 结构体如下：

```
static struct file_operations pwm _fops
{
    owner：THIS_MODULE, /＊程序的拥有者＊/
    ioctl：pwm _ioctl, /＊控制字符设备 ＊/
    open：pwm _open, /＊启动和初始化设＊/
    release：pwm _release, /＊关闭设备 ＊/
}
```

9.3.4　接口函数

（1）open( )方法

应用程序在使用设备之前，必须调用此方法，该函数伪代码如下：

```
static int pwm_open(struct inode * inode, struct file * filp)
{
    if (use == 0)
    {
        /* 保证仅在第一次打开设备时进行初始化操作 */
        初始化 PWM 设备操作;
    }
    use ++;
    MOD_INC_USE_COUNT; /* 增加驱动程序使用计数 */
    return 0; /* 成功返回 */
}
```

其中参数 inode 为打开文件所对应的 i 节点；filp 代表一个打开的文件。

（2）ioctl( )方法

应用程序利用该函数对字符设备进行控制，该函数伪代码如下：

```
static int pwm_ioctl(struct inode * inode, struct file * filp, unsigned int cmd, unsigned long arg)
{
    if(_IOC_TYPE(cmd)! =PWM_IOC_MAGIC)
    {
        return -ENOTTY;
    }
    if (_IOC_NR(cmd) >= PWM_MAXNR)
    {
        return -ENOTTY;
    }
    switch(cmd)
    {
        case PWM_SET_CYC:
        处理此命令;

        break;
        ……
        default:
        return -ENOTTY;
        break;
    }
    return 0;
}
```

前两个参数同 open( )方法；cmd 为命令号；arg 为额外参数，μC Linux 2.4. x 未使用。

（3）release( )方法

应用程序不再使用设备时，调用此方法，释放资源，该函数伪代码如下：

```
static int pwm_release(struct inode * inode, struct file * filp)
    {
    MOD_DEC_USE_COUNT;
        use －－;
        if (use ＝＝ 0)
        {
                关闭 PWM 设备操作;
        }
        return(0);
    }
```

参数同 open( )方法。

9.3.5　为驱动程序增加中断服务程序

中断服务程序的注册函数。Linux 在使用中断服务程序之前必须先向内核注册中断服务程序,注册函数原形如下:

```
int request_irq(unsigned int irq, void ( * handler) (int, void  * , struct pt_regs * ), unsigned long
flags, const char  * device, void  * dev_id);
```

其中的参数 irq 是驱动程序使用的中断号; handler 是中断服务函数指针; flags 是一个与中断管理有关的各种选项的字节掩码; device 在/ proc/ interrupts 中用于显示中断的拥有者; dev_id 这个指针用于共享的中断信号线;返回 0 成功,非 0 失败。该函数既可以放在初始化函数中,也可以放在 open( )方法中,通常我们放在 open( )方法中。本例中可将 request_irq(IRQ _PWM, pwm_irq_handle, SA_INTERRUPT, "my"DEVICE_NAME, NULL);语句放于 open( )方法中 if( ){}语句内的开始处。

中断服务程序的注销函数。不再使用中断服务程序时,需要将其注销,注销函数原形为: void free_irq(unsigned int irq, void * dev_id);参数同 request_irq( )。该函数通常放于 release( )方法中。本例中可放于 release( )方法中 if( ){}语句内的末尾处。

中断服务程序的编写。中断服务程序比较简单,本例的中断服务程序伪代码如下:

```
static void pwm_irq_handle(int irq, void  * dev_id, struct pt_regs * regs)
    {
        清除中断源(必需);
        其他与应用有关的操作;
    }
```

其中的参数 irq 是驱动程序使用的中断号; dev_id 为传递给 request_irq 的最后一个参数,中断服务程序可自由的使用它; regs 存放着处理器进入中断代码前一个处理器上下文的快照,该参数很少使用。

9.4　本章小结

本章首先介绍了嵌入式系统板级支持包,即 BSP,它是嵌入式系统开发的关键环节。然后介绍了嵌入式系统的一个重要概念,移植,嵌入式系统的设计必须要考虑可移植性。最后介绍了嵌入式系统的驱动程序开发。

参 考 文 献

[1] [美]施部・克・威著. 伍微译. 嵌入式系统原理、设计及开发. 北京:清华大学出版社,2012

[2] 方尔正. 嵌入式技术及其应用. 哈尔滨:哈尔滨工业大学出版社,2008

[3] 苏曙光. 嵌入式系统原理与设计. 武汉:华中科技大学出版社,2011

[4] 冯国进. 嵌入式 Linux 驱动程序设计从入门到精通. 北京:清华大学出版社,2008

[5] 韩少云. ARM 嵌入式系统移植实战开发. 北京:北京航空航天大学出版社,2012

[6] 张杨. VxWorks 内核、设备驱动与 BSP 开发详解(第 2 版). 北京:人民邮电出版社,2011

[7] 李驹光. ARM 应用系统开发详解——基于 S3C4510B 的系统设计. 北京:清华大学出版社,2004

[8] 刘凯. ARM 嵌入式应用基础. 北京:清华大学出版社,2009

[9] 任哲. 嵌入式实时操作系统 μC/OS-II 原理及应用. 北京:北京航空航天大学出版社,2006

[10] 姜柳. 计算机操作系统. 西安:西安电子科技大学出版社,2008

[11] 金敏. 嵌入式系统:组成、原理与设计编程. 北京:人民邮电出版社,2006

[12] 张齐,朱宁西,毕盛. 单片机原理与嵌入式系统设计——原理、应用、Protues 仿真、实验设计. 北京:电子工业出版社,2011

[13] 张大波. 嵌入式系统——原理、设计与应用. 北京:机械工业出版社,2005

[14] 刘明. 嵌入式单片机技术与实践. 北京:清华大学出版社,2010

[15] 李广军. 微处理器系统结构与嵌入式系统设计. 北京:电子工业出版社,2011

[16] 李宗伯,王苏峰,陆洪毅,沈力等. 嵌入式系统原理与设计. 北京:高等教育出版社,2007

[17] 李朝青. 单片机原理及接口技术. 北京:北京航空航天大学出版社,2005

[18] 陈贵银. 单片机原理及接口技术. 北京:电子工业出版社,2011

[19] 彭伟. 单片机 C 语言程序设计实训 100 例——基于 8051＋Proteus 仿真. 北京:电子工业出版社,2010

[20] 高吉祥. 全国大学生电子设计竞赛培训系列教程——基本技能训练与单元电路设计. 北京:电子工业出版社,2007